工程文化概论

An Introduction to Engineering Culture

张洪田 主编

张家平
李秀海 副主编
齐建家
张金柱

化学工业出版社
·北京·

内容简介

工程文化既是一种文化形态,也是一门交叉学科。为适应新时期高等工程教育的需要,发挥工程文化育人功能,推动工程文化教育理论研究与实践,培养德智体美劳全面发展的新时代工程技术人才,本书系统地介绍工程文化的内涵与精神,并分别讲述蕴含在机械工程、汽车工程、测绘工程和路桥工程中的文化基因、价值理念和精神财富。

本书文图并茂,深入浅出,可以作为理工科院校进行工程文化普及的教材,也可作为对工程和工程文化感兴趣的读者深入了解工程文化的参考书。

图书在版编目（CIP）数据

工程文化概论/张洪田主编. —北京：化学工业出版社,
2022.1
　ISBN 978-7-122-40248-6

Ⅰ.①工… Ⅱ.①张… Ⅲ.①文化-关系-工程技术-概论 Ⅳ.①TB-05

中国版本图书馆CIP数据核字（2021）第226722号

责任编辑：周　红
装帧设计：王晓宇
责任校对：宋　玮

出版发行：化学工业出版社
　　　　　（北京市东城区青年湖南街13号　邮政编码100011）
印　　装：北京瑞禾彩色印刷有限公司
787mm×1092mm　1/16　印张17½　字数359千字
2021年12月北京第1版第1次印刷

购书咨询：010-64518888
售后服务：010-64518899
网　　址：http://www.cip.com.cn
凡购买本书,如有缺损质量问题,本社销售中心负责调换。

定　　价：99.00元　　　　　　　　版权所有　违者必究

An Introduction to Engineering Culture

前言
PREFACE

"大学之道,在明明德,在亲民,在止于至善。"

高等教育肩负人才培养、科学研究、社会服务和文化传承创新的历史重任,把立德树人作为根本任务,传承人类文化、建构先进文化、创新思想文化,努力培养德智体美劳全面发展的社会主义建设者和接班人。

黑龙江工程学院在加快推进高水平应用技术大学建设的生动实践中,始终将工程文化教育作为落实立德树人根本任务的办学特色,深入开展工程文化教育,构建了工程文化研究、工程文化基地建设、工程文化环境建设、工程文化活动开展、工程文化传播和工程文化课程建设"六位一体"的工程文化教育体系,推动了具有鲜明特色的大学文化创新性发展。

2012年9月,全国首家传播工程文化理念的主题博物馆——工程文化博物馆在黑龙江工程学院正式落成。工程文化博物馆集收藏、展示、科研、教学功能于一体,保存和展陈了学校土木与建筑工程、测绘工程、汽车与交通工程、机电工程四个主干专业在办学和发展中积累的珍贵历史史料、积淀的深厚文化资源和形成的宝贵精神财富,科学地表达了中国和世界工程建设成就,同时将工程文化理念贯穿于专业与技术发展史的展览叙述中,以工程文化培育和塑造学生的健全人格、工程伦理、职业素质和人文艺术修养。

工程文化博物馆坚持以文化人、以文育人，立足学校、面向社会，深入开展内涵丰富、形式多样的工程文化教育，贯通人才培养的全过程。在学生入学初、在校期间、毕业时、毕业后不同成长阶段，持续开展有针对性的工程文化教育活动，打造了"工程师的召唤"特殊毕业仪式、新生入学教育、讲解员大赛等活动品牌，建构了以工程文化博物馆为中心、辐射整个校园的工程文化教育基地群。同时，工程文化博物馆充分发挥高校博物馆的文化育人功能，面向社会公众免费开放，举办工程文化课堂，传播科普知识，传承工程文化，弘扬文化自信。

为全面总结工程文化教育的实践成果，由学校土木与建筑工程、测绘工程、汽车与交通工程、机电工程等骨干专业的教师联合成立了工程文化教材编写组，以工程文化博物馆的展陈布局为大纲，编撰了《工程文化概论》一书，以飨为进一步丰富工程文化教育教学、提升学生工程文化素养、增强学生的民族自尊和文化自信提供支撑和借鉴。

本书由黑龙江工程学院张洪田任主编，张家平、李秀海、齐建家、张金柱任副主编。第1章第1节、第2节、第4节、第5章由张家平编写，第1章第3节由周晓杰编写，第2章由齐建家编写，第3章第1节、第2节由周小新编写，第3章第3节至第7节由张金柱编写，第4章由李秀海编写。全书由张洪田教授负责组织与统稿。本书在写作过程中，得到了许多专家学者的热情指导和学校宣传统战部、工程文化博物馆的大力支持，在此表示衷心感谢。书中参阅了大量国内外研究成果，引述文献已尽量标注，但难免存在疏漏，在此对各文献作者一并感谢。

由于研究力量有限，加之时间仓促，书中不妥之处在所难免，敬请专家和读者批评指正。

编　者

2021年10月

目录 CONTENTS

第1章 工程与工程文化 ... 001

1.1 工程 / 003
    1.1.1 何谓工程 / 003
    1.1.2 理解工程的多个维度 / 006
    1.1.3 工程的本质与特征 / 009

1.2 工程文化 / 014
    1.2.1 工程文化的含义与功能 / 014
    1.2.2 工程文化的历史发展 / 015
    1.2.3 工程与自然、社会的协调 / 018
    1.2.4 工程与科学、技术的关系 / 023
    1.2.5 工程理念制度法规 / 027

1.3 伟大与失败的工程 / 031
    1.3.1 都江堰水利工程惠泽千古民生 / 031
    1.3.2 切尔诺贝利核电站事故灾难深重 / 036

1.4 中国工程文化的内涵及精神 / 039
    1.4.1 中国工匠精神 / 039
    1.4.2 中国工程师的职业精神 / 040
    1.4.3 中国工程精神的诠释 / 042

第2章 机械工程文化 ... 047

2.1 机械工程概述 / 048

2.2 机械工程学科 / 050
    2.2.1 机械工程学科简介 / 050
    2.2.2 机械工程学科基础理论 / 052
    2.2.3 机械工程相关交叉学科 / 058

2.3 机械工程发展史 / 064
- 2.3.1 古代机械工程 / 064
- 2.3.2 近代机械工程 / 071
- 2.3.3 现代机械工程 / 075

2.4 机械工程新技术 / 076
- 2.4.1 智能制造 / 076
- 2.4.2 精密及超精密加工 / 079
- 2.4.3 柔性制造 / 082
- 2.4.4 增材制造 / 084
- 2.4.5 绿色制造 / 088
- 2.4.6 生物制造 / 090

2.5 机械工程与文化 / 096
- 2.5.1 机械工程文化的概念与特征 / 096
- 2.5.2 机械与社会生产 / 096
- 2.5.3 机械工程与我们的生活 / 100
- 2.5.4 机械文明的辩证思考 / 106

2.6 机械工程的未来 / 107
- 2.6.1 机械工程技术的发展趋势 / 107
- 2.6.2 未来机械工程与生产生活 / 114

第3章 汽车工程文化

3.1 汽车发展史 / 116
- 3.1.1 蒸汽汽车的诞生 / 116
- 3.1.2 第一台汽油机的诞生 / 117
- 3.1.3 第一辆汽油机汽车的诞生 / 117
- 3.1.4 哥特里布·戴姆勒的四轮汽车 / 118
- 3.1.5 手工装配单件小量生产 / 118
- 3.1.6 汽车史上首次大批量生产 / 118
- 3.1.7 车型种类和技术的发展时期 / 119
- 3.1.8 汽车技术进步时期 / 119
- 3.1.9 汽车产品多样化时期 / 120
- 3.1.10 汽车全球化 / 121

3.2 中国汽车工业发展史 /122

- 3.2.1 中国汽车工业的起步阶段（1950～1965年） /122
- 3.2.2 中国汽车工业的成长阶段（1965～1980年） /124
- 3.2.3 中国汽车工业的开放合作阶段（1999年） /124
- 3.2.4 汽车工业快速发展的阶段（2000年以来至今） /125

3.3 汽车品牌 /126

- 3.3.1 国内汽车品牌 /126
- 3.3.2 国外汽车品牌 /130

3.4 汽车基础知识 /138

- 3.4.1 汽车的总体构造 /138
- 3.4.2 发动机 /139
- 3.4.3 汽车底盘 /147
- 3.4.4 汽车车身 /151
- 3.4.5 汽车电气设备 /153

3.5 汽车设计 /153

- 3.5.1 方案策划阶段 /153
- 3.5.2 概念设计阶段 /154
- 3.5.3 工程设计阶段 /155
- 3.5.4 样车试验阶段 /156
- 3.5.5 投产启动阶段 /158

3.6 汽车制造 /158

- 3.6.1 冲压工艺 /158
- 3.6.2 焊接工艺 /159
- 3.6.3 涂装工艺 /159
- 3.6.4 总装工艺 /159
- 3.6.5 检测 /160

3.7 汽车新技术 /160

- 3.7.1 新能源汽车技术 /160
- 3.7.2 智能汽车技术 /165

第4章 测绘工程与文化

169

4.1	测绘学的概念和研究内容	/ 170
	4.1.1 测绘学的概念	/ 170
	4.1.2 测绘学研究的内容	/ 171
4.2	测绘学的学科分类	/ 172
	4.2.1 大地测量学	/ 172
	4.2.2 地图学	/ 174
	4.2.3 工程测量学	/ 178
	4.2.4 摄影测量学	/ 178
	4.2.5 海洋测绘学	/ 179
4.3	测绘学的地位和作用	/ 181
	4.3.1 测绘学在国民经济建设中的保障作用	/ 181
	4.3.2 在自然灾害监测和环境保护中的作用	/ 182
	4.3.3 在社会发展中的作用	/ 182
	4.3.4 测绘学在空间探测和国防建设中的作用	/ 183
	4.3.5 在当代科学研究中的作用	/ 184
4.4	测绘学发展历史	/ 185
	4.4.1 概述	/ 185
	4.4.2 地球形状和大小研究	/ 186
	4.4.3 地图发展历史	/ 187
	4.4.4 测绘仪器发展历史	/ 189
4.5	现代测绘技术	/ 191
	4.5.1 全球卫星导航定位系统	/ 191
	4.5.2 遥感技术	/ 193
	4.5.3 地理信息系统技术	/ 195
	4.5.4 "3S"集成技术	/ 196
	4.5.5 数字地图制图技术	/ 197
	4.5.6 数字摄影测量技术	/ 197
	4.5.7 三维激光扫描技术	/ 199
	4.5.8 卫星重力探测技术	/ 200
	4.5.9 虚拟现实技术	/ 201
	4.5.10 现代测绘仪器	/ 201

4.6	测绘技术发展趋势	/ 204
	4.6.1　大地测量发展趋势	/ 205
	4.6.2　工程测量发展趋势	/ 206
	4.6.3　地图制图学发展趋势	/ 208
	4.6.4　摄影测量与遥感发展趋势	/ 209
	4.6.5　地理信息系统发展趋势	/ 212
	4.6.6　海洋测绘发展趋势	/ 212

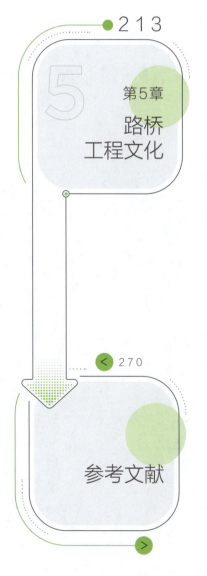

第 5 章　路桥工程文化　213

5.1	道路工程	/ 214
	5.1.1　道路的历史发展	/ 214
	5.1.2　道路结构与材料的历史演进	/ 221
	5.1.3　道路的设计与修筑	/ 226
	5.1.4　天路是什么路	/ 234
5.2	桥梁工程	/ 243
	5.2.1　跨水越谷	/ 243
	5.2.2　桥梁结构	/ 249
	5.2.3　两座大桥的启示	/ 259

参考文献　270

An Introduction to Engineering Culture

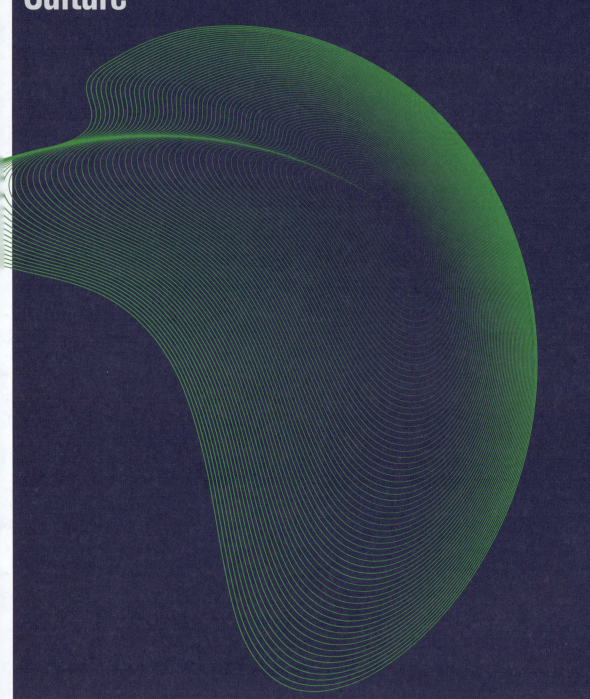

CHAPTER ONE

第 1 章

工程与工程文化

工程的要旨在于满足人类的各种物质和文化需求。随着人类社会的发展与成熟，我们不再像原始祖先一样，通过改变自身的行为适应自然，而是通过选择改变环境使之符合自己的生存需求。这项改变环境的工作，就是工程。从这个意义上说，工程建设是人类生存和发展的基本方式，是促进文明和社会进步的物质手段，是增进人类健康、安全和福祉的有效保障。

文化是指人类在历史发展过程中所创造的物质财富和精神财富的总称。"文化"是一个有机的整体，它通过自身的新陈代谢和时代的变迁在不断地演变进化着。有人将其分为三个层次来理解，即核心价值层，个性中间层和物质表象层。核心价值层中的价值观是文化概念和构成中最核心的部分，是文化的基石，不同文化对世界和自然有着不同的理解与看法，形成不同的好、坏、美、丑的标准，价值观影响人的思维方式和行为规范；个性中间层是文化中最独特与富有魅力的部分，世界各国、各民族的文化永远没有一模一样的，就如同自然界中没有两片完全相同的树叶一样，具有差异性和多样性的特点，且无高低贵贱之分；对于物质表象层，我们是能够一目了然的，有着最直接和最直观的呈现，如人们的衣着服饰、机械电子产品的外形与功能、建筑物的外在构成与布局、人们交流沟通使用的语言与礼仪等。

工程文化是人类社会工程实践的产物。一方面，随着生产、生活水平的日益提高，人们的设计、生产与消费观念发生了巨大变化，如生产者在使用机器时，要求不断解放生产力，于是设计者让传统的机器制造与现代信息技术结合，便出现了数控编程、数控加工、数控维修等新技术和新产品，劳动者在劳动过程中体会到了劳动与创造就是快乐；再如消费者在选择产品时，不仅要满足物质需要，而且还越来越多地寄托了精神需求。另一方面，人们的价值观又常常受文化的影响和制约，工程文化对于工程师价值观的影响往往是潜移默化和带有根本性的。优质的产品或工程在满足人们生存需要与精神享受的同时，又是对人的文化熏陶。因此，工程文化源于人类对物质和精神产品使用与消费的需求，工程活动具有文化创造和文化传播的性质，而这种文化属性是有深刻内涵和巨大价值的，它可以提高产品的附加值以及品牌效应。

我们研究和学习工程文化，主要就是通过分析文化的表象层（即看得见的工程文化现象），找到各种工程文化的个性特色（即个性中间层），进而把握工程文化形成和发展的客观规律（即核心价值层）。从工程的角度看到文化的存在和价值，从文化的角度完善工程的运作，认识文化的功能，从而自觉运用这些规律，更好地为工程设计、生产、建设、销售等服务。

当前，我国正处在由工程大国、制造大国迈向工程强国、制造强国的艰苦进程中，"强"不仅指质量、水平及创新能力，更包括价值、理念和文化等软实力的提升。面对"一带一路"和"中国制造2025"以及第四次工业革命浪潮的重大机遇和挑战，我们需要用实际行动讲好中国故事、贡献中国智慧以及增强中国文化自信，为实现中华民族伟大复兴的中国梦而努力奋斗。

1.1 工程

1.1.1 何谓工程

（1）**工程概念的历史演变** "工程"一词古已有之，我国古代在说及楼宇、桥梁建造时常常有"工程浩繁"等提法。据考证，我国最早的"工程"一词出现在南北朝时期，主要指土木工程，据《北史》记载："营构三台材瓦工程，皆崇祖所算也。"在宋代，欧阳修的《新唐书·魏知左传》中就有："会造金仙，玉真观，虽盛夏，工程严促"。此处"工程"是指金仙、玉真观这两个土木构筑项目的施工进度，着重过程。

西方出现"工程"（enginnering）一词则要到17～18世纪，最初主要用于指代与军事相关的设计和建造活动，比如，工程师最初指设计、创造和建造火炮、弹射器、云梯或其他用于战争的工具的人。近代之后，工程的含义越来越广泛。人们把有目的地控制和改造自然物，建造人工物，以服务于特定人类需要的行为往往都称为工程。18世纪，职业化的民用工程师开始出现，他们是道路、桥梁和城市供水系统的设计者。1818年，英国民用工程师学会成立，是工程师与传统意义的工匠在职业划分上明确分离的重要标志。现代意义上的工程师们开始反思自身工作的特点和意义，并开始了对工程活动本质的追问，以明确工程师的身份特征。

1828年，托马斯·特尔福德（Thomas Tredgold）给英国民用工程师学会的信中，提出了此后在较长时间内被广泛接受的"工程"定义，即认为工程是驾驭源于自然界的力量以供人类使用并为人类提供便利的艺术。这个定义的特点在于：第一，把工程看作通过控制和变革自然界以驾驭和利用自然界力量的工具与技能；第二，突出工程的最终目的是为人类服务，为人们更好地利用自然界提供便利；第三，强调工程是一种艺术或创造，但并不限于军事方面。这一定义也往往被认为是预设了工程是价值中立的这种思想。

随着工业化进程的推进，人类对于自然力量的控制和利用越来越紧密地与近代以来的科学发现及技术发明联系在一起。因此，工程也往往被视为是对科学和技术的应用。一些现代工程师也把是否具备和灵活应用现代科学技术知识作为工程师素养的重要方面，以进一步区别于传统的工匠与技师，这样，对工程的定义就较多地强调工程作为"科学知识的应用"。比如，1998年美国工程与技术资格认证委员会就曾经对工程职业做过这样的界定：工程是应用通过研究、经验和实践所得到的数学及自然科学知识，也开发有效利用自然的物质和力量为人类利益服务的各类途径的职业。这种定义突出了工程活动与科学技术日益紧密的联系。但把工程视为科学知识的应用，往往易于忽视工程活动自身的创造性和自主性。20世纪后，工程活动在经济社会发展中扮演了越来越重要的角色，人们开始进一步反思工程的概念。一方面，逐步打破了工程是价值中立的这种观念，开始从社会和伦理维度对工程活动进行探讨，工程与伦理的关系成为重要的理论和实践问题；另一方面，进一步探讨科学、技术与工程之间的关系，逐渐摒弃把工程单纯视为是科学的应用的这种认识。

在现代社会，工程概念的应用更加广泛，也形成了狭义的工程概念和广义的工程概念。广义的工程概念认为，工程是由一群人为达到某种目的，在一个较长时间周期内进行协作活动的过程，这种广义的理解强调众多主体参与的社会性，如"希望工程"等；狭义的工程概念则认为，工程是以满足人类需求的目标为指向，应用各种相关的知识和技术手段，调动多种自然与社会资源，通过一群人的相互协作，将某些现有实体（自然的或人造的）汇聚并建造为具有预期使用价值的人造产品的过程。狭义的工程概念不仅强调多主体参与的社会性，而且主要指物质对象的、与生产实践密切联系、运用一定的知识和技术得以实现的人类活动，如"化学工程""三峡工程""载人航天工程"等。本书所讨论的"工程"，主要指狭义的工程概念。

（2）工程的过程　　无论是古代还是现代，人类的工程实践都表现为动态的过程。因此，从工程过程出发认识工程的特点，把握工程的本质，便成为理解工程行为的重要切入点。

一般而言，计划、设计、建造、使用和结束这五个环节构成了工程的完整生命周期。其中，工程的计划环节包括工程设想的提出和决策两个部分，解决的主要是工程建造的必要性和可行性问题。在工程计划通过之后，就进入了工程的设计环节，包括工程的设计思路、设计理念以及具体施工方案设计等都在这一环节得以确定。工程的第三个环节是建造环节，包括工程实施、安装、试车和验收等具体步骤，是依据工程设计来对自然进行改造和重构的过程。工程通过验收之后并不意味着工程生命周期的结束，接下来还包括工程的使用和结束两个重要环节。工程使用环节是指工程竣工验收之后正式投入运营的时期，工程实现其自身的经济效益或社会效益，在工程过了使用期之后，需要进行报废处理，即工程的结束环节。这五个环节密不可分，互相影响，共同构成了工程的完整生命周期过程。

从过程的角度认识工程，目的之一是试图提炼贯穿在工程过程中发挥核心作用的因素，并由此对工程的实质有所认识。在这个方面，人们对工程的过程形成了两种具有互补性的看法：一种是将工程理解为设计的过程，这种理解认为作为思想行为的"设计"是工程的本质，工程的实施不过是根据设计进行生产或制造，因此，设计是工程的灵魂，真正的工程师就是设计师；另一种将工程理解为建造的过程，这种理解认为作为实践行为的"建造"是工程的本质，设计只是工程过程中的重要环节，建造的过程依赖于设计，但却超越了设计，是最终被建造出来的人造物体现了工程的价值和意义。

事实上，在一定意义上，设计和建造是工程实践的两个关键环节，但这两个环节并不是孤立的，而是相互交织并交互建构的。可以说，上述这两种理解从不同角度反映了工程活动的特点。前者强调了工程师或设计者创造性的思想和理念可能对工程行为产生极其深刻的影响，后者强调了工程实践最终要通过建造新的人工物来实现其价值。可以说，创造性的思想和创造性的实践都是好的工程实践不可或缺的，而且这两者之间是交互促进的。如果从广义的实践概念来理解工程活动中的"建造"和"造物"，那么创造性的设计应该被包含在其中。

（3）作为社会实践的工程　　从工程的特点可以看出，任何一个工程项目整体上都是一种社会实践。认识到这一点对于我们探讨工程的伦理问题具有重要的意义。

"作为社会实践的工程"可从两方面进行考量：一方面，工程活动本身具有社会性，它是工程共同体通过实践将工程设计和知识应用于自然的过程；另一方面，工程活动的目的是为了"好的生活"，其造福人类社会的目标具有社会性。

首先，工程活动蕴含着有意识、有目的的设计。在具体实施之前，工程师需要明确工程需实现的多方面目标，需要思考可以调动的自然和社会资源以及可以利用的知识与技术，进而探索实现目标可能采用的路径和方案。这种有目的、有意识的设计既体现了工程中的创造，也反映了人们对工程的预期。

其次，工程设计和实施过程中人们的知识与技术总是不完备的。任何工程都需要面对新的情境和问题，并因此包含着部分的无知和不确定性。在设计过程中基于抽象模型和模拟试验的设计与计算往往包含着不确定性；对材料的采购、加工和利用，其性能和质量等方面也具有不确定性；工程实施过程中的特殊自然条件、地理结构、天气状况等都有可能给工程进展带来不可预期的新问题。面对这些知识和技术上的不完备性，工程设计师和工程实施者往往不可能在工程之前完全予以克服，而是要在工程的实践过程中不断通过试错和改错的方法来部分地消除。在试错和改错的摸索过程中，不但利用已有的知识和技术，也不断产生着新的知识和技术，可以说，工程实践本质上也是一个探索性的过程。

最后，工程实践的后果往往会超出预期。工程活动是"造物"的制造过程，是一种"物质的实践"活动。一般来说，"物质的实践"有两种情况：一种是依循现成的实践模式，在既有的生产方式下通过不断地投入而获得产出，这种情况本质上属于重复性生产；另一种情况是要创造出新的人工物，以满足新的需求，其结果是形成新的人工自然，并改造人们的生存和生活空间。在这种情况下，实践往往具有生成性的"扩张效应"。由于实践过程中包含着不确定性，实践的后果往往并不总是完全符合实践者的理论预测和主观期待，其间既包括对盲目追求的过滤，也包括对保守追求的超越，同时也可能出现未曾预料的不良后果。换言之，这种情况下的物质实践在本质上是"发明性"的而非"发现性"的，是"生成的"而非"预成的"，是"创造的"而非"因循的"。

因此，工程作为一种由具有有限理性的人所主导的社会实践，既具有社会性，又具有探索性。这两个方面都使得工程实践与伦理问题紧密相关。

一方面，工程实践不仅涉及与工程活动相关的工程师、其他技术人员、工人、管理者、投资方等多种利益相关者，还关涉工程与人、自然、社会的共生共在，因而面临着多重复杂交叠的利益关系。如何兼顾工程实践过程中各主体间不同的利益诉求，尽可能平衡或减少其中的利益冲突，"搭乘"体现公平公正的社会伦理准则和可持续发展理念，将是工程实践必须面对的重要问题。

另一方面，由于工程是在部分无知的情况下实施的，具有不确定的结果，工程活动既可能形成新的人工物满足人们的需求，也可能导致非预期的不良后果，可以说，"工程是社会试验"。而且，技术发展常常是"双刃的、有双面孔的和在道德上有双重性的"，这使得作为社会试验的工程成为一种"被制造出来的风险"。由此出发，如何尽可能有效地规避风险，并最大限度地服务于"好的生活"，不但需要制定必要的行为规范，而且要求监测和反馈；同时，也要求"取得那些受影响者的知情同意"。

那么到底什么是工程呢？也许不同的人有不同的理解和认知。但基于上面的阐述和总结，有人归纳为：工程是人类的一项创造性社会实践活动，是人类为了改善自身生存、生活条件，并根据当时对自然规律的认识，而进行的一项物化劳动的过程，它应早于科学，并成为科学诞生的一个源头。所谓改善生存、生活条件，中国人自古以来就习惯地把它们简约为"衣、食、住、行"。从物质方面来看无非是从狩猎捕鱼、刀耕火种到驯养畜禽、育种精耕；从树叶、树皮遮体到纺织制衣，乃至以服饰成为官阶、时尚的标识；从搭巢挖穴而居，到造屋筑楼、兴建市镇；从修土路、搭木桥、乘坐马车、帆船，到构建高速公路、铁路，四通八达，洲际航线朝发夕至。总之，这一切都离不开工程活动，都和每个时期人类对自然规律的认知水平及对相关技术的综合集成能力有关。

工程造物就要了解客观世界，就有一个如何处理人与自然关系的问题。中国古代道家具有朴素的"天人合一""尊重自然"的哲学思想，许多伟大的工程之所以历经数千年而不朽，究其原因，乃是尊重自然规律的结果。其中一个杰出的代表是两千多年前李冰父子所筑的都江堰水利工程，它采用江中卵石垒成倾斜的堰滩，在鲤鱼嘴将山区倾泻下来的江水分流，冬春枯水时，导岷江水经深水河道，过宝瓶口灌溉成都平原的数百万亩良田，汛期丰水时，大水漫过堰滩，从另一侧宽而浅的河道流入长江，使农田免遭洪涝之苦。其因势利导构思之巧妙，就地取材施工之便宜，水资源充分利用之合理，至今仍令中、外水利专家赞叹不已，可以说是大禹治水以来，采用疏导与防堵相辅相成、辩证统一的典范，亦是中国古代工程的成功案例之一。

1.1.2　理解工程的多个维度

工程活动是非常复杂的社会现象。试图从单一视角理解工程不仅困难，而且非常局限。因此，我们需要从多个维度去认识工程现象。

（1）哲学的维度　从哲学的维度理解工程，主要涉及工程的本质、工程的价值、工程师及其相关人员的责任等问题的反思。可以说，什么是工程？工程的意义和价值何在？就是工程的两个基本哲学问题。这种哲学的思考，首先是反思自身的责任。工程的价值何在？什么是好的设计和好的工程？工程师如何更好地履行自己的使命？这些的确都是需要工程师以及其他工程活动的参与者共同思考的重要问题。其次是要回应对工程活动的质疑和批判。20世纪中期以来，关于技术和工程的批判不绝于耳，批评者认为，工程师们把丑陋的建筑和毫无用途的消费品倾注到人类社会，同时导致生态失衡等诸多问题，女权主义的批评者甚至把工程与父权统治、性别歧视联系起来。应对这些批评，说明工程活动的合理性，需要工程师们从哲学上思考工程的本质和意义。特别是以哲学的视角来看待工程活动及其引发的诸多伦理困境时，也涉及对"好的生活"的价值指向和相应的行为规范的反思。

（2）技术的维度　工程活动越来越依赖于技术的进步。许多引领设计与建造潮流的工程，最终的实现往往得益于应用了先进的材料与技术。在工程实践的过程中，为了使人造物体现新的设计理念，具备优良的品质，展现独特的风格，成为城市或地区的标志，工程设计师和建造者往往努力寻求最佳的技术路径，探索利用新的材料和技术来实现创造性的奇思妙想。比如工程历时14年之久的悉尼歌剧院，被作为当代艺术与现代科技结合的产物，它的完成不仅体现了建筑应与周围环境有机融合的"有机建筑"理念，而且代表了当时建筑技术和建筑材料的最高水平。值得注意的是，工程并不只是简单地应用技术，而是要创造性地把各种先进的技术"集成"起来，共同实现新的人工建造物，而且在这个过程中，也可能发明新的技术，发现技术的新用法，或者实现技术上的重大突破。可以说，工程实践不但为技术提供了用武之地，而且本身也是孕育新技术的温床。

（3）经济的维度　"经济"是理解工程活动常见的视角之一，事实上，具有重要的经济价值往往是表征工程意义的重要指标。经济视角的考量主要包括工程的经济价值和工程的经济性两个方面。一方面，很多工程能够立项并得以实施，主要是会带来显著的经济效益。深入分析"怒江水电开发的争议"案例可知，赞同和支持该项目上马者的一个主要依据，就是认为该工程能够极大地改善当地的经济状况。怒江水利资源的开发每年可创造价值342.3亿元，可增创国民生产总值5158亿元，这将带来巨大的经济利益，并在较大程度上改变当地的贫困状况。尽管工程的实施还必须充分考虑社会、生态等多方面因素，但经济利益无疑是激发人们开展工程活动的重要动力。另一方面，对耗资巨大、影响广泛、管理复杂的工程实践来讲，如何以尽可能小的投入获得尽可能大的收益是需要仔细核算的问题。经济性既涉及微观层次的工程成本最小化问题，也涉及宏观层次的工程价值最大化问题。微观层次的问题主要集中于工程本身的经济成本效益分析，宏观层次的考虑则把工程纳入更大的市场、社会等框架内进行考量。近30年来，工程经济学中的微观部门效果分析逐渐与宏观的社会效益研究、环境效益分析更紧密地结合在一起，国家和社会发展、环境保护政策等宏观问题也成为当代工程经济学研究的新内容。

（4）管理的维度　由于工程往往需要众多的行动者集体参与，而且需要较长的实施周期，因此，如何根据工程的需要，最有效地把众多的行动者、可利用的资金和自然资源等组织起来，使工程的不同环节、相继的时间节点实现高效协同，就成为工程实践中必须面对的重要问题。管理的维度就是要从实践上解决上述这些问题，从理论上探讨和总结管理的经验与规律，从方法上探索最佳的管理模式与工具。在长期实践的基础上，工程管理已经成为管理科学的重要组成部分，同时一些富有成效的管理模式和方法也与工程实践密切相关，比如系统工程的方法就是基于著名的曼哈顿工程的实践而被总结和提炼出来的。

（5）社会的维度　社会的维度在工程实践和研究中正在受到越来越多的关注。如前所述，工程实践具有广泛的社会性。一方面，工程需要众多行动者的集体参与，包括工程的投资者、管理者，进行工程技术设计和实施的工程师，参与工程具体建设的专业公司和技术工人，以及受到工程影响的社会公众等，在具体的工程项目中这些行动者形成了为实现特定工程目标而紧密关联在一起的工程共同体。是否能够为工程的顺利实施相互协作，取决于如何处理这个网络中不同的社会关系。另一方面，从事工程实践的工程师构成了特殊的社会群体——工程师共同体，并以不同类型的专业协会的形式存在，在这个共同体中，工程师们拥有相近的目标追求，探索并遵循共同的职业准则和行为规范。此外，工程过程也关系到不同的利益群体，有些利益相关者直接介入工程过程之中，有些虽未直接参与工程活动，但却是工程实施或完成之后产生的实际后效的承担者，例如怒江水电开发项目中的移民。如何处理这些利益关系，也是社会维度必须考虑的重要问题。

（6）生态的维度　生态的维度是近年来受到高度重视的重要视角。原因在于工程实践直接对自然环境和生态平衡带来不可还原、不可逆转的重要影响。从历史上看，这种影响始终存在，无论是古代文明因土地沙化、水土流失而湮灭的历史教训，还是近代工业化过程中出现的举世震惊的生态环境公害，都说明了工程实践可能对生态环境带来的严重影响。怒江水电开发的争论中就反映出公众对水电工程破坏环境的担忧。特别是近年来，工业化迅速推进过程中气候变化、环境和生态破坏成为全球性的社会问题，同时由于科学和技术的发展，当代工程活动改造和控制自然的强度、规模越来越大，对生态和环境问题的影响越来越广泛和深远，更使得生态和环境维度的考虑越来越重要。

（7）伦理的维度　人们一般把伦理的问题归结为哲学问题，把伦理的维度纳入哲学的维度，但实际上，伦理的维度所涉及的问题远超出哲学的范围。伦理的维度探讨的是人们如何"正当地行事"，从这些视角理解工程，可以发现几乎以上所谈及的各种维度都不可避免地和伦理的思考形成交集。如何"正当地行事"不仅是理论问题，也是实践问题；不仅需要从过去的历史中学习，也需要面对新的现实问题，发现新的更好的行事策略与方法。而且值得注意的是，在具体的工程实践中，伦理问题都表现出一定的特殊性，与具体的工程情境密切相关。

（8）历史的维度　工程的发展是伴随着历史的进程而不断创新和发展的，人类适应自然和社会的能力不断增强，推动着人类社会的文明和福祉进程。不同的历史发展阶段，有着不同的时代特征与特点，从石器到陶器、到青铜器、到铁器、到水泥混凝土、到今天的绿色建材，从简单工具到复杂工具、到机械化生产、到机电一体化、到数字化和信息化、到工程的多学科系统化集成，从古希腊神庙、到意大利古罗马斗兽场、到埃及金字塔、到中国的都江堰、赵州桥、万里长城、四大发明。所有这一切创造，无不闪耀着人类智慧的光辉和文明成就的高度。历史是文化的传承、积累、扩展和延伸，是人类文明的轨迹和照亮我们继续前行的灯塔，更是一个民族安身立命和发展的根基。

1.1.3　工程的本质与特征

1.1.3.1　工程的本质

从上面对工程含义的讨论可以看出：工程是创造和建构新的社会存在物的人类实践活动。对工程的理解也不能仅仅停留在工程本身，一个完整的工程应当包括工程活动全过程和工程活动的成果，工程过程和工程结果不可分离，最后的成果和产物只是工程过程的组成部分。在整个的工程活动过程中，我们不得不考察工程活动的边界。如当工程的目的一旦确定，以工程目的为核心所涉及的所有相关因素都存在于工程活动的边界之内。我们可以把工程的结构特征分成两个方面：一方面是基本要素；另一方面是相关要素。基本要素主要是指相关的、变质异构的技术要素的集成与整合；相关要素主要是指资源、资本、土地、劳动力、市场、环境等。技术要素与非技术要素在一起构成了工程的基本结构，在这个结构中，通常所讲的"边界条件"是指"相关要素"所涉及的内容，技术要素和相关要素在工程活动中呈现为一种互动的机制。

一方面，当相关要素的"边界条件"变化的时候，技术要素的集成方式也会变化；另一方面，技术要素本身的状况及水平也改变和规定着与相关要素之间的协调方式。比如，一个没有污染处理技术的系统，它会恶化相关要素的存在状态；再比如，当通信技术从有线电话发展到无线电话，再发展到网络电话时，这种技术水平的提高优化了相关要素的配置效率。

因此，工程的本质可以被理解为各种资源和工程要素的集成过程、集成方式和集成模式的统一。这可以从以下三个方面解析。第一，它是工程要素集成方式，这种集成方式是与科学和技术相区别的一个本质特点。工程科学的主要研究对象就是与工程相关要素的集成方式的形成条件、约束特点和工程实现等问题。第二，工程要素是技术要素和非技术要素的统一体，这两类要素是相互作用的，其中技术要素构成了工程的基本内涵，非技术要素是工程的重要内涵，两类要素之间是关联互动的。第三，工程的进步既取决于基本内涵所表达的科学、技术要素本身的状况和性质，也取决于非技术要素所表达的一定历史时期社会、经济、文化、政治等因素的状况。所以，工程科学就是深入研究工程因素的各种整合方式和整合途径，探索工程因素的集成与整合规律的学问（图1-1）。

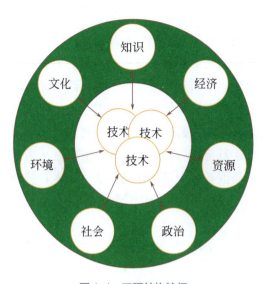

图1-1　工程结构特征

1.1.3.2　工程的基本特征

从工程活动的基本构成和基本过程看，工程和工程活动具有实践性、系统性、建构性、创造性、科学性、经验性、集成性、社会性、公众性、复杂性和风险性等基本特征。

（1）工程的建构性和实践性　工程都是通过具体的决策、规划、设计、建设和制造等实施过程来完成的。任何一个工程过程首先突出的表现为一个建构过程，同时又是一个对以往的同类工程不断改造、创新和完善一个又一个新结构和新事物的过程。一般大型工程项目的建构性更加突出。例如，建设三峡大坝、建造航天飞机等，就是在建构一个原本不存在的新事物、新存在。建构不仅仅体现在物质性结构的建构，大型工程的综合性使它的建构过程也包括诸如工程理念、设计方法、管理制度、组织规则等方面，是一种综合的建构过程。这个建构过程既是主观概念建构，又是物质建构即工程建设过程：作为主观概念建构过程表现为工程理念的定位、工程整体的概念设计、工程蓝图的规划安排等主观建构过程；作为物质建构过程表现为各种物质资源配置、加工，能量形式转化，信息传输变换等实践过程。所以，工程活动具有鲜明的主体建构性和直接的实践性，并且表现为建构性与实践性的高度统一。它是实践主体根据自己的意图，确定工程目标、进行工程设计，将现有的技术资源和物质资源重新整合、建构并实施建设的过程；同时也是通过物质、能量和信息的转换产生物质结果，形成经济效益和社会效益的过程；它还是一个具体的管理运行过程，通过工程的良性运行取得好的效益。工程的实践性，不仅体现在工程项目的物质建设过程中，更重要的是体现在工程项目建成以后的工程运行中。工程运行效果能反映工程建设的质量和水平。工程运行实践的状况取决于工程建设的状况，工程建设的质量取决于工程构建的水平。所以，工程建构、工程建设、工程运行是三位一体的工程整体现象，不过是分别表现在不同的阶段上罢了。可见，工程的建构性和实践性是辩证统一的。无论是建房、修桥、造船、筑路，还是登月工程，都是如此。

（2）工程的集成性和创造性　工程是通过各种科学知识、技术知识转化为工程知识并形成现实生产力，从而创造社会、经济、文化效益的活动过程。从统帅这个过程的思维特点来看，它是系统集成性和创造性的高度统一，集中表现为集成创新的特点。任何一个工程过程都集成了各种复杂的异质要素而完成工程建构。这种集成建构的过程就是工程创造、创新的过程。事实上，由于不同工程的"边界条件"不同，每个工程都是独一无二的，几乎没有完全相同的工程。工程不仅仅是制造，工程更应是创造。一个新工程的诞生，就是一个新创造物的诞生，尤其对重大工程而言，我们完全可以说：每一项重大工程都是创造的产物，其创造性往往体现在工程理念、工程设计、工程实施和工程运行、工程管理等工程活动的全过程，其显著特征则在于它的创造性。由于工程活动是通过各种要素的组合创造新的存在物，因此工程创新特别是集成创新的特点表现在建构出特定"边界条件"下新的社会存在物，带来新的经济社会效果。我们今天繁荣多样的物质文明，就是人类千百年来各种工程活动的不同创造的积累。

（3）**工程的科学性和经验性**　工程活动，尤其是现代工程活动都必须建立在科学性的基础之上，但同时又离不开工程设计者和实施者的经验知识，这两者是辩证统一的。任何一个工程建造的事物都有其科学原理的根据，特别是工程中运用的关键性的技术和技术群的应用与集成都有其自然科学甚至是社会科学的原理的依据。工程是在一定约束条件下的技术集成与优化。必须正确应用和遵循科学规律，一个违背科学性的工程，注定是要失败的。同样，随着科学技术的迅速发展，工程对于科学性的理解和应用不断增强，人类建造的工程无论在规模上还是在技术复杂程度上，都不断地达到一个又一个新的高度。一般来说，工程活动涉及的因素众多、关系复杂、规模宏大，工程设计与实施等各个环节所需要的知识都超出了个人的经验能力，都必须依据一定的科学理论，尤其是工程科学、系统科学的理论和方法，还要考虑到管理、组织等社会科学的要素以及环境科学的制约。只有这样，才能把大量的不同性质的工程要素，集合成一个具有特定结构与功能的、实现一定目的的工程系统。但是，由于工程建设是一个直接的物质实践活动，具体参与工程活动主体的实践经验是工程活动的另一个重要因素，它是工程活动中的科学性原则的重要补充。工程经验是工程活动中不可或缺的，并常常是一种难言的知识。工程活动中的经验性也是依赖于其科学性的进步而不断升级的。原始社会中的钻木取火的经验与火箭升空的点火经验是不可同日而语的，显然，火箭升空的点火经验是与现代科学和高技术原理紧密联系在一起的。所以，工程活动中的科学性与经验性是相互依存、相互包含和相互转化的，随着工程活动过程中的科学进步，工程活动中的个体经验所包含的科学因素不断丰富，工程经验的内涵不断深化，经验水平也不断提升。

（4）**工程的复杂性和系统性**　随着科学技术的迅速发展，人类的工程活动无论在规模上还是在复杂程度上，都不断地达到新的高度。工程活动的复杂性与系统性是密切结合的，其复杂性是工程系统的复杂性。工程系统自身的特点决定了它的复杂性特点。工程是根据自然界的规律和人类的需求规律创造一个自然界原本并不存在的人工事物。所以，工程的系统性不同于自然事物的系统性，它包含了自然、科学、技术、社会、政治、经济、文化等诸多因素，是一个原理平衡态的复杂系统。工程系统的构成过程和发展变化的复杂性程度远远超出了自然事物的复杂性程度，因为它是在自然事物的复杂性基础上加上了社会和人文的复杂性，是这三类复杂性的复合。

要创造一个人工事物，需要研究和处理各个方面的因素，从最一般的角度来说，工程往往会涉及科学规律、技术规律、社会规律、经济规律、文化规律、政治规律、生态规律等因素，严格地说，只要所要创造的人工物体涉及什么因素，就需要研究相应因素起作用的规律。由于所要创造的人工客体，本质上是一个具有复杂结构和功能的整体，而且这个整体是有众多的子结构及其要素的系统。每一个子结构及其相应的要素都是这个整体的相关维度，在它自己的维度上又有各自的运动轨迹和变化周期，有它自己的对初始条件的敏感性程度区间。重要的是，这种不同维度之间在规律、状态、对初始条件的感应上都存在非线性的相互作用关系。那么，要把这种不同维度的状态按照某一特定的目的进行整合，就要权衡和恰当处理极其复杂的非线性作用关系。所以说，工程现象的系统性关联着复杂性，工程的复杂性依存于工程的系统性，体现了复杂性与系统性的统一性。

（5）工程的社会性及公众性　社会性也是工程最重要的特征之一。工程是因为人类的需要而开展的，并因此获得价值。没有人类的需要，没有人类赋予的意义，一切工程都是多余的，也不可能开始。从工程定义我们可以看出，工程活动是一个将技术要素和非技术要素集合起来的综合性的社会活动过程，任何工程项目都必须在一定时期和一定社会环境中存在和展开，是社会主体进行的社会实践活动。

首先，从整个工程过程分析来看，工程的社会性表现为实施工程的主体的社会性。特大型工程，诸如"阿波罗登月工程""三峡工程"等往往会动用十几万、几十万名工程建设和参与者。工程共同体成员一起协同工作，在特定的工程流程、规范和方法的指导之下，有组织、有结构、有分工，大家协调配合，共同完成工程的建设。甚至在这样的工程群体内部，又有不同的社会角色，如设计师、决策者、协调者以及各种层次的执行者，各尽其能、各司其职。以20世纪60年代的"阿波罗登月工程"为例，美国宇航局成功创造了大型工程的社会规划和组织范例。整个工程投资数百亿美元，耗时12年，涉及2万家企业和200多所著名大学，参加人员达20万之多；我国"三峡工程"总工期17年，集防洪、发电和航运于一体，静态总投资900多亿元，总库容393亿立方米，动迁113万人，涉及生态保护和经济社会结构变迁。这些工程案例都充分地说明了工程现象不单纯是科学和技术现象，它包容着社会、经济、文化因素，并且影响社会、经济、文化的变化。特别是大型工程，往往对特定地区的社会经济、政治和文化的发展具有直接的、显著的影响及作用。工程往往是人类通过有组织的形式、以项目的方式进行的成规模的建造或改造活动，如水利工程、交通工程、能源工程、环境工程等，通常会对一个地区、一个国家的社会生活产生深刻的影响，并显著地改变当地的经济、文化及生态环境。由于工程项目的目标比较明确，工程实施的组织性、计划性比较强，相应地，社会对工程的制约和控制也比较强。一个大型工程项目的立项、实施和使用往往能反映出不同阶层、社区和利益集团之间的冲突、较量和妥协，重视工程的社会性有助于更全面、更准确地把握工程概念。

其次，工程的社会性也表现出它的公众性特点。社会公众是一定量的社会个体的集合，这个集合中的个体可以来自不同的社会阶级、阶层，不同的民族与文化群体，其社会身份不确定。当人们使用社会公众概念时并不强调其构成者社会地位和身份的区别，而在于强调与一个特定的社会事务相联系的其周围的社会成员的集合。当一个工程项目问世之时，一般都会引发社会公众对工程质量和工程效果的关心与评论。他们关心工程项目对自己的生活与工作环境的影响，他们会议论工程项目的风险状况、对生态环境的影响效果、对能源利用的利弊分析以及工程所引发的社会伦理与环境伦理问题等，这些都会成为社会公众关注的热点。公众关注工程问题，主要从个体所感受到的工程所带来的社会、经济、文化、环境、伦理等正负面效应出发，从工程与个人生存、发展状况的关系的角度出发。一项工程的真实的社会经济作用与公众所感受到的社会经济文化影响不一定是一致的。重要的问题是，尽管公众对工程效应的理解并不一定科学，但公众舆论会影响工程决策、工程建设与工程运行。所以，广泛地宣传工程知识，普及工程知识，推动社会公众全面理解工程，同时争取社会公众对工程建构的参与、监督和支持，是当代工程活动的一个重要环节。

（6）工程的效益性和风险性　工程都有明确的效益目标。在工程实践中，效益与风险是相关联的。工程效益主要表现为经济效益、社会效益和环境-生态效益。对于经济效益来说，总是伴随着市场风险、资金风险、环境负荷风险；对于社会效益来说，则伴随着就业风险、社区和谐风险、劳动安全风险；对于环境-生态效益来说，又伴随着成本风险、能耗风险等。

如果说，效益总是伴随着风险，那么进一步看，风险与安全就是此消彼长的两个方面。风险性低就说明安全性高，风险本身就包含了安全的内容。有许多工程是要求接近零风险的。工程的风险是指在工程建设和运行过程中所产生的人与财产的损失及其这种损失存在的可能性。任何一项工程都是社会建构的产物，都不可能是理想和完美的，其综合评价取决于本时代和本地区经济社会结构等多种因素的综合作用。首先，工程活动作为一个过程包括诸多环节，如决策、规划、设计、建设、运行和维护等，不同的环节由不同的社会群体来完成，每一个建设者和参与者不可能都对工程建设进行科学和准确的考虑，诸多环节也不可能完全做到科学、准确和无偏差地整合。其次，建设者和参与者都代表着各自的相关利益，一个完整的工程项目的建设和运行必然存在着包括政府部门、企业、工程专家、技术人员、工人、社区环境中的居民等多方面利益的协调，只不过他们的利益被工程项目关联在一起，通过他们之间不同利益的合作、协商、竞争等共同造就了工程。这些内在的不一致、多环节和多方利益的妥协使工程人为地存在着不安全和风险。再次，大的工程往往需要技术上的新突破和集成，由于当时的科技水平的限制，技术的新突破和集成有时可能无法同时判断出它的负效应，因为人们还无法发现它的问题，但这绝不意味着工程没有问题，有时甚至可能意识到了问题，但没有给予重视，这些风险和不安全从一开始就内在于工程本身，需要引起高度重视。

1.2 工程文化

在工程活动中，文化是其中一个重要的相关要素，也可以说是隐现的或潜在的灵魂。这是由于工程活动的主体是人（们），文化的主体也是人（们），而且都是社会成员意义上的人。工程活动与文化两者都涉及人（们）的理念、行为规则和价值认同。由于一切工程活动都是在自然-人-社会这样一个三维场域中进行的，工程活动与文化之间必然存在"交集"，这个"交集"就是工程文化。

1.2.1 工程文化的含义与功能

（1）工程文化的含义　要想给工程文化下一个准确的定义，是件很困难的事，不同的人在理解和认知上可能会有不同。但我们仍然可以这样认为，工程文化的基本含义就是：人们在从事工程活动中，所创造并形成的关于工程的思维、决策、设计、建造、生产、运行、管理的理念、制度、规范、行为规则，甚至习俗、习惯等。

从文化分类角度来看，工程文化是一种亚文化，其内容不仅包括工程科学的理论知识，而且反映出文化的一般特征和内容，例如民族习性、时代精神、社会制度等。工程文化的主体是工程决策者、工程投资者、工程师和包括工人在内的各类成员所构成的工程共同体，他们不仅是工程文化的主体，而且是更广泛的社会文化主体的一部分。工程文化的核心内容存在于由上述相关人群所组成的工程共同体所从事的工程活动之中。不难发现，即使工程投资者与工程建设者之间对资本的占有方面有着明显的不同，但是在工程活动中，工程共同体内的不同成员之间还是存在着一定的共同语言、共同风格、共同的办事方法，即存在共同的行为规则。作为行为规则，工程文化应该包括工程理念、决策程序、设计准则与规范、建造标准、管理制度、施工程序、操作守则、劳动纪律、生产条例、安全措施、审美取向、环境和谐目标、工程验收标准、维护条例，甚至还包括特殊的行业行为规范（例如保密条例、着装要求）和行业的习俗习惯等。由此，可以说：工程文化就是工程共同体在工程活动中所表现或体现出来的各种文化形态和性质的共同集合或集结。

工程文化不但表现出文化的一般共性，而且由于工程活动的地域背景不同、民族背景不同、时代要求不同、行业特点不同、企业传统不同等而具有不同的特征，这就使工程文化不可避免地表现出地域性特征、民族性特征、时代性特征、行业性特征等。

（2）工程文化的功能　文化的本质是以文化人，强调的是文化对人以及我们这个社会的影响。不管是有意识的，还是无意识的，工程文化就像空气一样渗透于工程活动之中（图1-2），不同类型的工程文化与不同类型的工程活动往往是共存的。例如，手工业式作坊有手工业式的工程文化，现代大工业有现代大工业的工程文化等。

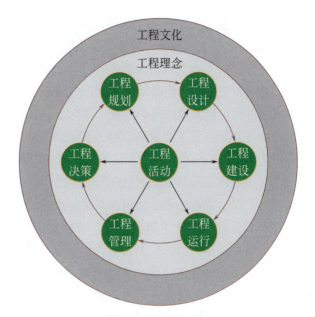

图1-2　工程文化的渗透

工程文化决定并影响着工程规划、工程设计、工程实施、工程评价等各个方面，文化上的差异必将导致不同的工程实践结果，文化的优劣将会影响工程建设的成败。随着文化的进步，工程管理也在由浅层次的经验管理，逐步向科学管理乃至更高层级的文化管理不断递进和提升。未来工程的发展方向、发展模式以及发展水平都将由其所包含的工程文化特质和基因所决定。这就是文化的力量和原动力。

1.2.2　工程文化的历史发展

下面着重以人类历史的文明进程为主轴线，来分别介绍和阐述原始时代工程、古代工程、近代工程和现代工程的历史演进及文化发展，思考工程文化对人类文明进步的深刻影响和积极意义。

（1）原始时代工程　如果从广义的和历史的观点看问题，可以认为，在原始时代，人类构木为巢、掘土为穴，属于原始的土木工程；削木为棒、磨石为器，属于原始的机具工程；原始的采集、渔猎活动，属于原始的农业（食物）工程；尝遍百草以治病，属于原始的医药工程。这些原始工程活动的主要特征是工程活动与生产活动、生命生存需要融合在一起，用今天的眼光看，其知识含量极其原始简单，而且发展缓慢和周期长。这段时期大概始于距今二三百万年，延续到距今5000年左右的石器时代。

（2）古代工程　从原始时代工程过渡到古代工程，是伴随着技术的进步而实现的。特别需要指出的是公元前三四千年左右，出现了古埃及、古中国、古印度、古巴比伦等文明区域。这些区域先后出现了制陶技术，发明了冶铜技术，这不仅促进了农业的发展，而且也开始出现了手工业门类，甚至对战争的胜负也起到了重要的影响。特别是公元前1400年左右，冶铁技术的发明和应用，构成了古代钢铁冶金工程，铁器的使用，使农耕活动大面积发展起来，生产力得到大幅度的提高，冶金（主要是冶铁、冶铜）、铸造、制陶、酿酒、榨油等手工业工程陆续发展，这就出现和形成了农业与手工业的分工，对人类文明的发展发挥了十分重要的推进作用。这种分工有力地促进了手工业的技术进步和工程活动的扩大，并造就了一批专业工匠。专业工匠成为一种职业，并成为古代工程发展的基干力量。实际上，在古代社会中，除了体-脑并用的专业工匠以外，还开始出现了少量的以脑力劳动为主的古代学者，他们在记述、总结专业工匠的技艺、技巧和技术创新方面的事实、方法、经验等方面也有不小的作用。

对比古代工程与原始时代工程，我们可以看出：古代工程的发展速度明显高于原始时代工程。特别是通过贸易、文明交流等途径，古代工程不仅有了技术成果的交流，而且有一定程度的技术知识交流；与原始时代工程相比，古代工程的目标更宽阔了，即除了满足基本生活、生产需要外，还要满足当时人类精神生活的需要。诸如宫殿建筑、祭祀用品、装饰品等，就是考虑了精神、美感等因素的需要。其中已经显现了王权、宗族、宗教、文化、艺术等社会和人文因素对工程目标的影响。与原始时代工程相比，古代工程取得了明显的进步，但还是幼稚的；它主要建立在专业工匠家族、师徒相传的经验上。可见，古代工程活动主要是手工作业。由于专业工匠既是"设计师"又是操作者，对他们而言，体力劳动与脑力劳动尚未分化，其技术的水平、传播速度和传播范围还有很大的局限性等。由此看出，古代工程的技术幼稚性、专业和地域的局限性等特征是很明显的。

（3）近代工程　近代工程是在工匠技术的基础上发展起来的，特别是由于文艺复兴和资本主义生产关系的出现，以及始自中世纪后的早期工商业活动的兴起，由此逐步出现了近代工程及其快速发展。尽管在工业革命以前天文学、力学、数学等学科已经取得了很大的科学成就，但当时在生产、生活中广为应用的仍然是以工匠技艺、经验为依靠的技术。18世纪，以纺织机的革新、蒸汽机的发明和应用为标志，发生了第一次工业革命，揭开了一个新时代的序幕，进入了近代工程的时代。

应该看到，近代工程出现的初期，其工程活动的切入点大都是对工匠技术的革新，而这些技术革新的革新者大多是专业工匠。当然，18世纪的热学对蒸汽机的革新是有影响的，但在当时这些学科知识对技术进步还没有真正起到主导作用。19世纪中期以后，特别是电磁理论形成和电机发明的历程中，科学才开始逐渐对工程技术具有了主导性的影响。近代工程的发展，促进了工程从主要依靠专业工匠的个人能力和手工技艺，发展到主要依靠工程学科知识的揭示、开发和应用的水平上。从19世纪开始，相继出现了土木工程、机械工程、矿冶工程、水利工程、交通工程、电机工程、化学工程、纺织工程等工程学科。近代工程使工程活动从分散性、经验性发展到一定程度的规模性和产业集中度。

（4）现代工程　20世纪初，基础科学特别是物理学的发展促进了现代工程的产生和发展。20世纪中期以来所形成的现代工程，以实现社会的现代化为发展的强大经济动力和社会动力，以现代基础科学和现代技术科学为工程发展的知识基础。与近代工程的目标和理念不同，现代工程的目标和理念已经提升到了新的层次，其实践的领域、范围以及方法、手段等方面也都取得空前的发展。

从现代工程的发展和变革来看，其速度之快、内容之丰富可谓使人惊奇。与古代工程和近代工程相比，现代工程已经不再主要是经验、技艺的产物了，而是现代科学、现代技术等新知识物化的结晶。在现代工程中，从技术原理形成到工程系统的集成和发展，现代科学知识（包括基础科学、技术科学、工程科学和管理知识在内）的因素和影响都大为增加，科学知识对技术和工程的先导作用明显增强。需要特别注意的现象是：在现代科学分科分化和综合集成的影响下，工程学科在高度分化的同时，多学科交叉运用以及综合集成的趋向也在明显增强，不仅产生了一批新生的工程领域，如生物工程、信息工程、环境工程等，而且我们会看到，今天的京沪高铁、大兴国际机场、航空母舰、天问号火星探测器，都必须是多专业、多学科、多工种以及系统化协同攻关和联合作业才能成功实现，而且这是一个国家综合国力的体现。

如果说近代工程的发展减轻了人的体力劳动，那么现代工程的发展则在一定程度上缓解了人的智力负担。随着计算机工程、信息网络系统等各类工程领域的不断发展和深入，特别是云计算、大数据、人工智能的快速发展，不仅减轻了人们在计算、调控等过程的负担，而且必将使现代工程在智能化、生态化等更高层次得到新的发展。

回顾不同时代的工程活动的进程及其影响，可以看到：当人类文明处于蒙昧状态时，人们的工程活动只能被动地适应自然、依靠自然，向大自然进行一些极为有限的原始索取。随着文明的进步、生产力的发展，人类与自然界的关系由被动适应、原始性索取逐步转变为主动索取、无度索取，甚至想征服自然，进而引起由于人类活动造成向自然界排放的废弃物、有害物越来越多且越来越快，造成了环境污染和生态系统失衡，反过来又影响了人类自身的生存和发展。环境污染、生态失衡，资源、能源短缺，又对人类未来的工程活动提出了新的问题和思考，即如何实现人、自然、社会的和谐发展和可持续发展。

在人类工程活动的发展进程中，可以看出，随着时代的进程，生产力的发展，工程、技术、科学之间是相互关联的，而这种关联的程度以及作用关系又是不断变化着的。但是，从历史的角度看，工程的出现先于科学，工程并不完全取决于科学知识，事实上科学也不一定必须是先于工程的，只是到了现代才出现某些以科学为先导的工程领域。然而，即使在现代社会中，科学、技术要转化为大规模的、直接的生产力，工程化仍然是一个关键环节。

从现代文明角度来看，工程是直接的生产力，更具体地说，工程是人类运用各种知识（包括科学知识、经验知识特别是工程知识）和必要的资源、资金、劳动力、土地、市场等要素并将之有效地集成和构建起来，以达到一定的目的（通常是得到有使用价值的人工产品或技术服务）的有组织的社会实践活动。在工程活动的概念中，有两个方面的内涵是应该特别强调的：一是它具有知识的特点，包括科学、技术的内涵，当然其中也包含着工程科学、工程技术和工程管理，要在正确的工程理念的引领下，将这种知识转化为现实生产力；二是工程是一种有计划、有组织、有目的的人工活动，其宗旨是向社会提供有用的人工产品和某些服务，创造出相应的经济效益和社会效益。

1.2.3　工程与自然、社会的协调

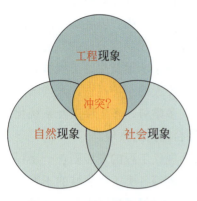

图1-3　工程伦理问题的产生

"工程师的首要义务是把人类的安全、健康、福祉放在至高无上的地位。"这是许多国家特别是西方国家工程师协会章程上最具广泛共识和认同的一致表述，这是工程师从事工程事业、活动的出发点和落脚点，以及必须遵循的首要原则和义务。必须看到，工程与自然、社会三者之间是相互关联的，并且总是伴随着经济利益和社会利益（包括环境利益）、整体利益与局部利益、企业利益和公众利益、个人利益和集体利益的矛盾与冲突，各种风险和不确定性无时不在，其中往往蕴含着许多深刻、重要的伦理问题（图1-3）。

1.2.3.1　工程与自然的协调

（1）工程活动中的环境影响　任何工程活动都要改变环境，矿产资源开采、修建道路、堤坝，城市建设、工程建筑等，都是在自然环境中进行的，无论是好还是坏，都会使自然环境变化。尽管工程活动是以相关的科学知识和技术原理为基础，但它只是以人的目标作为最终依据，必然会使原环境发生改变。事实也表明，所有工程活动在实现人的目标的同时或多或少会改变自然环境，甚至不少工程因环境损害而成为失败的工程。

工程建设会引起一系列的环境问题的状况在现代社会已经成为不争的事实。在大力开展工程建设的今天，工程建设中的环境保护问题越来越显得突出和重要，主要在于工程过程中自然环境会受到不同程度的破坏，直接影响到人们的生活和生命安全，必须要在工程建设和环境保护之间找到平衡点，努力使两者的关系协调起来。

过去，工程建设的决策管理者们通常会把经济利益放在首位，只要技术上可行，就有内在的驱动力。追求工程的优劣只考虑项目与经济的关系而忽视工程与生态环境之间的关系成为常态，正是这种以牺牲生态环境为代价换取暂时的眼前利益的行为使生态环境日益恶化。但实际上，经济发展离不开良好的生态环境，而优美的生态环境则是加快经济增长的基础。恶劣的生态环境会使经济难以发展，或即使经济发展了，也难以为继。因此，只看眼前利益而无长远考虑的工程，只能为社会的发展埋下隐患。

"我们不要过分陶醉于人类对自然界的胜利。对于每一次这样的胜利，自然界都对我们进行报复。"——恩格斯。工程建设对环境产生直接或间接影响，包括占用土地资

源、水土流失、生态失衡、气候异常，以及废气、废水、固体废弃物和噪声、尘埃等。最常见的有以下几类。

① 消耗大量的能源和天然资源。建筑工程需要消耗大量的天然资源，这些本身已经对环境造成间接的破坏。同时它还需要消耗大量的能源，比如汽油、柴油、电力等。

② 产生各种建筑垃圾、废弃物、化学品或危险品污染环境。工程施工过程中每天都会不可避免地产生大量废物，这些垃圾、废弃物的处理对环境造成了更大的压力。而一些化学品或危险物品，不仅会对环境有所影响，而且会对人们的身体有不好的影响。

③ 工地产生的污水造成水污染。施工污水及其排放、工地生活污水等，如果没有经过适当的处理就排放，就会污染海洋河流或地下水等水体。

④ 噪声和振动的影响。施工过程中必然会产生大量杂音，而且施工中需要使用机械设备，设备所产生的噪声和振动会对附近的居民造成滋扰。

⑤ 排出有害气体或粉尘污染空气，威胁人们的健康。工程建设施工机械所排放的废气中的二氧化碳还会引起温室效应。施工中产生的大量尘埃等，也会对附近居民造成滋扰和影响。

（2）工程活动中的环境道德要求　工程建设与环境保护是人类生存相互依赖的两个方面。任何工程活动都是不断与环境进行物质、能量和信息交换的过程，只要是工程建设就需要环境支撑，工程建设所需要的一切物质资源都需要从环境中索取，离开了环境空间，工程建设将无立锥之地。另外，没有不影响环境的工程，只是这种影响可能为正，也可以为负。一旦环境被严重的损害、被掠夺，那么被掠夺的环境反过来又可能对工程系统的发展造成直接或间接损害。在这种意义上，没有保护环境，工程建设就失去了其赖以生存的基础和物质来源。因此，工程建设与环境保护是密不可分的。

事实上，一个好的工程完全可以实现工程建设与环境保护的良性循环。关键是要在工程建设过程中体现出环境伦理意识，以良好的环境伦理意识来促进工程建设可持续发展。工程建设中需要树立的环境伦理意识，既重视自然的内在价值并尽力维护它，又要充分认识到它的工具价值，要充分开发它、利用它，这就要求我们在工程建设中把自然的需求和人类需要结合起来综合考虑，审慎开发利用我们的自然环境，在遵循生态规律的基础上达到人自身的目的。

（3）中国生态观的历史演变　中国古代，人们就认识到保护自然环境的重要性并进行道德规劝："先王之法，畋不掩群，不取麛夭，不涸泽而渔，不焚林而猎。豺未祭兽，罝罦不得布于野。獭未登鱼，网罟不得入于水。鹰隼未挚，罗网不得张于溪谷。草木未落，斤斧不得入山林。昆虫未蛰，不得以火烧田，孕育不得杀，鷇卵不得探，鱼不长尺不得取。"这段话充分体现了朴素的人类保护生态的思想。取之有时，用之有度，就像小家庭过日子一样，精打细算，就会节省很多支出，减少资源的浪费。

中国古人信奉"天人合一""道法自然""兼爱非攻节用"等，在整个古代与近代，这种农耕文明时代形成的意识形态一直是中国人主流的自然生态观。

近代中国，由于国家动荡，与其他文化一样，一方面有沿袭古代而来的本国色彩；另一方面也有被迫接受西方强国用洋枪洋炮带进来的西方色彩。但封建统治者除了关心自己的生存环境外，根本不会考虑其他的一切环境；而殖民者除了从中国掠夺资源和破坏环境外，也根本不会顾及其他。所以这一时期中国的自然环境工程文化无从谈起。

新中国建立后，各方面都气象一新，但由于当时人们建设国家的热情高涨，把"大干快上"作为奋斗标志，因此便忽视或者根本没有"环境保护"的意识，过度强调人的力量和主宰，雄心勃勃地想要征服自然、战胜自然和控制自然，犯了冒进主义的错误，这自然要遭到自然的报复。

改革开放后，中国从"发展才是硬道理"走到树立"科学发展观"，再到今天创建"和谐社会"，汇聚形成了坚持尊重自然、顺应自然、保护自然以及人与自然和谐相处的生态文明理念。特别是党的十八大把生态文明建设纳入中国特色社会主义事业总体布局，正式拓展为经济建设、政治建设、文化建设、社会建设、生态文明建设"五位一体"。这体现了中国共产党与时俱进的理论勇气和政治智慧，展示了其以人为本、执政为民的博大情怀，开辟了坚定不移地走中国特色社会主义道路的广阔前景。

生态文明是一场涉及生产方式、生活方式和价值观念的世界性革命，是不可逆转的世界发展潮流，是人类社会继农业文明、工业文明后进行的一次新的选择、新的征程和新的跨越。

1.2.3.2 工程与社会的协调

作为人类有目的、有计划、有组织的活动，工程具有社会性。在认识工程活动时，一方面，必须注意到在工程中所发生的技术和工艺现象是服从自然科学和技术科学规律的过程，从而必须从科学技术的观点去认识和分析工程；另一方面，由于工程活动绝不是一个"纯自然"的现象和过程，从而又必须从社会的观点去认识和分析工程。这就是说，在认识和分析工程活动时，不但必须认识和分析工程的自然维度和科学技术维度，而且必须认识和分析工程的社会维度。

（1）工程目标的社会性　如果对社会的含义做广义的理解，任何工程都是具有社会性的工程。从本性上看，那种不具有社会性的工程活动实际上是不可能存在的。

每项工程都有其特定的目标。在工程的具体目标中，经济性和社会性是结合在一起的；并且工程的社会性往往是以经济性为基础的；工程的经济内涵本身在许多方面同时也体现出了一定的社会性。工程目标的社会性在许多情况下表现为工程的社会效益。工程的社会效益和经济效益可能一致，也可能不一致。不管两者是否一致，工程都包含经济内容，都具有经济成本。在成本和效益的关系上，有的工程以经济效益为主，有的工程以社会效益为主。许多工程，尤其是公共、公益工程，其首要目标并不是经济效益，而是增进社会福利，促进社会公平，改善生态环境等而实施的。例如，在许多城市，由政府主导建设的经济适用房，目标是为工薪阶层提供住房；国家公共卫生防疫体系的建设，目标是为民众提供公共卫生和健康方面的保障；城市修建地铁，目标是为城市提供便捷的交通条件。像三峡工程、南水北调工程这类对国家具有战略意义的大型工程，其目的是为长期的经济发展、社会安定服务，而不仅仅是为了短期的经济效益。

在市场经济条件下，企业是进行工程活动的基本主体。在西方古典经济学的理论框架中，企业的目标仅仅被定位在为股东带来最大化利润上面。可是，随着时代的进步和认识的提高，人们越来越深刻地认识到企业还承担着重要的社会责任。从企业社会责任的意义上讲，以企业为主实施的商业性工程，虽然一定会考虑经济效益和企业赢利方面的目标，但企业也应该把赢利之外的社会目标包含进来，至少要考虑企业赢利与工程社会目标的相容性。实践表明，只有那些符合社会发展需求，符合可持续发展理念的工程，才是具有生命活力的工程。

现实的工程活动中，时常会出现赢利目标和社会目标之间的冲突。这种现象不但频繁发生在西方发达国家，而且也频繁发生在发展中国家。工程活动中出现赢利目标和社会目标之间的冲突，其原因是复杂而深刻的，要恰当地解决这方面的矛盾和冲突，往往不是一件容易的事情。可是，无论多么困难，都必须坚持正确的社会立场和原则。

（2）工程活动的社会性　工程活动是由投资者、管理者、工程师、工人等不同成员共同参与进行的，他们组成了"工程共同体"。这些人员在工程活动中各司其职，相互配合，每类人员都各有其自身特定的、不可取代的重要作用。在工程活动中，投资者进行投资活动，管理者实施管理活动，工程师进行工程设计等技术活动，工人则具体进行建造和操作活动等。由此可以看出，工程活动实实在在就是各种类型的人的社会性活动的集成或综合，是各相关主体以共同体的方式从事的社会活动，是多种形式、多种性质社会活动的集合。从这个方面看，工程是社会建构的。现代的许多大型工程，比如三峡工程、阿波罗登月工程等，往往需要十几万甚至几十万人员的参与。工程活动中不但包含了复杂的物质性操作活动，而且包括了复杂的人员合作或协作的活动，包含了极其大量的社会行动。工程活动的社会性就集中地体现在工程共同体成员在工程活动中的合作关系上。离开了这些不同人员的合作关系，或者这种合作关系瓦解了，工程活动就无法继续下去。

虽然我们需要承认工程活动有其本身的"总目标"，但对于参与工程活动的不同人员来说，他们不可避免地还有自己的个人目标。不同的工程参与者的个人目标可能会有所不同。在工程活动中，投资者、管理者、工程师和工人这几类主体的目标有共同和一致的地方，但也常常会有认识不一致和发生利益冲突的地方。在认识工程的社会性时，"利益冲突"常常是一个格外突出、格外引人注目的焦点所在。工程活动的社会性不但集中体现在工程共同体成员在工程活动中的合作关系上，而且同时集中体现在工程共同体成员之间必然存在的各种矛盾甚至冲突关系上。在工程活动中，不但必须解决时常出现的各种技术性难题，而且必须解决工程共同体成员之间时常出现的各种社会矛盾问题。在许多工程活动中，技术性难题往往并不是真正的难题，如何才能协调好由于不同的目标诉求而带来的利益冲突才是工程活动遇到的最大难题。在工程活动中，统一对工程目标的认识，最大限度地权衡协调由于工程共同体成员间以及工程共同体与社会其他成员间的不同目标诉求带来的利益冲突，是工程顺利进行的前提条件。

工程活动不但是在一定的自然环境中进行的，而且是在一定的社会环境中进行的。对工程活动而言，社会环境一方面提供了可以控制和利用的社会资源，如良好的融资环境、便利的社会基础设施等；另一方面，社会环境还要作为结构性因素影响着工程活动，并通过工程活动渗透到"工程物"中。金字塔、万里长城、故宫、三峡大坝、航天飞船等，都折射出了特定的政治社会背景。

工程活动是在一定的规范指导和约束下进行的活动。工程活动需要遵守的规范不但包括各种技术规范，而且包括各种法律、伦理、社会、宗教、文化规范和许多社会习俗及惯例等。在工程活动中，管理者和工程师不但必须高度重视研究和解决各种技术规范方面的问题，而且必须同时高度重视研究和解决各种社会规范（包括职业道德规范方面的问题）。

对于工程活动来说，工程活动的社会性是其内在本性的表现。只有正确理解和把握工程作为社会活动的性质和特点，促进工程与社会之间的和谐，重视对工程中多种社会行动的有效集成，构造出良好的工程秩序，工程活动才能顺利进行。

（3）工程评价的社会性　　现代工程的数量、规模和社会影响都是史无前例的。既然工程活动都是有明确目标和花费了一定资源（人力、物力、财力）的活动，有些更是投入巨大、花费巨大的工程，于是，关于工程社会评价的问题就被提了出来。工程的社会目标是否实现，工程对社会的影响如何，这些问题都导致需要对工程进行社会评价。

在进行工程的社会评价时会遇到两个难题。首先，与经济效益的可计量性相比，工程的社会效益通常是难以计量的，因此提出了如何恰当地确立科学的评价标准和评价指标体系的问题。其次，在一个价值观多元化与利益分化的社会中，同一项工程在不同的社会群体里可能会得到不同的价值判断，这就又提出了如何才能合理地确定评价主体以及合理的评价程序的问题。

社会评价标准的科学性和程序的合理性是统一的。社会是由人组成的，社会规律具有不同于自然规律的特性，它是在人的有意识的行动中形成的。社会规律是社会中的人的活动规律，人所发现的社会规律的来源和应用社会规律的对象都是人的活动本身，就此而言，社会规律对人而言具有"反身性"。进行社会评价要以对"社会效益"的认识为前提和基础，可是，在一个利益分化的社会中，不同的人常常对"社会效益"有不同的评判标准，于是，如何才能选择和确定出合理、恰当的评价主体又成为"前提性"的条件和"基础"，这意味着在评价程序中，"选择合适的评价主体"具有特别重要的意义。但是，这并不意味着评价标准和评价指标完全依赖于特定的评价群体，人们还应该承认评价标准本身具有相对的"独立性"。社会虽然是由个体组成的，但它具有不同于个体的整体性特征。一个社会的意识形态、文化传统、价值观等，是不能简单还原为个体层次或某个群体层次的，这意味着有必要与有可能根据某种社会共识和普遍的价值观认定某种社会的整体利益。从理论上讲，评价主体和评价程序的选择如果是足够合理的，那么，其所形成的评价标准与认定的社会整体利益就应该基本上是吻合的。

1.2.4 工程与科学、技术的关系

科技是第一生产力，对推动工程进步和发展起着至关重要的作用。科学、技术与工程是三种不同的活动，它们有不同的性质和特征。科学活动的本质是探索和发现，技术活动的本质是发明和创新，工程活动的本质是集成和构建。一方面，三者之间联系紧密，不能忽视或轻视它们之间的联系；另一方面，它们的活动本质又有所区别，不能把三者混为一谈。

1.2.4.1 工程与科学的关系

"科学"一词源于拉丁文scientia，本意是知识和学问。随着人类对客观世界认识的深入，科学已发展为许多大的门类与相互交叉的学科，学科与学科之间又分别从不同的关联角度组成一个个的学科群，它们既相对独立，又相互影响，构成一个庞大的多层次的知识体系。对动态发展并不断变化的科学，要下一个世人公认的、相对固定的、简明扼要的定义不是一件易事，人们常常只能从某一个侧面对它们的本质特征进行概括与定义。比较有代表性的观点有：科学是一种理论化的知识体系，是人类不断探索真理的一种实践活动，是人类认识世界的方式和方法，其着重解决"是什么？为什么"的问题。作为知识体系，科学是逻辑连贯的、自洽的；作为实践活动，科学不断修正自身，发展自身。作为认识世界的方式方法，科学是解释、探索世界真谛的有力武器和手段；作为社会建制，科学是人类社会结构、文化体系的最重要组成部分之一。

科学具有解释性、目的性和精确性，这是与生活常识、日常经验最重要的区别。科学活动的过程表现为主体、客体和工具三大要素之间的相互作用。科学具有不依赖个人"客观性"和在继承基础上的不断"发展性"的特征，科学理论的历史就是一部不断"扬弃"的历史。

通过考查科学与工程的历史发展，我们可以发现，现代科学是工程的理论基础和必须遵循的原则。工程的突出特征是集成建造，而科学的突出特征是探索发现。

（1）**科学是工程的理论基础** 在以集成建造为核心的现代工程活动中，科学是不可缺少的理论基础。如果没有科学理论做基础，现代工程活动的开展将是无源之水、无本之木。表面上看，科学不直接构成工程，科学理论是知识形态的存在，工程和工

程活动是物质形态的存在，但在工程诸要素中，科学却是非常重要的因素，因为现代形态的技术，离不开现代科学。作为工程要素的诸项技术背后都有其基本的科学原理做前提。

工程必须遵循科学理论，符合科学的基本原则和定律，凡是背离科学理论的工程必然导致失败。曾在科学发展历史上为许多人关注的建造"永动机"等类似工程，由于与基本的科学理论相违背或者没有科学的理论依据而成为泡影。

工程活动中的设计、建构和运行等环节还必须遵循系统论、控制论、信息论、协同论、突变论、自组织理论等科学理论。应当自觉地运用复杂性科学理论提出的诸如信息、熵、反馈、组织与自组织、稳态、涨落、系统等概念和范畴，并逐步使之成为指导工程活动的理论和方法。例如，根据系统科学原理进行计算机模拟，是现代工程活动的一个重要方法。我们知道，数学研究的是世界空间形式和数量关系，它为现实对象的定量处理提供了理论和方法。但是，在现实对象的研究中运用数学是有一定条件的，就是为了使数学方法适用于现实的对象，必须使对象表现为数学对象的形式，即数学化。传统科学有一套使其研究对象数学化的方法，如经典物理学中所抽象出来的质点、刚体、理想气体等。但是工程活动的设计和实施是一个非常复杂的处理过程，要把现实工程完全直接数学化是很难做到的。这时，在现实工程和数学对象之间必须有一个中间环节。复杂性理论中的系统科学方法恰好能够提供这种中间环节，用各种系统模式对所研究的工程活动进行专门的数学描述。系统科学把工程看作系统，确定其结构和对应匹配关系，从而引进数学方法和数学语言，可以对工程活动进行深入研究。通过建立模型，结合计算机工具，甚至可以对工程活动的全部过程进行虚拟演示，及时发现问题，防患于未然，这大大降低了工程的论证成本和潜在风险。

（2）**工程是集成建造活动，科学是探索发现活动**　工程标志着新的存在物的出现和模式建造活动的过程，但是构成工程的观念和物质的要素却是现实存在并可以直接予以利用的。工程和科学的重要区别之一就是工程是集成建构，科学是探索发现。工程活动的对象是通过集成建构出来的、以前并不存在的事物，而科学的规律则不依人们的意识而独立存在着，人们没有发现科学规律之前，科学规律自然而然地发挥着它的作用，一旦科学规律为人们所认识、所发现，人们就会自觉地将科学理论用于认识自然和改造世界的活动。

工程活动是以集成建构为核心的，建构活动就要遵循集成的规律。集成建构的规律就是工程科学理论所发现的规律和原则。从这个意义上讲，科学所探索发现的事物及其运行规律对工程建造活动有正向促进作用，同时工程的集成建构活动中发现的新问题反过来又促进科学理论的新发现和新进步。因此，科学理论不是静态的和一成不变的，它不断地处在发展变化之中，科学就是不断发现新事物、新理论的探索活动。正是随着科学发现的日新月异，推动了工程集成建构模式的创新。科学的探索发现与工程的集成建构是两种相对独立的创造性活动，两者却处于互为条件、双向互动的辩证过程之中。

在人们不自觉地运用科学理论时，人们的工程建构活动是经验的。以人们日常生活中熟知的"万丈高楼平地起"为例，即使不懂地心引力定律的人也不会建"空中楼阁"，也知道建楼要一层层盖起。但是要发射人造卫星甚至载人飞船，就必须自觉地运用并深入掌握相关的科学理论，同时做出精确的测算和分析。现代工程的集成建构活动越来越依赖科学技术活动，同时以现代科学技术活动为基础的工程活动也形成了特殊的工程科学领域，对工程集成建构规律的研究推动着工程科学的发展。

1.2.4.2　工程与技术的关系

由于工程现象与技术现象固有的紧密联系，有时人们常常感觉很难对两者加以区分。但是，无论两者的联系多么紧密，工程现象毕竟不是技术现象，其间的区别仍然是客观存在的。只有在缕清其基本区别的基础上才可以更深入地分析两者的联系。相对于科学，工程与技术的距离要近得多，像工程一样，现代意义上的技术大多指源于科学的技术，即人类为了满足社会发展的需要，运用科学知识，在改造、控制、协调多种要素的实践活动中所创造的劳动手段、工艺方法和技能体系的总称；是人工自然物及其创造过程的统一；是在人类历史过程中发展着的劳动技能、技巧、经验和知识；是人类合理改造自然、巧妙利用自然规律的方式和方法；是构成社会生产力的重要部分。因此，可以认为，技术具有自然属性和社会属性的双重属性。它的自然属性表现为任何技术都必须符合自然（科学）规律，其社会属性则表现为技术的产生、发展和应用要受社会具体情境各方面因素的制约。

技术包括三个相互联系的方面，即技术的操作形态、实物形态和知识形态。操作形态是主体的主观技术，如技能、手艺、智能、经验、方法、步骤是实施技术操作的特定主体所掌握的，同时又作用和指导技术操作的全部过程；实物形态是客观的技术存在物，如工具、机器、生产线等，是技术活动得以实现的物质手段及客观条件，它与人类劳动力一起共同组成生产力的实在要素，是技术发展水平的最直观、最生动的体现；知识形态是现代技术的基本组成部分，是区别于早期经验技术的一个重要标志，它是以科学为基础并在深厚的理论根基下创新的。在工程与技术的关系中，被人们的观察力所注意的往往多是工程活动与实物形态的关系，知识形态的技术和操作形态的技术多在工程项目的决策和实施过程中，不是静态的和可触摸的存在。

在近代历史的维度上，存在着科学-技术-工程的一般跃迁和发展规律。因此，工程与技术的关系更为直接和明显，同时也更为复杂。

（1）技术是工程的基本要素　工程和技术密切相关。技术是工程活动的基本要素，若干技术的系统集成便构成了工程的基本形态。工程是集成建构新的存在物的活动或结果，是不同形态的技术要素的系统集成，是核心专业技术和相关支撑技术的有序集成。技术一般存在于一定的物化过程或者工程构建运行过程的活动中。

构成工程的操作形态、实物形态、知识形态的技术要素之间，具有独立性与相关性并存、互补性与主导性并存、自稳性与变异性并存的特点。所谓独立性与相关性并存，即指各类技术要素既相互独立存在，不能相互取代，同时又相互关联，互相影响其发展、变化；所谓互补性与主导性并存，即构成工程的技术要素既是一个有机的整体，牵一发动全身，同时某种（项）要素又具有举足轻重的触发性放大作用；所谓自稳性与变异性并存，即作为工程要素的技术都有自我稳定和抗干扰的能力，但同时这种能力在一定条件下又可能发生突变、转化。

技术作为工程的要素具有以下特点。第一，个别性和局部性。技术总是工程中的一个子项或个别部分。第二，多样性和差别性。工程中诸多技术有着不同的地位，起着不同的作用，它们之间往往存在着不同的功能。第三，不可分割性。实际上，不同的技术作为工程构成的基本单元，在一定的环境条件下，以不可分割的集成形态构成工程整体。尽管这些技术往前追溯还可以分解成若干项子技术，但是，作为构成工程的基本单元而言，对其无限分解意义不大，重要的是在于有序、有效地合理集成，并形成一个有效的结构功能形态。

技术和工程的对应关系中，就某项特定工程而言，可以应用的技术可能有多种，在多种技术之中，有保守稳妥但效率较低的、有前卫先进但风险较大的等各具特色的技术可供选择，不同技术方案的对比取舍、优化组合以及实施后的性能价格比都是工程决策中应该考虑的重要内容。

技术和工程都是在一定历史背景下，在特定的边界条件下，在互相联系中展开的；脱离条件单独谈技术和工程往往会陷入机械与教条的思维模式之中。由于工程与技术之间具有集成与层次的关系，在此时此地是工程的事物或活动，在彼时彼地却是某种技术。科技进步的结果导致原来多项技术的集成结果（工程）不断被整体化为单一的技术，而新技术集成的工程也越来越蕴涵了更加强大的生产力。

（2）工程是技术的优化集成　　工程往往是诸多技术的集成，这种集成不是简单相加，而是系统集成。也就是说，构成工程的诸技术之间是有机地联系、组织在一起构成一个系统的整体。构成某一工程的诸多技术要素之间有核心专业技术和相关支撑技术之分。工程作为技术的集成则具有以下特征。第一，集成统一性。工程是若干技术及其相互关联中产生的整体，因此，不管在相对于工程存在的环境还是相对于技术关联的系统，工程都以统一体出现。第二，协同性。工程至少由两个或两个以上的技术复合而成，不同技术之间具有相互协同关系（协同性）。第三，相对稳定性。工程都是技术的有序、有效集成，不是简单加合，其结构和功能在一定条件下具有相对稳定性。

工程活动不能理解为单纯的技术活动，而是技术与社会、经济、文化、政治及环境等因素综合集成的产物，它是一种自然科学知识、社会科学知识以及人文学科知识综合集成建构的活动。工程的成功与失败也不仅仅是技术问题就能决定的。工程不仅集成"技术"要素，还集成"非技术"要素，如文化要素、经济要素、环境要素等。因此，工程是诸多技术的集成，不是技术本身。工程不仅要集成已成熟的技术，而且要集成在工程活动过程中发现、发明的适合工程需要的技术。

值得强调的是，相对于工程而言，技术活动是工具性活动，其任务是发明一项方法，创制一种工具，创造一种手段等。工程活动是一种集成、综合性的活动，是把各种技术手段集成起来，构建一类动态运行的网络系统及运行程序，获得一种特定的结构去实现整体性的功能。在工程活动中有技术的发明和创造，但这些技术发明和创造是工程活动的一个组成部分，为工程的总体目的服务。

1.2.5 工程理念制度法规

1.2.5.1 工程理念

目前，不但在工程界，而且在全社会范围内，工程理念问题都正在引起人们越来越多的关注。工程理念问题非常重要，影响十分深远，好的工程理念可以指导兴建造福当代、泽被后世的工程，而工程理念上的缺陷和错误又必然导致出现各种贻害自然和社会的工程。

工程理念是工程文化的核心，体现的是工程人的专业素养和工程价值观，工程理念在工程活动中发挥着最根本性的、先导性的、贯穿始终的、影响全局的作用。我们应该努力准确、全面、完整地理解和把握工程理念的内涵、作用和意义，树立和弘扬新时代的先进的工程理念，这对于做好各种工程活动、推动建立"自然-工程-社会"的和谐关系是具有头等重要意义的。

（1）理念与工程理念　理念是一个哲学性的概念。哲学思想和观念是抽象的，但它们不是凭空而来的，它们来自现实生活的土壤。而哲学思想和观念在形成与出现之后，它们又会以多种形式、多种方式、多种途径渗透、回归到现实生活之中。

"工程理念"是一个新概念。它是"理念"这个具有普遍性的哲学概念和现实工程活动的经验及理想相结合而形成的一个新概念、新观念、新范畴。从工程哲学的角度看，真正的造物主不是上帝，世界上也没有什么上帝，真正创造世界和创造历史的是人民群众。人民和劳动者才是真正的造物主。工程活动的本质不是单纯地认识自然，而是要发挥人的主观能动性进行物质创造活动，如造房子、造铁路、造计算机、造宇宙飞船等。工程活动不是自发的活动，工程活动是人类有目的、有计划、有组织、有理想的造物活动。一般来说，工程理念就是人类关于应该怎样进行造物活动的思想信念。

任何工程活动都是在一定的工程理念指导下进行的。在工程活动中，虽然也有"干起来再说"和在工程实践中逐渐明确和升华出工程理念的情况，但更多的情况是理念先于工程的构建和实施，甚至先于工程活动的计划和工程蓝图的设计。如果我们换一个角度看问题，承认不但有明确化的、自觉形态的工程理念，同时也存在着不很明确、不够自觉的工程理念，那么，就完全可以肯定地说：全部工程活动都是在一定的理念（包括自觉或不自觉的理念）指导下依据具体的计划和设计进行的。

工程理念是一个源于客观世界而表现在主观意识中的概念，它是人们在长期、丰富的工程实践的基础上，经过长期、深入的理性思考而形成的对工程的发展规律、发展方向和有关的思想信念、理想追求的集中概括与高度升华。在工程活动中，工程理念发挥着根本性的作用。

一般来说，工程理念应该从指导原则和基本方向上（而不是具体答案含义上）回答关于工程活动"是什么（造物的目标）""为什么（造物的原因和根据）""怎么样（造物的方法和计划）""好不好（对物的评估及其标准）"等几个方面的问题。由于人类社会是不断发展的，人类的认识是不断提高的，人的需求是不断变化的，工程活动的经验、知识、方法、材料和技术手段是不断提高的，工程师的见识、思维能力、设计方法、施工能力是不断增长的，工程活动的理念也就不可能是固定不变的，而是要随着时代、环境、条件的变化而不断变化、不断发展。

（2）工程理念的层次和范围　如上所述，理念和工程理念都是"一般性"的概念。也许可以简单地说，理念实际上就是理想的、总体性的观念，理念凝练着诸多具体的观念。

由于物质世界是一个分层次的世界，同时由于人类的工程活动也是可以在"纵向"上划分出一定层次的活动，于是，在认识和概括工程理念时，人们往往也就需要在不同的活动层次上总结和概括出对于本层次的工程活动更有针对性的工程理念。

物质世界和工程活动中不但有"纵向"上层次方面的问题，而且在"横向"上还有"范围"方面的问题。人们应该运用辩证的和灵活的态度与方法，对具体问题进行具体分析，而不能采取机械和绝对化的态度及方法去认识与对待这些问题。

从以上的分析中可以看出，理念不止一种，不同的理念之间可以按照"高""低"层次建立起逻辑学上"种"和"属"的关系。实际上，当我们把工程理念和理念这两个"范畴"相比较的时候，已经在层次上把理念看成是比工程理念"更高层次"的概念了。

如果我们把工程理念看作是一个"总体性"的概念，那么，容易看出，这个"总体性"的工程理念还可以在"纵向"和"横向"上划分出许多不同的"层次"及"范围"的工程理念。正是这些"纵""横"交错、不同"层次"和"范围"的多种多样的具体工程理念"构成"了"总体性"的工程理念。

不同层次和不同范围的各种工程理念之间存在着复杂的关系。在现代社会中，可以认为"既追求人与自然的和谐，同时又追求工程与社会的和谐"就是一个"总体性的工程理念"。虽然一般来说，所有其他较低"层次"和较小"范围"的比较具体的工程理念都必须同这个"总体性的工程理念"相吻合及相衔接，但其他的工程理念却不是可以直接从这个总的工程理念中简单地"演绎"出来的。

任何较低层次和较低范围的工程理念的形成都不是容易的事情，不是可以一蹴而就的事情。它需要工程活动的领导者、企业家、工程师等在踏踏实实的实践的基础上，通过深入的理性思考才能升华出一个关于某个层次或某个范围的工程理念。

（3）工程理念的作用和意义　工程理念不同于科学理念和技术理念。科学活动的理念是要正确揭示事物和现象的本质及规律；技术活动的理念是要追求合乎事物本性的、合理的、"巧妙"的途径或方法；而工程活动的理念则是工程共同体在工程实践及工程思维中形成的对"工程活动"和"工程存在物"的总体性观念、理性认识和理想性要求。

工程理念贯穿工程活动的始终，是工程活动的出发点和归宿，是工程活动的灵魂。工程理念必然会影响到工程战略、工程决策、工程规划、工程设计、工程建构、工程运行、工程管理、工程评价等。总而言之，工程理念深刻影响和渗透到工程活动的各个阶段、各个环节，它贯穿于工程活动的全过程。工程理念从根本上决定着工程的优劣和成败，因此，工程理念的重要性无论怎样强调都不会过分。

各类工程活动都是自觉或不自觉地在某种工程理念的支配下进行的。在古今中外的许多优秀工程中，人们看到了先进的工程理念的光辉。与此相反，工程理念的落后甚至错误，必然酿成工程活动的失误或失败，危害当代，殃及后世。

当前我国正在进行大规模的工程建设活动，为了做好我国的工程建设，实现社会进步和发展目标，不能再走发达国家传统工业化的老路，需要树立新的工程理念，走出一条符合我国国情的新型工业化道路。

当代工程的规模越来越大，复杂程度越来越高，对社会、文化、经济、环境等方面的影响也越来越大。为了切实做好各种类型的工程活动，不仅需要有工程科学、工程技术和工程经济、工程管理等专业知识，而且需要站在哲学的高度，全面地认识和把握工程的本质及发展规律，树立新的工程理念，处理好工程与社会发展的关系，在工程活动的全过程中处理好科技、效益、资源、环境、安全等方面的关系，不但要通过工程促进经济发展，而且要努力促进我国和谐社会的建设。

1.2.5.2　工程制度

这里主要阐明当下我国建设工程管理制度，自改革开放以来，以社会主义市场经济体制为根本，遵循所建立的现代工程管理制度的基本情况。

（1）项目法人责任制　这是我国从1996年开始实行的一项工程建设管理制度。按照原国家计委《关于实行建设项目法人责任制的暂行规定》要求，国有单位经营性基本建设大中型项目在建设阶段必须组建项目法人，由项目法人对项目策划、资金筹措、建设实施、生产经营、债务偿还和资产保值增值实行全过程负责。

（2）工程招标投标制　工程招标投标是招标人对工程项目事先公开招标文件，吸引多个投标人提交投标文件参与竞争，并按招标文件规定选择交易对象的行为。自20世纪80年代中期，我国开始实行工程项目招标投标制度。实行工程项目招标投标，可以建立公开、公正、公平的竞争机制，保护国家利益、社会公共利益和招标投标活动当事人的合法权益，保证工程质量。

（3）工程监理制　工程监理是指监理单位受项目法人的委托，依据国家批准的工程项目建设文件、有关工程建设的法律法规和工程监理合同及其他工程建设合同，对工程建设实施的监督管理。

推行工程监理制度，由具有专业知识和丰富管理经验的监理工程师对工程项目进行全过程的监督管理，受业主委托，依据合同和相关法律、法规、标准，对以工程质量、建设工期、资金控制为主要内容的工程项目活动进行制约和监督，有利于克服外行管理造成的管理成本高、管理水平低、损失浪费大等弊病，保证工程质量、工期、投资等建设目标的顺利实现。

在我国推行工程监理制度也是与国际惯例接轨、融入全球经济一体化的需要。工程监理是西方发达国家长期以来普遍采用的通行做法，无论是吸引外资参与我国的经济建设，还是参与国际市场的竞争，都需要建立和推行工程监理制度。

（4）合同管理制　工程合同包括工程勘察、设计、施工、监理等合同。建设工程合同是工程发承包双方实现市场交易的重要方式和依据。建设工程的发包单位和承包单位应当依法订立书面合同，明确双方的权利和义务。发包单位和承包单位应当全面履行合同约定的义务，不按照合同约定履行义务的，依法承担违约责任。《建筑法》《合同法》和《建设工程质量管理条例》对建设工程合同都做出了明确的规定。

（5）施工许可管理制　为维护市场秩序，保证工程质量、施工安全并顺利实施，住建部等国家有关部门规定了建筑工程施工许可制度。要求行政区域内的建筑工程具备开工条件后，向工程项目所在地县级以上人民政府建设行政主管部门申请施工许可证。但工程投资额或者建筑规模在一定限度以下的建筑工程可以不申请办理施工许可证，按照国务院规定的权限和程序批准开工报告的建筑工程，不再领取施工许可证。

（6）竣工验收备案制　工程竣工后，由建设单位履行工程竣工验收的职责，建设单位依法进行竣工验收后，要将有关文件报建设行政主管部门及国务院有关部门备案，质量监督机构也要向政府上报质量监督报告。通过竣工验收文件备案手续，政府管理部门对各方主体遵守建设工程质量法律法规、履行质量责任的状况、遵守建设程序的状况进行监督，发现有违法违规行为，可责令停止工程使用。

1.2.5.3　工程法规

（1）工程法规体系的效力层次　工程建设法规体系包括中央立法和地方立法两个层次。中央立法包括3个层次：法律、行政法规、部门规章。地方立法包括两个层次：地方性法规和地方政府规章。其中法律的效力高于行政法规、地方性法规、规章；行政法规的效力高于地方性法规、规章。

（2）工程法规体系的规范内容　工程建设法规体系的规范内容主要包括以下几方面。

① 规范市场准入资格的法规，主要体现在对市场各方活动主体的资质管理，包括勘察设计单位、施工企业、监理单位、招投标代理机构等的资质管理。

② 有关工程建设的政府监管程序的法规，包括招标投标管理法规、建设工程施工许可管理法规、建设工程竣工验收备案等。在该类法规中，还包括工程建设现场管理的法规。例如，建设工程施工现场管理规定；建筑安全生产监督管理规定等。

③ 规范建筑市场各方主体行为的法规，该类法规侧重于对市场活动行为人（包括公民和法人）的行为制约。例如，规范勘察设计市场的管理规定、装饰装修市场管理等。

（3）工程法规体系的框架结构　以建设工程为例，我国现行的建设工程法规体系的框架结构已经形成了以《建筑法》《招标投标法》《合同法》为母法，以《建设工程质量管理条例》《建设工程勘察设计管理条例》《注册建筑师条例》等为子法，以系列部门规章为配套的法规体系。各地方出台的地方性法规和政府规章同时作为框架体系的组成部分，是调整各地方工程建设活动的重要法律依据。

1.3
伟大与失败的工程

伟大的工程，给人类带来无尽的福祉；失败的工程，给人类带来巨大的灾难。区别的产生，从表面上看，似乎只是技术路线和方法问题，但从深层次上思考，却是无处不在的文化问题。有形的工程，不仅代表着人类的历史与文明，更代表着人类的价值理念、伦理道德、生态意识等无形的文化。文化可以构建一项工程，文化也可以改变一项工程。毫不夸张地说，工程文化是整个工程建设活动的灵魂。

1.3.1　都江堰水利工程惠泽千古民生

都江堰水利工程位于四川省成都市都江堰市城西，坐落在成都平原西部的岷江上，始建于秦昭王末年（约公元前256年～前251年），是蜀郡太守李冰父子在前人鳖灵开凿的基础上组织修建的大型水利工程，由分水鱼嘴、飞沙堰、宝瓶口等部分组成，两千多年来一直发挥着防洪灌溉的作用，使成都平原成为水旱从人、沃野千里的"天府之国"，至今灌区已达30余县市，面积近千万亩（1亩≈666.67平方米，下同），是全世界迄今为止，年代最久、唯一留存、仍在一直使用、以无坝引水为特征的宏大水利工程，凝聚着中国古代劳动人民勤劳、勇敢、智慧的结晶（图1-4）。

图1-4 都江堰水利工程全貌

1.3.1.1 修建背景

号称"天府之国"的成都平原,在古代是一个水旱灾害十分严重的地方。李白在《蜀道难》这篇著名的诗歌中"蚕丛及鱼凫,开国何茫然""人或成鱼鳖"的感叹和惨状,就是那个时代的真实写照。这种状况是由岷江和成都平原"恶劣"的自然条件造成的。

岷江是长江上游的一大支流,流经的四川盆地西部是中国多雨地区。发源于四川与甘肃交界的岷山南麓,分为东源和西源,东源出自弓杠岭,西源出自郎架岭。两源在松潘境内漳腊的无坝汇合。向南流经四川省的松潘县、都江堰市、乐山市,在宜宾市汇入长江。全长793千米,流域面积133.500平方千米。平均坡度4.83%,年均总水量150亿立方米左右。全河落差3560米,水力资源1300多万千瓦。

岷江是长江上游水量最大的一条支流,都江堰以上为上游,以漂木、水力发电为主;都江堰市至乐山段为中游,流经成都平原地区,与沱江水系及众多人工河网一起组成都江堰灌区;乐山以下为下游,以航运为主。岷江有大小支流90余条,上游有黑水河、杂谷脑河;中游有都江堰灌区的黑石河、金马河、江安河、走马河、柏条河、蒲阳河等;下游有青衣江、大渡河、马边河、越溪河等。主要水源来自山势险峻的右岸,大的支流都是由右岸山间岭隙溢出,雨量主要集中在雨季,所以岷江之水涨落迅猛,水势湍急。

岷江出岷山山脉,从成都平原西侧向南流去,对整个成都平原是地道的地上悬江,而且悬得十分厉害。成都平原的整个地势从岷江出山口玉垒山，向东南倾斜，坡度很大，都江堰距成都50千米，而落差竟达273米。在古代每当岷江洪水泛滥，成都平原就是一片汪洋；一遇旱灾，又是赤地千里，颗粒无收。岷江水患长期祸及西川，鲸吞良田，侵扰民生，成为古蜀国生存发展的一大障碍。

都江堰的创建，又有其特定的历史根源。战国时期，刀兵峰起，战乱纷呈，饱受战乱之苦的人民，渴望中国尽快统一。适巧，经过商鞅变法改革的秦国一时名君贤相辈出，国势日盛。他们正确认识到巴、蜀在统一中国过程中特殊的战略地位，"得蜀则得楚，楚亡则天下并矣"（秦相司马错语）。在这一历史大背景下，战国末期秦昭王委任知天文、识地理、隐居岷峨的李冰为蜀郡太守。李冰上任后，首先下决心根治岷江水患，发展川西农业，造福成都平原，为秦国统一中国创造经济基础。

都江堰位于岷江由山谷河道进入冲积平原的地方，它灌溉着灌县以东成都平原上的万顷农田。原来岷江上游流经地势陡峻的万山丛中，一到成都平原，水速突然减慢，因而夹带的大量泥沙和岩石随即沉积下来，淤塞了河道。

每年雨季到来时，岷江和其他支流水势骤涨，往往泛滥成灾；雨水不足时，又会造成干旱。远在都江堰修成之前的二三百年，古蜀国杜宇王以开明为相，在岷江出山处开一条人工河流，分岷江水流入沱江，以除水害。

秦昭襄王五十一年（公元前256年），秦国蜀郡太守李冰和他的儿子，吸取前人的治水经验，率领当地人民，主持修建了著名的都江堰水利工程。

1.3.1.2 修建过程

都江堰的整体规划是将岷江水流分成两条，其中一条水流引入成都平原，这样既可以分洪减灾，又可以引水灌田，变害为利。主体工程包括鱼嘴分水堤、飞沙堰溢洪道和宝瓶口进水口。

（1）宝瓶口的修建过程　首先，李冰父子邀集了许多有治水经验的农民，对地形和水情做了实地勘察，决心凿穿玉垒山引水。由于当时还未发明火药，李冰便以火烧石，使岩石爆裂，终于在玉垒山凿出了一个宽20米、高40米、长80米的山口。因其形状酷似瓶口，故取名"宝瓶口"，把开凿玉垒山分离的石堆叫"离堆"。

之所以要修宝瓶口，是因为只有打通玉垒山，使岷江水能够畅通流向东边，才可以减少西边的江水的流量，使西边的江水不再泛滥，同时也能解除东边地区的干旱，使滔滔江水流入旱区，灌溉那里的良田。这是治水患的关键环节，也是都江堰工程的第一步。

（2）分水鱼嘴的修建过程　宝瓶口引水工程完成后，虽然起到了分流和灌溉的作用，但因江东地势较高，江水难以流入宝瓶口，为了使岷江水能够顺利东流且保持一定的流量，并充分发挥宝瓶口的分洪和灌溉作用，修建者李冰在开凿完宝瓶口以后，又决定在岷江中修筑分水堰，将江水分为两支：一支顺江而下，另一支被迫流入宝瓶口。由于分水堰前端的形状好像一条鱼的头部,所以被称为"鱼嘴"。

鱼嘴的建成将上游奔流的江水一分为二:西边称为外江,它沿岷江顺流而下;东边称为内江,它流入宝瓶口。由于内江窄而深,外江宽而浅,这样枯水季节水位较低,则60%的江水流入河床低的内江,保证了成都平原的生产和生活用水;而当洪水来临,由于水位较高,于是大部分江水从江面较宽的外江排走,这种自动分配内外江水量的设计就是所谓的"四六分水"。

(3)飞沙堰的修建过程　为了进一步控制流入宝瓶口的水量,起到分洪和减灾的作用,防止灌溉区的水量忽大忽小、不能保持稳定的情况,李冰又在鱼嘴分水堤的尾部,靠着宝瓶口的地方,修建了分洪用的平水槽和"飞沙堰"溢洪道,以保证内江无灾害,溢洪道前修有弯道,江水形成环流,江水超过堰顶时洪水中夹带的泥石便流入到外江,这样便不会淤塞内江和宝瓶口水道,故取名"飞沙堰"。

飞沙堰采用竹笼装卵石的办法堆筑,堰顶做到比较合适的高度,起一种调节水量的作用。当内江水位过高的时候,洪水就经由平水槽漫过飞沙堰流入外江,使得进入宝瓶口的水量不致太大,保障内江灌溉区免遭水灾;同时,漫过飞沙堰流入外江的水流产生了漩涡,由于离心作用,泥砂甚至是巨石都会被抛过飞沙堰,因此还可以有效地减少泥沙在宝瓶口周围的沉积。

为了观测和控制内江水量,李冰又雕刻了三个石桩人像,放于水中,以"枯水不淹足,洪水不过肩"来确定水位。还凿制石马置于江心,以此作为每年最小水量时淘滩的标准。

在李冰的组织带领下,人们克服重重困难,经过八年的努力,终于建成了这一历史工程伟业——都江堰。

1.3.1.3　岁修制度

都江堰有效的管理保证了整个工程历经两千多年依然能够发挥重要作用。汉灵帝时设置"都水椽"和"都水长"负责维护堰首工程;蜀汉时,诸葛亮设堰官,并"征丁千二百人主护"(《水经注·江水》)。此后各朝,以堰首所在地的县令为主管。到宋朝时,制定了施行至今的岁修制度。

古代竹笼结构的堰体在岷江急流冲击之下并不稳固,而且内江河道尽管有排沙机制,但仍不能避免淤积。因此需要定期对都江堰进行整修,以使其有效运作。宋朝时,订立了在每年冬春枯水、农闲时断流岁修的制度,称为"穿淘"。岁修时修整堰体,深淘河道。淘滩深度以挖到埋设在滩底的石马为准,堰体高度以与对岸岩壁上的水相齐为准。明代以来,使用卧铁代替石马作为淘滩深度的标志,现存三根一丈长的卧铁,位于宝瓶口的左岸边,分别铸造于明万历年间、清同治年间和1927年。

1.3.1.4　水利功能

都江堰是一个防洪、灌溉、航运综合水利工程。李冰采用中流做堰的方法,在岷江峡内用石块砌成石埭，叫都江鱼嘴，也叫分水鱼嘴。鱼嘴是一个分水的建筑工程，把岷江水流一分为二。东边的叫内江，供灌溉渠用水；西边的叫外江，是岷江的正流。又在灌县城附近的岷江南岸筑了离碓（同堆），离碓就是开凿岩石后被隔开的石堆，夹在内外江之间。离碓的东侧是内江的水口，称宝瓶口，具有节制水流的功用。夏季岷江水上涨，都江鱼嘴被淹没，离碓就成为第二道分水处。内江自宝瓶口以下进入密布于川西平原之上的灌溉系统，旱则引水浸润，雨则杜塞水门（《华阳国志·蜀志》），保证了大约300万亩良田的灌溉，使成都平原成为旱涝保收的天府之国。都江堰的规划、设计和施工都具有比较好的科学性和创造性。工程规划相当完善，分水鱼嘴和宝瓶口联合运用，能按照灌溉、防洪的需要，分配洪、枯水流量。

为了控制水流量，在进水口作三石人，立三水中，使水竭不至足，盛不没肩（《华阳国志·蜀志》）。这些石人显然起着水尺作用，这是原始的水尺。从石人足和肩两个高度的确定，可见当时不仅有长期的水位观察，并且已经掌握岷江洪、枯水位变化幅度的一般规律。通过内江进水口水位观察，掌握进水流量，再用鱼嘴、宝瓶口的分水工程来调节水位，这样就能控制渠道进水流量。这说明早在2300年前，中国劳动人民在管理灌溉工程中，已经掌握并且利用了在一定水头下通过一定流量的堰流原理。在都江堰，李冰又作石犀五枚，……二在渊中（《华阳国志·蜀志》），"二在渊中"是指留在内江中。石犀和石人的作用不同，它埋的深度是作为都江堰岁修深淘滩的控制高程。通过深淘滩，使河床保持一定的深度，有一定大小的过水断面，这样就可以保证河床安全地通过比较大的洪水量。可见当时人们对流量和过水断面的关系已经有了一定的认识和应用。这种数量关系，正是现代流量公式的一个重要方面。

1.3.1.5 历史意义

① 都江堰的创建，开创了中国古代水利史上的新纪元。都江堰的创建，以不破坏自然资源，充分利用自然资源为人类服务为前提，变害为利，使人、地、水三者高度和谐统一，是全世界迄今为止仅存的一项伟大的"生态工程"，开创了中国古代水利史上的新纪元，标志着中国水利史进入了一个新阶段，在世界水利史上写下了光辉的一章。都江堰水利工程，是中国古代人民智慧的结晶，是中华文化划时代的杰作，更是古代水利工程沿用至今，"古为今用"、硕果仅存的奇观。与之兴建时间大致相同的古埃及和古巴比伦的灌溉系统，以及中国陕西的郑国渠和广西的灵渠，都因沧海变迁和时间的推移，或湮没、或失效，唯有都江堰独树一帜，源远流长，至今还滋润着天府之国的万顷良田。

② 都江堰是一个科学、完整、极富发展潜力的庞大的水利工程体系。李冰主持创建的都江堰，正确处理鱼嘴分水堤、飞沙堰泄洪道、宝瓶口引水口等主体工程的关系，使其相互依赖，功能互补，巧妙配合，浑然一体，形成布局合理的系统工程，联合发挥分流分沙、泄洪排沙、引水疏沙的重要作用，使其枯水不缺，洪水不淹。都江堰

的三大部分,科学地解决了江水自动分流、自动排沙、控制进水流量等问题,消除了水患。

李冰所创建的都江堰是巧夺天工、造福当代、惠泽未来的水利工程,是区域水利网络化的典范。后来的灵渠、它山堰、渔梁坝、戴村坝等一批历史性工程,都有都江堰的印记。

都江堰水利工程的科学奥妙之处,集中反映在以上三大工程组成了一个完整的大系统,形成无坝限量引水,并且在岷江不同水量情况下的分洪除沙、引水灌溉的能力,使成都平原"水旱从人、不知饥馑",适应了当时社会经济发展的需要。后来,又增加了蓄水、暗渠供水功能,使都江堰工程的科技经济内涵得到了充分的拓展,适应了现代经济发展的需要。

都江堰水利事业工程针对岷江与成都平原的悬江特点与矛盾,充分发挥水体自调、避高就下、弯道环流特性,"乘势利导、因时制宜",正确处理悬江岷江与成都平原的矛盾,使其统一在一大工程体系中,变水害为水利。

两千多年前,都江堰取得这样伟大的科学成就,世界绝无仅有,至今仍是世界水利工程的最佳作品。

1.3.2 切尔诺贝利核电站事故灾难深重

切尔诺贝利核事故,是一件发生在苏联统治下乌克兰境内切尔诺贝利核电站(图1-5)的核子反应堆事故。该事故被认为是历史上最严重的核电事故,也是首例被国际核事件分级表评为第七级事件的特大事故。

图1-5 切尔诺贝利核电站

1986年4月26日凌晨1点23分，乌克兰的切尔诺贝利核电厂的第四号反应堆发生了爆炸。连续的爆炸引发了大火并散发出大量高能辐射物质到大气层中所释放出的辐射线剂量是第二次世界大战时期爆炸于广岛的原子弹的400倍以上。经济上，这场灾难总共损失大概两千亿美元，是近代历史中代价最"昂贵"的灾难事件，其所在的普里皮亚季城因此被废弃。到2006年，官方的统计结果是，共有4000多人死亡。

1.3.2.1 原因分析

关于事故的起因，官方有两个互相矛盾的解释。第一个于1986年8月公布，完全把事故的责任推卸给核电站操纵员。第二个则发布于1991年，该解释认为事故是由于压力管式石墨慢化沸水反应堆的设计缺陷导致，尤其是控制棒的设计。

另一个促成事故发生的重要因素是职员并没有收到关于反应堆问题的报告。根据一名职员所述，设计者知道反应堆在某些情况下会出现危险，但蓄意将其隐瞒。这种情况是因为厂房主管基本由不具备资格的员工组成造成的：厂长V.P.Bryukhanov，只具有燃煤发电厂的训练经历和工作经验，事发半夜演习时并不在场，但主导演习的副厂长是核能专业。总工程师Nikolai Fomin亦来自一个常规能源厂。3号和4号反应堆的副总工程师Anatoli Dyatlov只有一些小反应堆的经验。

在这个系统中更重大的缺陷是控制棒的设计。在控制反应堆时，操纵员通过将控制棒插入反应堆来降低反应速率。在反应堆的设计中，控制棒的尾端由石墨组成，延伸部分（在尾端区域超出尾端的部分，大约是1米或3英尺长度）中空且充满水；而控制棒的其他部分由碳化硼制成，是真正具有吸收中子能力的部分。因为这种设计，当控制棒一开始插入反应堆的时候，石墨端会取代冷却剂，反而大大地增加了核分裂的反应速率，因为石墨能够吸收的中子比沸腾的轻水少。因此插入控制棒的前几秒，反应堆的输出功率反而会增加，而不是预期的降低功率。反应堆操纵员对于这一特点也不知晓，且无法预见。

水的管道垂直地穿过堆芯，当水温增加时水位将会上升，在核心之中产生温度的梯度效应。如果在顶端的部分已经完全地变为蒸汽，则效果会更恶化。因为顶端部分此时已无法被足够冷却，且反应会明显增强。

因为反应堆有巨大的体积，所以，为了降低成本，建造电厂时反应堆周围并没有建筑任何作为屏障用的安全壳，这使得蒸汽爆炸造成反应堆破损后，放射性污染物得以直接进入环境之中。

反应堆已经持续运转超过1年以上，储存了核裂变的副产物。这些副产物增强了不受控制的反应，使事故更难以控制。

当反应堆温度过热时，设计的缺陷使得反应堆容器变形、扭曲和破裂，使得插入更多的控制棒变得不可能。

值得注意的一点是操纵员闭锁了许多反应堆的安全保护系统——除非安全保护系

统发生故障，否则是技术规范所禁止的。

1986年8月出版的政府调查委员会报告指出，操纵员从反应堆堆芯抽出了至少205根控制棒（此类型的反应堆共需要211根），留下了6根，而技术规范是禁止操作时在核心区域使用少于15根控制棒的。

1.3.2.2 后续处理

爆炸发生后，并没有引起苏联官方的重视。在莫斯科的核专家和苏联领导人得到的信息只是"反应堆发生火灾，但并没有爆炸"，因此苏联官方反应迟缓。在事故后48小时，一些距离核电站很近的村庄才开始疏散，政府也派出军队强制人们撤离。

之后数个月，苏联政府派出了无数人力物力，终于将反应堆的大火扑灭，同时也控制住了辐射。但是这些负责清理的人员也受到严重的辐射伤害。原因之一为遥控机器人的技术限制，加上严重辐射线造成遥控机器人电子回路失效，因此许多最高污染场所的清理仍依赖人力。火灾扑灭后，接下来担心的是反应堆核心内的高温铀与水泥熔化而成的岩浆熔穿厂房底板进入地下，苏联政府派出大批军人、工人，给炸毁的四号反应堆修建了钢筋混凝土的石棺，把其彻底封闭起来。

苏联政府把爆炸反应堆周围30千米半径范围划为隔离区，撤走所有居民，用铁丝网围了起来，入口设有检查站，隔离区内只有定期换班的监测人员与切尔诺贝利核电站其他三个还在发电的核反应堆的工作人员。事故二十周年后，四号反应堆的石棺外表面的照射度仍有750毫伦琴，远高于20毫伦琴的安全值，加固石棺的焊接工人工作2个小时就要轮换。隔离区内的平均照射度仍大于100毫伦琴。

隔离区以外是较重污染的撤离区，平均照射度在60毫伦琴左右，个别地方可达150～200毫伦琴。再往外是轻度污染的准撤离区，平均照射度在30毫伦琴。

1.3.2.3 事故评价

切尔诺贝利核电站事故是历史上发生的一次最严重的灾难性事故，堵住污染源头是一项艰巨的任务，而清除核辐射尘埃则是另一项艰巨的任务。一年之后，切尔诺贝利核泄漏事故中最先遇难的核电站工作人员和消防员被转移到莫斯科一处公墓内，安葬他们用的是特制的铅棺材！因为他们的遗体成为足以污染正常人的放射源。

核尘埃几乎无孔不入。核放射对乌克兰地区数万平方千米的肥沃良田造成了污染。乌克兰共有250多万人因核辐射而身患各种疾病，其中包括47.3万名儿童。据专家估计，完全消除这场浩劫对自然环境的影响至少需要800年，而持续的核辐射危害将持续10万年。

在经济上，苏联损失了约90亿卢布：善后处理费用40多亿卢布，农业和电力生产损失40多亿卢布。专家估计，除核电站本身的损失外，仅清理一项就得花几十亿美元，如果全部加起来，可能达数百亿美元。

1.4 中国工程文化的内涵及精神

1.4.1 中国工匠精神

一般认为，工匠精神包括高超的技艺和精湛的技能，严谨细致、专注负责的工作态度，精雕细琢、精益求精的工作理念，以及对职业的认同感、责任感。但是，这只是对工匠精神一般意义上的理解，实际上，新时代的中国工匠精神，除了具有一般意义上工匠精神的内涵外，还具有自身的特殊性：既是对中国传统工匠精神的继承和发扬，又是对外国工匠精神的学习借鉴；既是为适应我国现代化强国建设需要而产生，又是劳动精神在新时代的一种新的实现形式。

在中国，"工匠"一词最早出现在春秋战国时期，即社会分工中开始独立存在专门从事手工业的群体后才出现的，此时工匠主要代指从事木匠的群体。随着历史的发展，东汉时期工匠一词的含义已经基本覆盖全体的手工业者。

中国古代工匠精神具有以下特点。第一，创新精神。美丽的丝绸、精美的陶瓷以及数不清的发明创造，无不体现着古代中国工匠无比的智慧和对完美的不懈追求。第二，精益求精的职业态度。庖丁解牛、运斤成风、百炼成钢……这些耳熟能详的成语，不仅是对中国古代工匠出神入化技艺的真实写照，也是对他们精益求精、追求卓越职业态度的由衷赞美。第三，敬业精神。中国传统十分强调"敬"这一观念。对于古代工匠群体而言，他们十分尊敬自己从事的职业劳动，因此形成了内涵十分丰富的"敬业"观念。

正是因为根植于中华传统的丰厚土壤之中，新时代中国工匠精神才具有鲜明的民族性。中国传统工匠精神中那种德艺兼修、物我合一的境界，始终为新时代中国工匠精神提供着源源不竭的动力。

工业化时代生产的特点是标准化和通用化，因此，工业化时代更多地强调工人对标准和规范的遵循与坚守。而在信息化时代，随着互联网技术的发展，满足消费者个性化需求的定制服务成为可能。这一变化强调了为满足个性化需求而进行的创新和创造。

为适应工业化和信息化的需要，保持产品在国际上强大的竞争力，西方发达国家非常重视对工匠精神的培育和坚守。例如，"德国制造"之所以具有强大的优势，一方面在于他们对产品质量的追求已经成为一种文化；另一方面在于德国对职业技术教育的重视。又如，日本的"匠人精神"是从国家高层到民间都在提倡的一种精神，其精髓在于"踏踏实实，干一行爱一行的敬业精神"，这种精神正是许多日本企业延续百年的不二法门。

据统计，全球寿命超过200年的企业，日本有3146家，德国有837家，荷兰有222家，法国有196家。这些长寿企业的出现绝非偶然，工匠精神在其中有着不可替代的作用。

西方国家是工业化和信息化的领跑者，也是近代以来中国学习的榜样。时至今日，西方国家工匠精神中很多先进的理念、制度、文化仍然是我们需要学习的。

1.4.2　中国工程师的职业精神

中华民族5000多年的文明史，也是我国工程师诞生、发展、繁荣的历史，饱含着中华民族历史文化的深厚积淀。中国工程师职业精神已从其发展历程中逐步显现，开始受到人们的关注，值得有志于从事工程事业的青年一代继承与弘扬。

毫无疑问，中国工程师职业精神是工程师群体进行工程实践过程中孕育并形成的，是职业化的工程实践活动中内化而成的个人品质，是工程技术人员自身的一种主观精神状态与人格特质。随着工程师职业化的发展，祖国大地上一座座工程科技创新的丰碑赋予中国工程师这一职业更加丰富的精神内涵。如：爱国主义精神、奋斗精神、"先天下之忧而忧，后天下之乐而乐"的深厚情怀"干惊天动地事，做隐姓埋名人"的崇高境界，把个人理想自觉融入国家发展伟业的奉献精神等。我国工程师职业历经了古代的萌芽期、近代的形成期、建国后的成长期以及改革开放后的发展期，每个阶段都彰显出这一历史时期独特的精神烙印，结合我国工程师职业发展历程和工程师职业精神的生成逻辑，我们从历史的维度总结并试图诠释中国工程师职业精神的主要内涵。

（1）古代：专研精神与精益求精的工匠精神　勤劳和智慧是古代工匠身上最集中、最明显的标识。他们在完成封建帝王统治意志的过程中，通过自我学习，体现出较为强烈的钻研精神。我国古代不少工程技术人员并非专业出身，他们多是朝廷派出监督工程的官员。在监督工程进程中，他们开始自学技术，最终成为行家。如清代著名的督陶官唐英，刚到景德镇时对制造陶瓷一无所知，他与工匠同食同休三年，闭门谢客，聚精会神钻研制瓷技术，最终成为内行。

在长期的工程实践中，中国古代的工匠和手工艺人还形成了"精益求精""道技合一"的工匠精神。他们"匠心独具"，在技术、工艺等方面不因循守旧、拘泥一格，精益求精，追求突破，不断创新。如四大发明的诞生，三国时期发明龙骨水车的马钧，清代治黄水利家陈潢等。

但是，在中国古代，匠人是没有社会地位的。士农工商，是中国古代阶级的划分和排序，再杰出的工匠发明和技艺，也会被称为"奇技淫巧"而为士人不屑一顾。所以，就算古代有杰出的建筑师，也往往不会名传于世。也因此，中国各种美轮美奂的古建筑，都很难追溯到他的设计者。

（2）近代：救国图存的职业精神　集中体现为实业救国的爱国精神。这种精神来源于民族危机的不断加深，资产阶级群体意识的形成和资产阶级革命运动的高涨。中国工程师群体伴随着民族工业的出现，更加活跃地投身于工程实践之中。20世纪初期，著名实业家张謇提出"振兴实业"代替"振兴商务"，加之孙中山《建国方略》中对中国工程建设和工程师地位的影响，民族工业在夹缝中得以发展。近代著名实业家范旭东、吴蕴初、陈蝶仙等身边聚集了一大批具有实业救国意愿的工程师。

（3）建国后：自力更生、艰苦奋斗的职业精神　新中国成立之初，面对国内外严峻形势和百废待兴的国家，一批知识青年向科学进军，他们发扬自力更生、艰苦奋斗的精神，以科技报国，投身祖国建设。以钱学森、钱三强为代表的工程科技人员经过艰苦卓绝的努力，挺起了中国核工业的脊梁。为了建造自己的民用大飞机，无数中国工程技术人员响应号召，自力更生，攻坚克难，付出十年心血，建成了"运十"大飞机，并于1980年9月26日试飞成功。还有很多我们耳熟能详的新中国工程建设，如红旗渠精神，其核心也是自力更生、艰苦奋斗；再如康藏公路建设；南京长江大桥的设计建造；"东风号"在江南造船厂的开工等。可以说，自力更生、艰苦奋斗成为了这一时期工程创造领域的重要精神标记。

（4）现代：勇于创新、服务国家重大需求的职业精神　没有工程就没有现代文明，不能掌握核心技术就会丧失发展主动权。当前，世界新一轮科技革命和产业变革与我国加快转变经济发展方式形成历史性交汇，国际产业分工格局正在重塑。中国工程师群体必须与祖国一道抓住机遇，对国家和民族具有重大战略意义的工程科技决策，想好了、想定了就要决断，不能依赖他人，非走自主创新道路不可。

工程活动造福人类一方面靠科学和技术成果；另一方面必须依靠工程师们的爱国奉献精神——国家需要什么，就创造什么。只有认识到自己从事的工程实践活动是一项具有崇高意义的事业并愿意为之奋斗终身的时候，才会主动牺牲并产生实现职业理想的自豪感。由此，工程师群体才可能将自己的这份职业变成获得创新的不竭动力，为之奉献毕生的精力、智慧和才能。

我国改革开放四十多年来，中国制造及科技取得了巨大发展，我们的汽车、飞机、舰船、军事装备、人造卫星、高速公路、高速铁路、大型成套设备、卫星导航技术等都进入世界一流行列，这一切成果，都离不开中国工程师的艰苦奋斗和辛勤劳动。在这些艰难的攻坚战中，工程师是担当重任的主力军。这支富有奉献精神和创造力的队伍，在国家建设中立下了汗马功劳。他们在全球产业竞争的"战场"上，不断刷新出如量子卫星、高铁、桥梁、核电、5G等世界工程技术领域的新成果，一件件国之重器展现于世人。这正是长期工作在一线的工程师为中国的现代化建设所做出的卓越贡献，他们在创新驱动发展中发挥着不可替代的作用，赢得了社会的广泛认可。港珠澳大桥总设计师孟凡超曾在接受采访时表示，工程师阶层代表了一个国家的硬实力，中国能立足于世界之林，靠的就是这股力量。

"工程师"既要有一丝不苟的工匠精神，还要有科学家的创新精神。光把零件做好了不行，还得懂创新。既要有扎实的理论基础，还要有丰富的实践经验；既要有吃苦耐劳的拼搏精神，又要有一往无前的战斗精神。

工程师是在创造更好的工具，创造无限可能；而人类文明正是由工具的进步推动的，工程师是推动社会生产力高速发展的原动力。培养工程师队伍的忠诚、敬业、奋斗、团结精神是非常重要的。

1.4.3　中国工程精神的诠释

工程精神是指从事工程事业的人们在长期的工程实践活动中所凝聚形成的共同信念、价值准则、思维方式、意识品格和行为规范的总和，它是一种由内而外的面貌、风范、气质的展示，不仅具有强大的物质基础，更具有强大的精神力量，是工程文化最具核心内涵的价值呈现。这不只是一种精神，更是一种态度，一种责任，一种理想，一种信念，一种品格，为国家、民族的工程事业艰苦奋斗，求真务实，为国家建设和经济社会发展做贡献。

中国工程精神涵养于中国工程文化的沃土之中，孕育在每一个行业领域，甚至具体的工程建设与项目实践上，既有共性的一面，也有个性的呈现。这需要我们从大量的工程实践中去挖掘和提炼。下面举几个具体案例。

1.4.3.1　青藏铁路精神

建设青藏铁路是几代中国人梦寐以求的愿望，是党和政府做出的关乎经济社会发展全局的重大决策。作为西部大开发战略的标志性工程，青藏铁路是藏族同胞与全国各族人民的连心路，是雪域高原迈向现代化的腾飞路，也是勤劳智慧的中国人民不断创造非凡业绩的奋斗路。一条青藏线，穿越历史和未来；一条通天路，寄托梦想与期待。

青藏铁路开工建设以来，1800多个日日夜夜，5度炎夏寒冬，十多万名建设大军在"生命禁区"，冒严寒，顶风雪，战缺氧，斗冻土，以惊人的毅力和勇气挑战极限，战胜各种难以想象的困难，攻克了"高寒缺氧、多年冻土、生态脆弱"三大难题，谱写了人类铁路建设史上的光辉篇章。青藏铁路建设者以敢于超越前人的大智大勇，拼搏奋斗，开拓创新，攀登不止，在雪域高原上筑起了中国铁路建设新的丰碑，也铸就了挑战极限、勇创一流的青藏铁路精神。

挑战极限、勇创一流的青藏铁路精神，饱含着爱国主义的豪情壮志。"上了青藏线，就是做奉献"。从走入高原的第一天起，青藏铁路的建设者们就是在这样的口号激励下，以国家需要为最高需要，以人民利益为最高利益，始终牢记党和人民的重托，长期奋战在条件异常艰苦的雪域高原，以惊人的毅力和勇气战胜了各种难以想象的困难，展现了为国家发展、为民族复兴而奋斗的爱国主义信念和豪情，创造了人类铁路建设史上的非凡业绩。

挑战极限、勇创一流的青藏铁路精神，饱含着顽强拼搏的英雄气概。青藏铁路施工所面临的困难和挑战，是世界铁路史上前所未有的。施工难度之大，设备可靠性和安全性要求之高史无前例。历经千难成此境，人间万事出艰辛。青藏铁路大军不畏艰险，永远向前，绝不向恶劣的环境屈服让步。正是这种顽强奋斗、自强不息的英雄气概，鼓舞着他们战胜一个又一个困难，越过一个又一个障碍，取得一个又一个胜利。

挑战极限、勇创一流的青藏铁路精神，饱含着自主创新的科学精神。在国内外没有成熟经验可直接应用的情况下，广大科技工作者和建设者自力更生，自主创新，在青藏铁路冻土工程技术和施工工艺、高原生态环境保护、建设运营管理及旅客卫生保障等方面交出了一份满意的答卷。事实证明，中华民族是富有创造精神的民族，只要坚持不懈地提高自主创新能力，我们就能不断攀登世界科技高峰。

挑战极限、勇创一流的青藏铁路精神，饱含着团结协作的优秀品质。青藏两地干部群众、设计施工各部门、各单位同心协力，密切合作，争挑重担，共担责任，形成了一切为铁路、全力保成功、齐心干事业的生动局面。这充分表明，社会主义制度具有巨大的组织能力和动员能力，集中力量办大事是社会主义制度的政治优势，团结协作，服从大局，同心协力，是我们成就伟大事业的力量所在。

每一个时代，都有自己的精神象征。十多万名青藏铁路建设者在世界屋脊上筑就了中华民族伟大精神的新高度。建成青藏铁路这一壮举将永远载入共和国史册，青藏铁路精神将永远光耀神州大地。这种精神，是以爱国主义为核心的民族精神的传承和升华，是以改革创新为核心的时代精神的延伸和拓展，是激励我们56个民族、14亿中国人民奋勇前进的强大动力。

1.4.3.2 "两弹一星"精神

"两弹一星"工程是中国于20世纪50～60年代组织实施的，以研制导弹、原子弹和科学试验卫星为主要内容的重大国防工程。

20世纪50年代中期，面对国际上严峻的核讹诈形势和军备竞赛的发展趋势，为尽快增强国防实力，保卫和平，国家做出发展"两弹一星"，突破国防尖端技术的战略决策。1964年，中国研制的第一颗原子弹爆炸成功，1967年第一颗氢弹空爆试验成功。1970年，"东方红"1号人造地球卫星发射成功。中华人民共和国在物质和技术基础十分薄弱的条件下，在较短的时间内成功地研制出"两弹一星"，创造了非凡的人间奇迹，是中国人民挺直腰杆站起来的重要标志。

"两弹一星"的伟大精神包括。

（1）热爱祖国、无私奉献的精神 "两弹一星"的研制者高举爱国主义旗帜，怀着强烈的报国之志，自觉地把个人理想与祖国命运，把个人志向与民族振兴联系在一起。许多功成名就、才华横溢的科学家放弃国外优厚的条件回到祖国。许多人甘当无名英雄，隐姓埋名，默默奉献，有的甚至献出了宝贵的生命。他们用自己的热血和生命，写就了一部为祖国为人民鞠躬尽瘁、死而后已的壮丽史诗。

（2）自力更生、艰苦奋斗的精神 "两弹一星"的研制者，在极其艰苦的环境中，克服了各种难以想象的艰难险阻，经受住了生命极限的考验。他们运用有限的科研和试验手段，依靠科学，顽强拼搏，发愤图强，锐意创新，突破了一个个技术难关。他们所具有的惊人毅力和勇气，显示了中华民族在自力更生的基础上自立于世界民族之林的坚强决心和能力。

（3）大力协同、勇于登攀的精神 在研制"两弹一星"的过程中，全国有关地区、部门、科研机构、院校和广大科学技术人员、工程技术人员、后勤保障人员及解放军指战员，团结协作，群策群力，求真务实，大胆创新，突破了一系列关键技术，使中国科研能力实现了质的飞跃。他们用自己的业绩，为中华民族几千年的文明创造史书写下了新的光彩夺目的篇章。

在那个一穷二白的年代，为"两弹一星"事业涌现出了许多铭记史册的伟大科学家，他们胸怀祖国、忘我工作、淡泊名利甚至隐姓埋名。1999年9月18日，中共中央、国务院、中央军委授予为研制"两弹一星"做出突出贡献的23位科学家"两弹一星"功勋奖章，他们是：钱三强、钱学森、于敏、王大珩、王希季、朱光亚、孙家栋、任新民、吴自良、陈芳允、陈能宽、杨嘉墀、周光召、屠守锷、黄纬禄、程开甲、彭恒武、王淦昌、邓稼先、赵九章、姚桐斌、钱骥、郭永怀。他们身上的那种"干惊天动地事，做隐姓瞒名人"的崇高境界和精神品格，将永远激励一代代中华儿女自强不息和奋斗不止。

"两弹一星"精神是爱国主义、集体主义、社会主义精神和科学精神的生动体现，是中国人民在20世纪创造的宝贵精神财富，对于全面建成小康社会，实现中华民族伟大复兴的中国梦具有重大意义。

1.4.3.3　武汉火神山医院神奇建设精神

2020年初，一场突如其来的新冠疫情席卷武汉，武汉危在旦夕，全国驰援武汉。在鄂央企中建三局接到了建设火神山医院的紧急任务。从除夕准备工作开始到完工，24小时轮班作业，不间断施工，建设工地机器轰鸣、人声鼎沸，仅用10天时间就建成了拥有1000张病床，以及包括排水、消防、供配电、照明、通风、空调、通信、医用气体、净化工程、市政配套、污水处理等功能齐全的配套设施，充分展现了中国基建能人的超强能力，一场与时间和死神争分夺秒的赛跑，创造了举世瞩目的中国速度和奇迹，可谓惊天动地、泣鬼神。火神山医院先后治愈了4879人，为武汉实现了从人等床到床等人的根本转变做出了重大贡献，成为武汉乃至中国抗疫的坚强支点。当中建集团接到中央的指令后迅疾发布动员令，11家子企业星夜兼程，4万名建设者参与了武汉会战，迅速构建了现场的管理体系，制定了小时制的作战地图，这种高质高效的推进速度得到了世界卫生组织总干事谭德塞的高度评价。他说："这是他一生从未见过的动员，也从未见过的速度。"

武汉火神山医院的神奇建设展现出了"不惧生死、争分夺秒、众志成城、团结一心、风雨同舟、守望相助"的精神,"武汉加油!中国加油!"将中国人民汇聚成一股强大的力量,这种力量和勇气是任何困难及病毒都无法阻挡的,也因此可以说,火神山医院之所以神奇,是"中国速度""中国模式""中国精神"的一次巨大胜利。

除此之外,还有耳熟能详的我国红旗渠精神、大庆精神、载人航天精神、探月精神、两路精神等,伴随着共和国一路成长,每个时代都有反映这个时代的精神烙印,不断沉淀和锤炼,凝聚成中国工程人的强大力量,共同织就起中国工程精神谱系,为新时代我国建设工程强国和制造强国夯实了根基与底气。

中国工程精神是什么?需要在时代和历史的文化沉淀中去思考和总结,在工程活动的具体实践和探索中去挖掘与提炼,也许不同的人会有不同的认知和理解,但终究中国工程精神:

是一种国家兴亡,匹夫有责的爱国精神;

是一种脚踏实地,敢为人先的实践精神;

是一种艰苦奋斗,求真务实的创业精神;

是一种精益求精,追求卓越的工匠精神;

是一种敢于质疑,探本溯源的科学精神;

是一种勇于开拓,善于集成的创新精神;

是一种凝心聚力,众志成城的团队精神;

是一种以人为本,厚德载物的人文精神。

勇于担当,敢为人先,务实严谨,科学高效,这就是工程人应该具有的本心和本性。任何时候都要把国家和人民的利益、福祉与安全放在第一位,以严格的标准和一丝不苟的态度贡献智慧与力量以及回报社会,弘扬工程文化,传承工程精神,为报效国家和实现中华民族伟大复兴的中国梦甘当一根梁、一块砖、一粒铺路石。

An Introduction to Engineering Culture

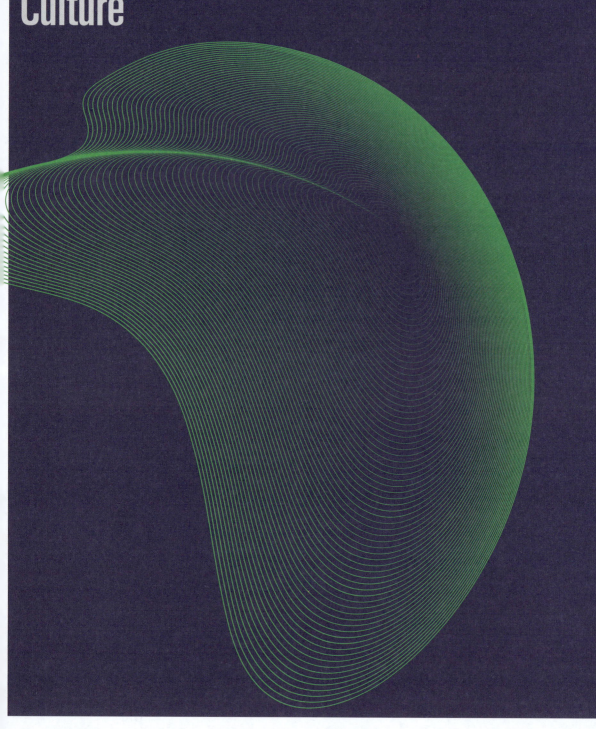

CHAPTER TWO

第 2 章

机 械 工 程 文 化

从原始人简单的石器至当代精密复杂的机电一体化产品,机械工程的发展勾勒出人类生产力进步的基本脉络。在今天,机械工程服务于建筑、冶金、交通运输、电力等各个工程领域,其与人类社会生活的关系达到了前所未有的广泛程度。机械制造是工程的一种类型,机械又是所有工程得以进行的工具,工程建设需要通过机械来建造和完成,从这种意义上说,机械工程是人类的"工程之母"。以"精准、精密、精细、创新"为特色的机械文化也成为现代文明对生产的普遍追求。

2.1 机械工程概述

机械工程是以相关的自然科学和技术科学为理论基础,结合在生产实践中积累的技术经验,研究和解决在开发设计、制造、安装、运用和修理各种机械中的理论和实际问题的一门应用学科。

各个工程领域的发展都离不开机械工程,都需要机械工程提供所必需的机械。某些机械的发明和完善,又会导致新的工程技术和新的产业的出现与发展。例如,大型动力机械的制造成功,促成了电力系统的建立;机车的发明带动了铁路工程和铁路事业的兴起;内燃机、燃气轮机、火箭发动机等的发明和进步,以及飞机和航天器的研制成功带动了航空航天事业的兴起;高压设备的发展带来了许多新型合成化学工程的成功等。机械工程就是在各工程领域不断发展的需求和压力下获得发展动力,同时又从各个学科和技术的进步中不断改进与创新。

机械工程的服务领域广阔而多面,凡是使用机械、工具,以及能源和材料生产的领域,都需要机械工程的服务。概括来说,现代机械工程有五大服务领域:研制和提供能量转换的机械(图2-1)、研制和提供用以生产各种产品的机械(图2-2)、研制

(a) 内燃机　　　　　　　　　　(b) 风力发电机

图 2-1　能量转换机械

和提供从事各种服务的机械（图2-3）、研制和提供家庭及个人生活中应用的机械（图2-4）、研制和提供各种先进的武器装备（图2-5）。

（a）挖掘机　　　　　　　　　　　　（b）盾构机

图2-2　生产机械

 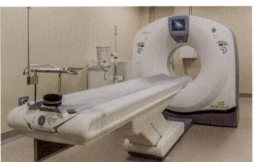

（a）高铁　　　　　　　　　　　　（b）医用CT

图2-3　服务机械

（a）缝纫机　　　　　　　　　　　　（b）跑步机

图2-4　家用机械

（a）战斗机　　　　　　　　　　　　（b）驱逐舰

图 2-5　武器装备

无论服务于哪一领域，机械工程的内容都基本相同。例如：研究金属和非金属的成形及切削加工的金属工艺学与非金属工艺学；研究各类有独立功能的机械构件的工作原理、结构、设计和计算的机械原理与机械零件学；研究力和运动的工程力学与流体力学；研究金属和非金属材料的性能及其应用的工程材料学；研究热能产生、传导和转换的热力学等。

2.2 机械工程学科

一般认为，人类文明有四大支柱科学：材料科学、能源科学、信息科学和制造科学。

制造业既占有基础地位，又处于前沿关键地位，既古老，又年轻；它是工业的主体，是国民经济持续发展的基础；它是生产工具、生活资料、科技手段、国防装备等进步的依托，是社会现代化的动力源。制造是人类创造财富最基本、最重要的手段。机械工程学科是为机器制造业服务的学科。

2.2.1　机械工程学科简介

机械工程是以有关的自然科学和技术科学为理论基础，结合生产实践中的技术经验，研究和解决在开发、设计、制造、安装、运用和维修各种机械中的全部理论和实际问题的应用学科。机械工程是工学一级学科，下设4个二级学科：机械设计及理论、机械制造及其自动化、机械电子工程和车辆工程。

机械设计与理论是对机械进行综合介绍，并定量描述及控制其性能的基础技术科学。它的主要内容是把各种知识、信息注入设计，将其加工成机械系统能够接收的信息并传输给机械制造系统。其研究对象包括机械工程中图形的表示原理和方法；机械运动中运动和力的变换与传递规律；机械零件与构件中的应力、应变和机械的失效；机械中的摩擦行为；设计过程中的思维活动规律及设计方法；机械系统与人、环境的相互影响等内容。

机械制造及其自动化是指接收设计输出的指令和信息，并加工出满足设计要求的产品的过程。它是研究机械制造系统、机械制造过程和制造手段的科学，包括机械制造冷加工学和机械制造热加工学两大部分。机械加工的根本目的是以一定的生产率和成本在零件上形成满足一定要求的表面。其研究对象包括：研究各种成形方法及其运动学原理的表面几何学；研究材料分离原理和加工表面质量的材料加工物理学；研究加工设备的机械学原理和能量转换方式的机械设备制造学；研究机械制造过程的管理和调度的机械制造系统工程学等。

机械电子工程是20世纪70年代由日本提出来的，用于描述机械工程和电子工程有机结合的一个术语。机械电子工程的本质是机械与电子技术的规划应用和有效结合，以构成一个最优的产品或系统。用机械电子工程的设计方法设计出来的机械系统比全部采用机械装置的方法更简单，所包含的元件和运动部件更少。例如，以机械电子方法设计的一台缝纫机，利用一块单片集成电路控制针脚花样，可以代替老式缝纫机约350个部件。因为将复杂的功能（如机械系统的精确定位）转化为由电子来实现，会带来了很多方便。多年来，机械工程、电气工程和电子工程早已相互结合。机械设备与电气设备是相互依存的关系。机械电子工程已经发展成为一门集机械、电子、控制、信息、计算机技术为一体的工程技术学科。

车辆工程一般分为汽车理论与设计、汽车造型与车身设计、汽车发动机三个研究方向。它们分别是车辆工程与机械工程、工业艺术设计、动力工程之间的交叉学科方向，同时还与材料工程、电子工程、控制工程等学科互相交叉。车辆工程学科主要研究汽车、机车车辆、城市轨道交通车辆、拖拉机、工程车辆以及包括军用车辆、特种车辆等在内的一切陆上移动机械的理论、技术和设计问题。车辆工程从初期涉及力学、机械设计理论、动力机械工程理论、牵引动力传动理论，到今天已拓展至与计算机控制技术、电子技术、测试计量技术、交通运输、控制技术、艺术设计等相互融合，可谓"内外兼修"。

另外，机械在其研究、开发、设计、制造、运用等过程中都要经过几个工作性质不同的阶段。按这些不同阶段，机械工程又可划分为互相衔接、互相配合的几个分支系统，如机械科学、机械设计、机械制造、机械应用和机械维修等。这些分支学科系统互相交叉，互相重叠，从而使机械工程可能分化成上百个分支学科。例如，按工作原理分的热力机械、流体机械、往复机械、蒸汽动力机械、核动力装置、内燃机、燃气轮机；按行业分的中心电站设备、工业动力装置、铁路机车、船舶轮机工程、汽车工程等。不同的机械之间又都有复杂的交叉和重叠关系，如船用汽轮机是动力机械，也是热力机械、流体机械和透平机械，它属于船舶动力装置、蒸汽动力装置，也可以属于核动力装置等。

2.2.2 机械工程学科基础理论

机械工程学科以有关的自然科学和技术科学为理论基础，结合生产实践中的技术经验，研究和解决在开发、设计、制造、安装、运用和修理各种机械中的全部理论和实际问题。机械工程学科的基础理论有画法几何、机械制图、机械原理、机械设计、热力学、燃烧学、流体力学、摩擦学、互换性与测量技术、机械振动、传动、金属工艺学、机械工程材料、电子学和计算机科学与技术等。机械工程的核心是机械设计技术、机械工艺技术和有关的管理技术，材料是基础，而电子学和计算机科学与技术则是手段。

（1）画法几何（Descriptive Geometry） 画法几何是研究在平面上用图形表示形体和解决空间几何问题的理论及方法的学科。画法几何是机械制图的投影理论基础，它应用投影的方法研究多面正投影图（图2-6）、轴测图（图2-7）、透视图和标高投影图的绘制原理，其中多面正投影图是主要研究内容。

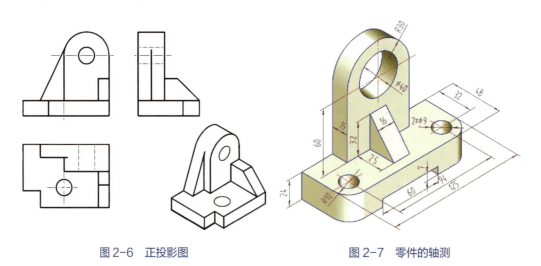

图 2-6　正投影图　　　　　　　图 2-7　零件的轴测

（2）机械制图（Mechanical Drawing） 机械制图是用图样确切表示机械的结构形状、尺寸大小、工作原理和技术要求的学科。图样由图形、符号、文字和数字等组成，是表达设计意图和制造要求以及交流经验的技术文件，常被称为工程界的语言。

为了能对图样中涉及的格式、文字、图线、图形简化和符号含义有一致的理解，人们制定出统一的图样规格，并使其发展成为机械制图标准。各国一般都有自己的国家标准，国际上有国际标准化组织（ISO）制定的标准。计算机绘制的机械图样如图2-8所示。

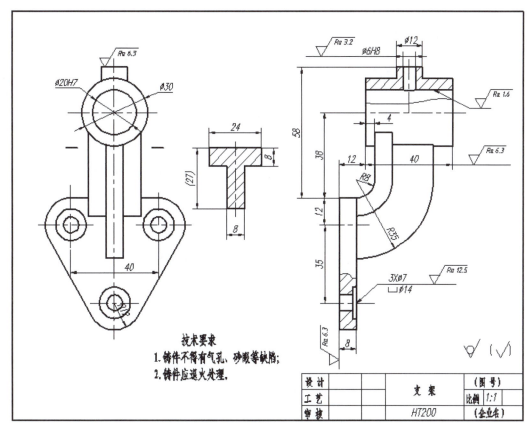

图 2-8 计算机绘制的机械图样

（3）机械原理（Mechanical Principle） 机械原理是研究机械中机构的结构和运动，以及机器结构、受力、质量和运动的学科。这一学科的主要组成部分为机构学和机械动力学。机构学的研究对象是机器中的各种常用机构，如连杆机构（图2-9）、凸轮机构、齿轮机构（图2-10）和间歇运动机构等；研究内容是机构结构的组成原理和运动确定性，以及机构的运动分析和综合。机械动力学的研究对象是机器或机器的组

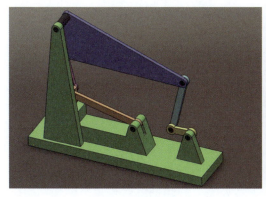

图 2-9 连杆机构

图 2-10 齿轮机构

合；研究内容是确定机器在已知力作用下的真实运动规律及其调节摩擦力、机械效率及惯性力的平衡等问题。

（4）机械设计（Machine Design） 机械设计是机械工程的重要组成部分，是研究和设计各种设备中机械基础件的一门学科。具体内容包括：

① 零（部）件的连接，如螺纹连接、销连接、键连接、花键连接、过盈配合连接、弹性环连接、焊接和胶接等；

② 传递运动和能量的带传动、摩擦传动、链传动、谐波传动、齿轮传动、绳传动和螺旋传动等机械传动，传动轴、联轴器、离合器和制动器等相应的轴系零（部）件，以及起支撑作用的零（部）件，如轴承、箱体和机座等；

③ 起润滑作用的润滑系统和密封等；

④ 弹簧等其他零（部）件。

机械设计综合运用各相关学科的成果，研究各种基础件的原理、结构、特点、应用、失效形式、承载能力和设计程序；研究设计基础件的理论、方法和准则，并由此建立本学科的结合实际的理论体系，成为研究和设计机械的重要基础。

随着机械工业的发展以及新的设计理论和方法、新材料、新工艺的出现，机械设计进入了新的发展阶段。有限元法、断裂力学分析、弹性流体动压润滑、优化设计、可靠性设计、计算机辅助设计、系统分析和设计方法学等理论，已逐渐用于机械零件的研究和设计。更好地实现多种学科的综合，实现宏观与微观相结合，探求新的原理和结构，更多地采用动态设计和精确设计，更有效地利用电子计算机，进一步发展设计理论和方法，是这一学科发展的重要趋势。

（5）热力学（Thermodynamics） 热力学是研究热现象中物质系统在平衡时的性质和建立能量的平衡关系，以及状态发生变化时系统与外界相互作用（包括能量传递和转换）的学科。工程热力学是热力学最先发展的一个分支，它主要研究热能与机械能和其他能量之间相互转换的规律及其应用，是机械工程的重要基础学科之一。其基本任务是：通过对热力系统、热力平衡、热力状态、热力过程、热力循环和工质的分析研究，改进和完善热力发动机、制冷机和热泵的工作循环，不断提高热能利用率和热功转换效率。

工程热力学是关于热现象的宏观理论，研究的方法是宏观的，它以归纳无数事实所得到的热力学第一定律（各种形式能量在相互转换时总能量守恒）、热力学第二定律（能量贬值）和热力学第三定律（绝对零度不可达到）作为推理的基础，通过物质的压力、温度、比体积等宏观参数和受热、冷却、膨胀及收缩等整体行为，对宏观现象和热力过程进行研究。

（6）燃烧学（Combustion Science） 燃烧学是研究着火、熄火和燃烧机理的学科。燃烧是指燃料与氧化剂发生强烈化学反应，并伴有发光发热的现象。燃烧不单纯是化学反应，而是反应、流动、传热和传质并存及相互作用的综合现象。燃烧学的研究内容通常包括：燃烧过程的热力学，燃烧反应的动力学，着火和熄火理论，预混气体的层流和湍流燃烧，液滴和煤粒燃烧，液雾、煤粉和流化床燃烧，推进剂燃烧，爆燃燃烧，边界层和射流中的燃烧以及燃烧的激光诊断等。

燃烧学是一门正在发展中的学科，能源、航天、航空、环境工程和火灾防治等方面提出了许多有待解决的重大问题，诸如高强度燃烧、低品位燃料燃烧（以重油代替轻油、以煤代替油及以劣质煤代替优质煤等）、煤浆（油-煤、水-煤、油-水及煤等）燃烧、流化床燃烧、催化燃烧、渗流燃烧、燃烧污染物排放和控制、火灾起因和防治等。燃烧学的进一步发展，与湍流理论、多相流体力学、辐射传热学和复杂反应的化学动力学等学科的发展相互渗透。

（7）流体力学（Fluid Mechanics） 流体力学是研究流体的平衡和运动的学科。流体力学主要研究流体（液体和气体）在静止或运动时的基本规律，以及流体与所接触的物体之间的相互作用。在机械工程中，诸如流体机械、锅炉、内燃机和液压传动、管道等的设计、测试和控制，以及润滑、噪声、燃烧、传热和射流等方面都需要运用流体力学的知识。

流体力学包括流体静力学、流体运动学和流体动力学。流体静力学研究流体静止时的规律；流体运动学是从几何观点研究流体运动的规律；流体动力学是研究流体运动的规律和流体与边界之间的相互作用。流体动力学按其研究对象的不同，又可分为水力学、空气动力学和气体动力学。实际流体具有黏性和压缩性，因而十分复杂。为简化起见，可把流体简化为不可压缩的和无黏性两种基本模型，相应地可把流体动力学分为无黏性不可压缩流体动力学和黏性不可压缩流体动力学等，前者又称为经典流体动力学。近代又形成了高速气体动力学、稀薄气体动力学、等离子体动力学、化学流体力学、生物流体力学和多相流体力学等分支。

（8）摩擦学（Tribology） 摩擦学是研究表面摩擦行为的学科。摩擦学主要研究相对运动相互作用表面间的摩擦、润滑和磨损，以及三者间相互关系的基础理论和实践，包括设计和计算、润滑材料和润滑方法、摩擦材料和表面状态及摩擦故障的诊断、监测和预报等。世界上使用的能源有1/3～1/2消耗于摩擦。如果能够尽力减少无用的摩擦消耗，便可大量节省能源。另外，机械产品的易损零件大部分是由于磨损超过限度而报废和更换的，如果能控制和减少磨损，则既能减少设备维修次数和费用，又能节省制造零件及其所需材料的费用。

摩擦学研究的对象很广泛，在机械工程中主要包括：

① 动、静摩擦副，如滑动轴承、齿轮传动、螺纹连接、电气触头和磁带的录音头等；

② 零件表面受工作介质摩擦或碰撞、冲击，如犁耙和水轮机转轮等；

③ 机械制造工艺的摩擦学问题，如金属成形加工、切削加工和超精加工等；

④ 弹性体摩擦副，如汽车轮胎与路面的摩擦、弹性密封的动力渗漏等；

⑤ 特殊工况条件下的摩擦学问题，如宇宙探索中遇到的高真空、低温和离子辐射等，深海作业的高压、腐蚀、润滑剂稀释和防漏密封等。

（9）互换性与测量技术（Interchangeability and Measurement Techniques） 互换性与测量技术是将实现互换性生产的标准化领域与计量学领域的有关知识结合在一起的综合性应用技术基础学科。互换性是指机械制造中按规定的几何和力学性能等参数的允许变动量来制造零件与部件，使其在装配或维修更换时不需要选配或辅助加工便能装配成机器并满足技术要求的性能。几何参数包括尺寸大小、几何形状、相互位置、表面粗糙度、角度和锥度等；力学性能参数通常指硬度、强度和刚度等。机器的零件和部件的各种参数不可能也不必要达到绝对的准确值，只要实际值保持在规定的变动范围之内就能满足技术要求。

在机械制造中，遵循互换性原则不仅能显著提高劳动生产率，而且能有效保证产品质量和降低成本。按互换的目的，互换性可分为装配互换性和功能互换性。装配互换性是规定几何参数公差达到装配要求的互换；功能互换性是既规定几何参数公差，又规定性能参数公差从而达到使用要求的互换。装配互换性的研究对象主要是零件基本要素（构成零件的点、线、面）和通用零部件（轴承、键和花键、螺纹及齿轮等）的几何参数公差及其检验方法的标准化问题。随着对机械产品质量和性能要求的不断提高，除装配互换性外，还要求零件和部件有一定的工作稳定性和可靠性。例如对齿轮传动，既要规定影响传动准确性、工作平稳性和负载均匀性的几何参数误差，又要规定材料、硬度、热处理形式及噪声大小等力学性能参数的允许值范围。功能互换性的研究有助于提高产品质量和生产水平。

（10）机械振动（Mechanical Vibration） 机械振动是物体或质点在其平衡位置附近所做的往复运动。振动的强弱用振动量来衡量。振动量可以是振动体的位移、速度或加速度。振动量如果超过允许范围，机械设备将产生较大的动载荷和噪声，从而影响其工作性能和使用寿命，严重时会导致零部件的早期失效。例如，涡轮机叶片因振动而产生的断裂可以引起严重事故。由于现代机械结构日益复杂，运动速度日益提高，振动的危害更为突出；反之，利用振动原理工作的机械设备，则应能产生预期的振动。在机械工程领域中，除固体振动外还有流体振动，如空气压缩机的喘振，以及固体和流体混合的振动。

机械振动有不同的分类方法，按产生振动的原因可分为自由振动、受迫振动和自激振动；按振动的规律可分为简谐振动、非简谐周期振动和随机振动；按振动系统结构参数的特性可分为线性振动和非线性振动；按振动位移的特征可分为扭转振动和直线振动。

（11）传动（Transmission） 传动的作用是传递动力和运动，也可用来分配能量、改变转速和运动形式。机器通常是通过它将动力机产生的动力和运动传递给机器的工作部分。设置传动的原因为：机器工作部分所要求的速度和转矩与动力机的速度和转矩不一致；有的机器工作部分常需要改变速度；动力机的输出轴一般只做回转运动，而机器工作部分有的需要其他运动形式，如直线运动、螺旋运动或间歇运动等。传动可以由一台动力机带动若干个机器工作部分，或由几台动力机带动一个机器工作部分。

传动分为机械传动、流体传动和电力传动三大类。机械传动是利用机件直接实现传动，其中齿轮传动和链传动（图2-11）属于啮合传动；摩擦轮传动和带传动属于摩擦传动。流体传动是以液体或气体为工作介质的传动，又可分为依靠液体静压力作用的液压传动、依靠液体动力作用的液力传动和依靠气体压力作用的气压传动。电力传动是利用电动机将电能变为机械能，以驱动机器工作部分的传动。

图2-11 链传动

（12）金属工艺学（Metal Processing Technology） 金属工艺学是研究在机械制造中金属材料（或坯料、半成品等）的冶炼、铸造、锻压、焊接、热处理、切削加工及机械装配等工艺过程和方法的一门学科。金属工艺学的主要研究内容包括：各种工艺方法的规律性及其在机械制造中的应用和联系；金属机件的加工工艺过程和结构工艺性；常用金属材料性能对加工工艺的影响；工艺方法的综合比较等。

（13）机械工程材料（Material for Mechanical Engineering） 机械工程材料包括用于制造各类机械零件、构件的材料和在机械制造过程中所应用的工艺材料。机械工程材料涉及面很广，按属性可分为金属材料和非金属材料两大类。金属材料包括钢铁材料和非铁金属。非铁金属用量虽只占金属材料的5%，但因具有良好的导热性、导电性，以及优异的化学稳定性和高的比强度等，因而在机械工程中占有重要的地位。非金属材料又可分为无机非金属材料和有机高分子材料。此外，还有由两种或多种不同材料组合而成的复合材料。这种材料由于复合效应，具有比单一材料优越的综合性能，成为一类新型的工程材料。

机械工程材料也可按用途分类，如结构材料（结构钢）、工模具材料（工具钢）、耐蚀材料（不锈钢）、耐热材料（耐热钢）、耐磨材料（耐磨钢）和减摩材料等。由于材料与工艺紧密联系，也可结合工艺特点来进行分类，如铸造合金材料、超塑性材料、粉末冶金材料等。机械产品的可靠性和先进性，除设计因素外，在很大程度上取决于所选用材料的质量和性能。新型材料是发展新型产品和提高产品质量的物质基础。各种高强度材料的发展，为发展大型结构件和逐步提高材料的使用强度等级、减轻产品自重提供了条件。现代发展起来的新型纤维材料、功能性高分子材料、非晶质材料、单晶体材料、精细陶瓷和新合金材料等，对于研制新一代的机械产品有重要意义。

（14）电子学（Electronics） 电子学是一门以应用为主要目的的科学和技术。电子学是以电子运动和电磁波及其相互作用的研究与利用为核心而发展起来的。电子学是研究电子在真空、气体、液体、固体和等离子体中运动时产生的物理现象，电磁波在真空、气体、液体、固体和等离子体中传播时发生的物理效应，以及电子和电磁波的相互作用的物理规律的一门科学。电子学不仅致力于这些物理现象、物理效应和物理规律的研究，还致力于这些物理现象、物理效应和物理规律的应用。电子学作为科学技术的门类之一具有十分鲜明的应用目的性。

（15）计算机科学与技术（Computer Science and Technique） 计算机科学与技术是一门实用性很强、发展极其迅速的面向广大社会的技术学科，它建立在数学、电子学（特别是微电子学）、磁学、光学及精密机械等多门学科的基础之上。但是，它并不是简单地应用某些学科的知识，而是经过高度综合形成一整套有关信息表示、变换、存储、处理、控制和利用的理论、方法与技术。

计算机科学是研究计算机及其周围各种现象与规模的科学，主要包括理论计算机科学、计算机系统结构、软件和人工智能等。计算机技术则泛指计算机领域中所应用的技术方法和技术手段，包括计算机的系统技术、软件技术、部件技术、器件技术和组装技术等。计算机科学与技术包括五个分支学科，即理论计算机科学、计算机系统结构、计算机组织与实现、计算机软件和计算机应用。

2.2.3 机械工程相关交叉学科

（1）力学与机械工程 力学是机械工程的重要基础，几乎所有的机械工程二级学科都离不开力学。在进行机械设计时，力学分析是必不可少的。需要进行静力学分析、运动学分析和动力学分析，以确定零件的尺寸、结构和材料，从而保证所设计的产品或零件具有足够的强度、刚度和稳定性，保证产品达到所要求的运动性能和动力学性能。科学严密的力学分析还可以在保证性能的前提下，尽可能地节省材料、降低成本。在材料去除加工（如切削、铣削、磨削等）中有必要通过力学分析来分析材料去除的机理，以便确定合适的加工工艺，从而提高加工的效率与质量，降低加工成本。在材料成形加工（如冲压、模铸等）中，需要通过力学分析，避免加工缺陷，保证加工质量。而机械电子工程的研究对象就是机电产品（包括设计与制造），车辆工程的研究对象就是车辆，车辆实际上也是一类机电产品，因此机械电子工程和车辆工程自然也离不开力学。

考察汽车车型的发展史，从20世纪初的福特T形箱式车身到20世纪30年代的甲壳虫形车身，从甲壳虫形车身到50年代的船形车身，从船形车身到60年代的鱼形车身，从鱼形车身再到80年代的楔形车身，直到今天的轿车车身模式，每一种车身外形的出现都不是某一时期单纯的工业设计产物，而是伴随着现代空气动力学技术的进步而发展的。车身的演变过程如图2-12所示。

（2）材料与机械工程 材料是人类用来制造机器、构件、器件和其他产品的物质，是人类赖以生存的物质基础。材料学是研究材料组成、结构、工艺、性质和使用性能之间相互关系的学科。材料学与电子工程结合，则衍生出电子材料；与机械结合，则衍生出结构材料；与生物学结合，则衍生出生物材料。

材料学研究的主要目的是为材料设计、制造、工艺优化和合理使用提供科学依据。合理选用材料可保证零件或产品性能要求得到满足；可以降低加工难度，提高加工效率；可以降低成本，提高效益；可以减少对环境的影响，有利于可持续发展。能否选到合适的材料是机械设计成败的关键。一个突出的例子是航天飞机，当它重返和通过地球大气层时，它与大气层间的摩擦会产生极高的温度（超过1600℃），会让目前用于机架的任何金属熔化。能否选到耐高温、隔热性能优异的保护材料就成了航天飞机方案能否实现的关键一环。在航天飞机上温度为400～1260℃的区域由一种涂着一层硼硅酸盐玻璃的瓦片进行保护，用以绝缘表面，并辐射来自航天飞机的热能。在温度达到以600℃的区域中，涂上碳/碳增强的复合材料（由碳基体包围的碳纤维构成的材料）。如果没有这些材料，人类能否拥有可重复使用的空间交通工具是值得怀疑的。

（3）数学与机械工程 把数学与客观实际问题联系起来的纽带首先是数学建模，因此要进行机械结构的设计，必须将设计问题的物理模型转变为数学模型。数学模型的最优化模型相关理论广泛应用于机械结构的设计领域。将机械设计任务的具体要求构造成数学模型，也就是将机械设计问题化为数学问题。在这个数学模型中，既包括设计要求，又包括根据设计要求提出的必须满足的附加条件，从而构成一个完整的数学规划命题。逐步求解这个数学规划命题，使其满足设计要求，从而获得可行方案。机械结构设计就是在满足各种规范或某些特定要求的条件下使结构的某种广义性能指标（如质量、造价等）为最佳，目的在于寻求既安全又经济的结构形式。优化设计就是根据给定的设计要求和现有的技术条件，应用专业理论和优化方法，在计算机上从满足给定设计要求的许多可行方案中，按照给定的目标自动地选出最优的设计方案。最优化

（a）福特T形汽车

（b）甲壳虫形汽车

（c）船形汽车

（d）鱼形汽车

（e）楔形汽车

图2-12 车身演变过程

设计是保证产品具有优良的性能、减轻自重或体积、降低产品成本的一种有效设计方法。同时也可使设计者从大量烦琐和重复的计算工作中解脱同来，有更多的精力从事创造性的设计，并大大提高设计效率。美国波音飞机公司对大型机翼用138个设计变量进行结构优化，使重量减轻了1/3；大型运输舰用10个变量进行优化设计，使成本降低约10%。

（4）控制与机械工程　　当前，随着计算机技术和检测技术的发展与应用，机械制造行业越来越多地引入了微电子技术、检测技术、液压与气动技术及电气控制技术，使得传统的机械产品发生了很大的变化。这些技术被称为机电一体化技术。制造业普遍使用数控机床（图2-13）、工业机器人、自动化生产线（图2-14）等机电一体化设备，这些设备的设计、制造和使用等过程中都用到了控制工程论的基础知识。可以预计，未来的机械设备无疑要走上机电一体化产品之路，因此控制论是一门极其重要的应用学科，也是科学方法论之一。

机械工程控制系统的控制对象是机械，在简单的机械自动控制系统中，常用机械装置产生自动控制作用，随着电子技术、传感技术和计算机技术的发展，形成了用电气装置产生机械系统的自动控制作用。

作用在飞机上的力和力矩决定着飞机的运动，因此为了控制飞机的运动就必须控制作用在飞机上的力和力矩，使它们按照所要求的规律进行改变。驾驶员一般通过改变升降舵、方向舵、副翼和油门来改变作用在机体上的力及力矩，从而达到控制飞机运动的目的。如果用自动驾驶仪代替驾驶员控制飞机飞行，那么就可以通过自动驾驶仪中的反馈控制系统来代替驾驶员做出判断并控制飞机按照要求自动飞行。

图2-13　数控机床

图2-14　正大集团的自动生产线

（5）计算机与机械工程　　当前，科学技术以前所未有的速度不断发展。发展的核心就是以计算机技术为核心。计算机技术已经运用到了各行各业，就日常生活来说，吃、穿、住、行等行业都有其身影，工业发展、技术革新等都与计算机技术密不可分。作为传统行业的机械产业与计算机技术也是息息相关的，计算机技术被广泛地应用于机械制造业的产品设计和生产当中，并成为机械制造中不可或缺的一项技术。

计算机辅助制造（CAM）是一种利用计算机控制设备完成产品制造的技术。例如，

20世纪50年代出现的数控机床便是在CAM技术的指导下,将专用计算机和机床相结合后的产物。借助CAM技术,在生产零件时只需使用编程语言对工件的形状和设备的运行进行描述,便可以通过计算机生成包含加工参数(如走刀速度和切削深度)的数控加工程序,并以此来代替人工控制机床的操作。这样不仅能够提高产品质量和效率,还能够降低生产难度,在批量小、品种多、零件形状复杂的飞机、轮船等制造业中备受欢迎。如图2-15所示为计算机辅助设计与制造场景。

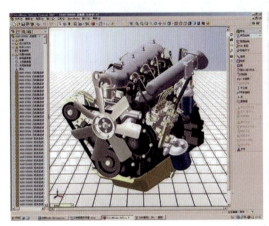

图2-15 计算机辅助设计与制造场景

计算机集成制造系统(CIMS)是集设计、制造、管理三大功能于一体的现代化工厂生产系统,具有生产效率高、生产周期短等特点,是20世纪制造工业的主要生产模式。在现代化的企业管理中,CIMS的目标是将企业内部所有环节和各个层次的人员全都用计算机网络连接起来,形成一个能够协调统一和高速运行的制造系统(图2-16)。

图2-16 计算机集成制造系统

计算机仿真技术(CAE)能够通过虚拟试验的方式来分析和解决机械制造中的一系列问题。在机械制造企业中,机械的加工过程是其进行生产的基础,而计算机仿真技术有助于发现生产加工过程中的具体机理，并为提高机械加工性能提供理论支持和技术保障。例如，在磨削方面，计算机仿真技术能够模拟预测出实际的磨削行为以及磨削质量，为磨削过程的优化创造了必要的条件。如图2-17所示是汽车研发过程中的计算机仿真。

图 2-17　汽车研发过程中的计算机仿真

CAD在机械制造中的应用基本普及，但由于多种原因，CAD技术的应用深度还存在很大的局限性。很多机械制造企业仍然只是将该技术应用在出图上，计算机仿真设计、CAD/CAM和三维CAD技术的应用较少。当代CAD/CAM应用的典范——无纸设计的波音777巨型客机是当前世界上最大的双引擎喷气客机，载客可达440名，初步的航程为7340～8930km，计划还要增加到11170～13670km。这种被称为"革命性"的远程客机的设计制造成功，向全世界展示了波音公司在777型飞机设计制造过程中全面采用CAD/CAM技术所取得的巨大成就，实现了人们多年来追求的理想——无纸化设计。如图2-18所示是飞机的数字化装配场景。

图 2-18　飞机的数字化装配场景

（6）人文与机械工程　科技革命与人类精神在碰撞与融合中共生共长，对人类生活产生重要影响。人文环境好，会影响人们对科学的重视，自然科技也就会提升，人们的素质提高了，自然会开始接受一些新兴事物。

有人说，三个苹果改变了世界。一个是亚当和夏娃偷吃的"禁果"，由此有了人类；另一个是砸在牛顿头上的苹果，使人类找到了进入工业时代的钥匙；还有一个是乔布斯的"苹果"，使人类步入了融合科技与文化的创意经济时代。从乔布斯的成长环境看，至少有两个因素值得关注：一是科技，乔布斯的父亲是位机械师，在乔布斯所处的时代，美国正由工业革命迈向电子技术革命，乔布斯无论从学校还是从身边的高科技公司，都接受了很多技术、创新和动手能力的熏陶；二是人文，乔布斯对音乐、文学和宗教很感兴趣，心灵方面接受了很多人文熏陶。乔布斯特别喜欢鲍勃·迪伦的歌，在古典音乐里最喜欢巴赫的作品，科技和人文的融合带给乔布斯的是超凡的产品创新的直觉及追求完美的执着。见图2-19。

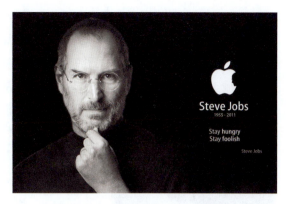

图2-19　史蒂夫·乔布斯

人文精神不仅为科技创新提供良好的精神氛围和环境，同时也是约束科技团体、科学技术负面影响的重要力量。科技创新需要良好的人文精神做保障。例如，对于核能利用而言，核电站是利用核裂变反应释放能量来发电的，核能发电不会产生二氧化硫等有害气体，不会对空气造成污染，合理利用核能有助于减轻温室效应，改善气候环境。但是，若核能成为政治家耀武扬威的"大棒"，将给人类带来不可挽回的后果。如图2-20所示为核能的应用。

（a）核能发电　　　　　　　　　　　　（b）原子弹

图2-20　核能的应用

德国以严谨的态度、严密的思维和精密的制造闻名于世。他们拥有在汽车、高铁、精密机床等方面的核心技术，这是由其思维的精深细密决定的。德国人并不是生来就拥有高精尖技术，更不是生来就能够制造高精尖产品，而是源于其人文学科如哲学、文学的高度发达，他们在这些领域可谓群星灿烂。因此，科学与人文是相辅相成的，两者互相协作、互相制约、缺一不可，共同促进人类文明和社会进步。

（7）环境与机械工程　环境工程是一个庞大而复杂的技术体系。它不仅研究防治环境污染和公害的措施，而且研究自然资源的保护和合理利用，探讨废物资源化技术、改革生产工艺、发展少害或无害的闭路生产系统，以及按区域环境进行运筹学管理，以获得较大的环境效果和经济效益，这些都成为环境工程学的重要发展方向。

环境污染很大程度上是由工业发展引起的，工业废气、废水、废渣的排放都会污染环境。产业革命以后,尤其是20世纪50年代以来,随着科学技术和生产的迅速发展,城市人口的急剧增加,自然环境受到的冲击和破坏愈演愈烈,环境污染对人体健康和生活的影响越来越严重。工业造成的污染是当前最主要的污染(图2-21)。目前,随着机械工业的发展和技术的进步,虽然经济发展取得了巨大进步,人类获得了巨大的物质财富,但是机械对地球资源、能源等消耗过快、过多,环境污染极为严重,人类健康受到危害,而且也付出了沉痛的环境代价和昂贵的机械研制成本,因此机械工业加强"机械与环境的和谐发展"势在必行。

(a)工业废气

(b)工业废水

(c)汽车尾气和噪声

图 2-21 工业污染

2.3 机械工程发展史

回顾几千年的人类社会与经济的发展历程,我们会发现机械工业始终在马不停蹄地发展着,一刻也未曾停歇。从远古到现代社会,从猿到人,人类生存、生活的需求、社会发展的需要,以及探索科学技术的要求,甚至是战争的需要,都促进了机械产品由粗糙到精密、由简单到复杂、由低级幼稚到高级智能的不断进步与发展。从人类最早使用的石斧到青铜器、风车、水车,人类依靠简单的工具作为生存手段。再从蒸汽机、内燃机到发动机,驱使火车、汽车、轮船、飞机,复杂的机械将人类社会带入了文明世界。这期间经历了悠久而漫长的发展过程。

在近代历史发展的各个阶段,机械工程的不断发展带动了其他行业(如电子、电气、化工、交通、航空、农业、医药、纺织、食品、军事等领域)的进步。可以说没有机械工程的发展,就不可能有其他工业和科技的存在与发展,进而也就不会有人类社会的进步和现代文明的建立。

2.3.1 古代机械工程

人和动物的本质区别是什么?由于人类祖先身体优势弱于其他大型动物,所以人类曾经历了漫长的以腐尸为食的岁月。为了从自然界获取更多的食物，开拓新的领地，人类祖先开始学会利用身边的东西，制造简单的工具。

人类成为"现代人"的标志就是制造工具。从制造简单工具演化发展到制造由多个零件、部件组成的现代机械，经历了漫长的过程。

古代机械的发展与人类文明的发展同步，主要集中在希腊、罗马、埃及、中国四个地区。

2.3.1.1 工具制造

早期人类利用身边可以得到的自然材料如石头、骨角和木头，制造简单的工具，如图2-22所示。这个以石头为主要工具材料的时代被称为"石器时代"。之后的时代，人类又相继发明了青铜和铁作为制造工具的材料，它们分别被称为"青铜时代"与"铁器时代"。与此相应，工具的结合也从单一向复合演变。

（a）旧石器时代石器　　　（b）新石器时代石器　　　（c）骨器

图2-22　古代工具

"人-工具系统"是人类区别于其他动物的本质。新石器时代的人们利用石制或骨制的工具制造更加复杂的用具和器械。首先出现的是各种形状的陶器。陶器制作中所使用的转轮及钻具，与杠杆、滑轮、螺旋、轮轴、斜面和尖劈等都属于"简单机械"，这些简单机械是古代人类从使用工具的实践中总结出来的，也是机械发展的根基。

2.3.1.2 从工具到机械

简单机械首先出现在埃及。公元前2600年左右，埃及开始修建金字塔。用于建造金字塔的巨石重达数吨、数十吨，而且要从地面提升百余米高才能将巨石运到塔顶。据分析，搬运和提升巨石时应该是使用了滚木（即简单的轮轴）、土堆起的斜坡（斜面）、撬棍（杠杆）等简单机械，如图2-23所示。

中国商代晚期，出现了两轮战车（图2-24），车轮有辐条，结构精致华美。此时，单一简单的工具开始与滑轮、绞盘结合，变得多样复杂，进而产生了机械。早期的机

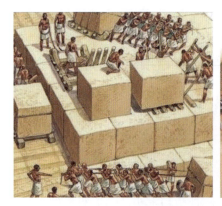

图 2-23　古埃及使用原木和杠杆搬运建造金字塔的石块

械采用人力或畜力作为动力来源。这些原始机械作为人类肢体的延伸,帮助我们将严苛的环境改造得适合生存。机械是人类社会发展与进步的标志。《三国演义》中所着力描述的"木牛流马"(图2-25),据许多专家考证,所谓的"木牛",就是四轮车,所谓"流马",就是独轮车,"木牛流马"是独特的独轮车,其车形似牛似马,具有特殊的运输功能。

图 2-24　古代两轮战车　　　　　　　图 2-25　木牛流马复原模型

2000多年前,中国、巴比伦、波斯等国家利用风车提水灌溉。公元8世纪,中亚出现了研磨谷物的风车磨坊。风车磨坊是借助风能转化为桨轮转动的动能的一种生产工具,主要用于提水灌溉、碾磨谷物,它的演变从人力畜力到借助自然的风力和水力,不断地解放劳动力,提高生产。

古代机械的产生是一些能工巧匠依靠直觉和灵感创造出来的,它来源于实践,而缺少科学理论的指导。古代机械使用人力、畜力、水力和风力作为动力,没有先进的动力是古代机械发展缓慢的原因之一。

2.3.1.3　中国古代的机械工程

中国是世界上机械发展最早的国家之一。中国古代在机械方面有许多发明创造,在动力的利用和机械结构的设计上都有自己的特色。许多专用机械的设计和应用，如指南车、地动仪等，均有独到之处。

中国古代金属冶铸技术发明时间较早，且技术精湛。已发现的中国最早的青铜器，如甘肃东乡马家窑出土的铜刀，距今已有4800年左右的历史。中国在40万～50万年前，就已出现加工粗糙的刮削器、砍砸器和三棱形尖状器等原始工具。4万～5万年前出现磨制技术，许多石器都已比较光滑，刃部也较锋利，并有单刃、双刃、凸刃、凹刃和圆刃之分。中国在28000年前出现弓箭，这是机械方面最早的一项发明。公元前8000～前2800年期间出现了陶轮（制陶用转台）。农具出现在公元前6000～前5000年，除石斧石刀外，还有石锄、石铲、石镰、蚌镰、骨镰和骨耙。

夏代以前和夏代，先后出现了无辐条的辁和各种有辐条的车轮。殷商和西周时已有相当精致的两轮车。独木舟和筏等水上运输工具相继出现。

春秋至魏汉时期，是中国古代机械开始较快发展的时期。春秋时期铁器和生铁冶铸技术开始出现。黑心可锻铸铁、白心可锻铸铁和锻钢的出现，加速了由铜器向铁器时代的过渡。春秋中期以后发明了失蜡铸造法和低熔点合金铸焊技术。战国时期又有了叠铸和锚链铸造等工艺。西汉中期已炼出灰口铸铁，并出现了壁厚3～5mm的薄壁铸铁件。铸铁热处理技术也有所发展。

春秋时期出现弩，控制射击的弩机已是比较灵巧的机械装置（图2-26）。到汉代，弩机的加工精度和表面光洁度已达到相当高的水平。汉弩有一石至十石等八种规格，这些规格的形成表明机械制造标准在汉代已初步确立。弩机上留下了作工、锻工、磨工等的名字。

战国时期流传的《考工记》是现存最早的手工艺专著，其中记有车轮的制造工艺。对弓的弹力、箭的射速和飞行的稳定性等都做了深入的探索。

汉代已有各类舰艇和大量的三四层舱室的楼船（图2-27）。有些舰船已装备了艉舵和高效率的推进工具——橹。西汉时的被中香炉构造精巧，无论球体香炉如何滚动，其中心位置的半球形炉体都能经常保持水平状态，如图2-28所示。

图2-26 弩机

图2-27 汉代的楼船　　　　　　　　　图2-28 西汉时的被中香炉

陆上交通运输工具不断发展。东汉以后出现了记里鼓车（图2-29）和指南车（图2-30）。记里鼓车有一套减速齿轮系统，通过鼓镯的音响分段报知里程。三国马钧所造的指南车除用齿轮传动外，还有自动离合装置，在技术上又胜记里鼓车一筹。自动离合装置的发明，说明传动机构齿轮系统已发展到相当的程度。指南车是中国古代指示方向的一种车辆，也作为帝王的仪仗车辆。指南车与指南针利用的磁效应不同，它是利用齿轮传动来指明方向的一种简单机械装置。其原理是，靠人力来带动两轮的指南车行走，从而带动车内的木制齿轮转动，来传递转向时两个车轮的差动，再来带动车上的指向木人与车转向的方向相反，角度相同。无论车辆转向何方，木人的手始终指向指南车出发时设置木人指示的方向，"车虽回运而手常指南"。

图2-29 记里鼓车　　　　　　　　　图2-30 指南车

东汉时已有不同形状和用途的齿轮及齿轮系统。有大量棘轮，也有人字齿轮。特别是在天文仪器方面已有比较精密的齿轮系统。张衡利用漏壶的等时性制成水运浑象仪，以漏水为动力通过齿轮系统使浑象仪每天等速旋转一周。公元132年张衡创制了世界上第一台地震仪，即候风地动仪（图2-31）。

汉代纺织技术和纺织机械也不断发展，绫机已成为相当复杂的纺织机械。到三国时期，马钧将50综（分组提放经线的综片）50蹑（踏具）和60综60蹑的绫机都改成50综12蹑和60综12蹑，提高了生产效率。如图2-32所示为马钧改进后的绫机模型。马钧还创制了新式提水机具——翻车（图2-33），能连续提水，效率高又十分省力。

汉代的农具铁犁已有犁壁，能起翻土和碎土的作用，汉武帝时赵过既已创制三脚耧（图2-34），一天能播种一顷地。

图2-31 张衡发明的地动仪

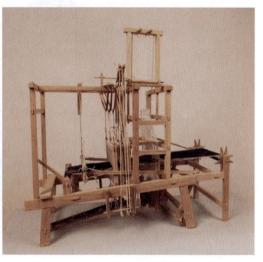

图2-32 马钧改进后的绫机模型

图2-33 翻车

图2-34 三脚耧

唐末时期机械制造已有较高水平。如西安出土的唐代银盒（图2-35），其内孔与外圆的不同心度很小，子母口配合严紧，刀痕细密，说明当时机械加工精度已达到新的水平。

在运输工具方面，人力和水力并用，在技术上有了进一步发展。南朝祖冲之所造日行百里的所谓千里船（图2-36）和南朝梁侯景军中的160桨快艇，都是人力推进的快速舰艇，南北朝时期出现了车船。唐代的李皋对车船的改进起了承前启后的作用。

图2-35　唐代的银盒　　　　　　　图2-36　祖冲之所造的千里船

水力机械也有新的进展，唐代已有筒车，从人力提水发展为水力提水。南宋末期又创造出先进的水转大纺车（图2-37），三摧、五摧（锭）手摇纺车曾是当时世界上比较先进的人力纺纱机具。元代薛景石所著《梓人遗制》是木工名家总结亲身经验之作，并详细记述了当时通行的纺织机具和车辆，以古代著名的木制机械技术专著而留世。

这一时期天文和计时仪器发展迅速。北宋苏颂和韩公廉等制成的木构水运仪象台（图2-38），能用多种形式表现天体时空的运行。它由水力驱动，其中有一套擒纵机构。水运仪象台代表了当时机械制造的高度水平，是当时世界上先进的天文钟。元代的滚柱轴承也属当时世界上先进的机械装置。

图2-37　水转大纺车　　　　　　　图2-38　水运仪象台

明初的造船业已有很大进展。郑和下西洋的船队是当时世界上最大的船队。郑和所乘宝船长约137m，张12帆，舵杆长11m多，是古代最大的远洋船舶。如图2-39所示为郑和的宝船模型。

当时的机械制造主要仍靠手工操作。大者如千钧锚，是靠人工先锻成四爪，然后依次逐节锻接。小者如制针用的冷拔钢丝，也用手工制成。

明代已有活塞风箱，它是宋元木风扇的进一步发展，风箱靠活塞推动和空气压力自动启闭活门，成为金属冶铸的有效的鼓风设备。

在明中叶或稍前，木帆船已能逆风行驶，并拥有全风向航行的能力。扬州立帆式帆船是将八扇纵帆等距装置在八角形木架上，围绕一个垂直轴旋转，并能自动调节帆面角度。这是中国古代独具特色的木船风帆的进一步发展。长期以来，中国沿海一带多利用它推动翻车，以提取海水晒制食盐。

图 2-39　郑和的宝船模型

中国古代机械工程技术对近现代机械科技体系的形成产生广泛而深远的影响。

2.3.2　近代机械工程

17世纪，牛顿创立了经典力学，它是近现代力学和机械工程发展的科学基础。17世纪后期，机械的发展以及煤炭、金属矿石需量的增加，人力和畜力已无法将生产提高到新的阶段。

2.3.2.1　蒸汽机与内燃机

世界上第一台蒸汽机是由古希腊数学家亚历山大港的希罗（Hero of Alexandria）于1世纪发明的汽转球（Aeolipile）（图2-40），是蒸汽机的雏形。

约1679年，法国物理学家丹尼斯·巴本在观察蒸汽逃离他的高压锅后制造了第一台蒸汽机的工作模型。与此同时，萨缪尔·莫兰也提出了蒸汽机的想法。

1698年托马斯·塞维利、1712年托马斯·纽科门和1769年詹姆斯·瓦特制造了早期的工业蒸汽机，他们对蒸汽机的发展都做出了自己的贡献。1807年，罗伯特·富尔顿第一个成功地用蒸汽机来驱动轮船。瓦特并不是蒸汽机的发明者，在他之前，早就出现了蒸汽机，即纽科门蒸汽机（图2-41），但它的耗煤量大、效率低。瓦特运用科学理论，逐渐发现了这种蒸汽机的毛病所在。从1765～1790年，他进行了一系列发明，比如分离式冷凝器、汽缸外设置绝热层、用油润滑活塞、行星式齿轮、平行运动连杆机构、离心式调速器、节气阀、压力计等，使蒸汽机的效率提高

图 2-40　汽转球

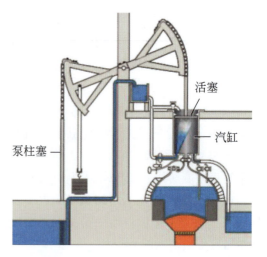

图 2-41 托马斯·纽科门蒸汽机

图 2-42 詹姆斯·瓦特蒸汽机

到原来纽科门机的 3 倍多，最终制造出了现代意义上的蒸汽机，如图 2-42 所示。

1769 年，瓦特把蒸汽机改成为发动力较大的单动式发动机。后来又经过多次研究，成功发明了完善的蒸汽机。由于蒸汽机的发明，英国成为世界上最早利用蒸汽推动铁制"海轮"的国家。19 世纪，开始海上运输改革，一些国家进入了所谓的"汽船时代"。从此，船只就行驶在茫茫无际的海洋上了。随之而来，煤矿、工厂、火车也全应用了蒸汽机。体力劳动解放了，经济发展了。这不能不说是蒸汽机发明的成果，当然也是蒸汽机的发明家瓦特的功劳，因此瓦特在世界上享有盛名。瓦特十分重视学习和实践。学习，丰富了他的智慧；实践，结出了丰硕的成果。

1769 年尼古拉·约瑟夫·居纽首次用他的"蒸汽车"展示了自动的蒸汽车的可行性，如图 2-43 所示。这辆车可以说是第一辆汽车。一直到 20 世纪初，蒸汽机汽车依然可以与其他驱动方式的汽车抗衡。今天大多数汽车是用内燃机驱动的。蒸汽机汽车最大的缺点是它至少需要 30s 时间来获得足够的压力。

世界上第一列蒸汽机火车（图 2-44）是 1804 年特拉维斯克在威尔士展示的。蒸汽机的出现和改进促进了社会经济的发展，但同时经济的发展反过来又向蒸汽机提出了更高的要求，如要求蒸汽机功率大、效率高、重量轻、尺寸小等。蒸汽机的燃料在锅炉中燃烧把水烧开，将蒸汽送进气缸，推动活塞和曲柄连杆机构工作，所以蒸汽机也称为外燃机。尽管人们对蒸汽机做过许多改进，不断扩大它的使用范围和改善它的性能，但是随着汽轮机和内燃机的发展，蒸汽机因存在不可克服的弱点而逐渐衰落。

图2-43 居纽的"蒸汽车"　　　　　　图2-44 世界上第一列蒸汽机火车

蒸汽机的发明使采矿业、制造业和交通业得以机械化，几乎成为19世纪唯一的机械动力源。但蒸汽机体积庞大、笨重、应用不便、热量损失大，热效率低，仅10%左右，能源浪费严重。如果让燃料在气缸里直接燃烧产生的气体膨胀力推动活塞做功，就可大大提高气缸压力和热效率，这就是所谓的内燃机。1860年，法国人勒努瓦设计出第一台内燃机，将机器内部燃烧释放的热能直接转换为动力，具有热效率高、结构紧凑、机动性强和运行维护简便的优点，热效率和传输扭矩要比蒸汽机高出很多。19世纪70～80年代，以煤气和汽油为燃料的内燃机相继诞生。1876年，德国人奥托制造出第一台以煤气为燃料的四冲程内燃机（图2-45），成为颇受欢迎的小型动力机。1883年，德国工程师戴姆勒制成以汽油为燃料的内燃机（图2-46），具有功率大、重量轻、体积小、效率高等特点，可作为交通工具的发动机。1885年，德国机械工程师卡尔·本茨制成第一辆汽车（图2-47），本茨因此被称为"汽车之父"。这种启动方便的汽车有三个轮子，每分钟的转速约250次，时速约15km，带有一个用水冷却的单缸发动机，功率为3/4hp（1hp＝745.7W），用电点燃。这部汽车使本茨第一个获得汽车发明专利。接着，德国工程师狄塞尔于1897年发明了一种结构更加简单，燃料更加便宜的内燃机——柴油机（图2-48）。这种柴油机虽比使用汽油的内燃机笨重，但却非常适用于重型运输工具。它不仅用于船舶发动机，而且用于火车机车和载重汽车。

图2-45 奥托试制出的四冲程内燃机　　　　图2-46 戴姆勒汽油发动机

图 2-47　卡尔·本茨发明的第一辆汽车

图 2-48　鲁道夫.狄塞尔发明的柴油发动机

无论是蒸汽机还是内燃机，他们同比早期的机械有了巨大进步，尤其在动力能源上，开始利用人类能够控制的、效率更高的内能，这种能源的进步是人类工程史的重要里程碑。

2.3.2.2　机械电气化

18世纪，西方开始探索电的现象。随着人类对电的认识的深化，利用电能作为机械动力成为机械工程发展的新途径。为了获得电能，发电机应运而生。

德国工程师西门子制造了发电机（图2-49）。它由水轮机、汽轮机、柴油机等机械驱动，将水流、气流或燃料燃烧产生的能量转化为机械能，传送给发电机，再由发电机转换为电能。1873年，格拉姆在维也纳世博会布展时，由于接错了线，把其他发电机发的电接到了自己发电机的电流输出端。格拉姆还没有来得及撤回操作，却突然惊奇地发现另一幕：第一台发电机发出的电流进入第二台发电机电枢线圈里，使得发电机迅速转动起来，发电机变成了电动机（图2-50）。在场的工程师、发明家们欣喜若狂，多年来追寻的廉价电能发现却是如此简单但又令人难以置信，它意味着人类使用伏打电池的瓶颈终于突破。工程师们在欣喜之余，立即设计了一个新的表演区，即用

图 2-49　西门子发明的发电机

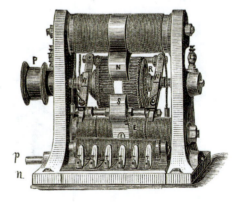
图 2-50　格拉姆发明的电动机

一个小型的人工瀑布来驱动水力发电机。发电机的电流带动一个新近发明的电动机运转，电动机又带动水泵来喷射水柱泉水。这一事件直接促进了实用电动机（马达）的问世，为电气化时代取代蒸汽机时代拉开了序幕。

电的发现与利用使机械的动力不再局限于生物能与自然力，成为机械工程发展史上重要的里程碑。利用电能作为机械动力，使机械变得更容易控制，能量的输出范围跨度更大，成为机械工程发展的新途径。电动机的发明，奠定了机械电气化的基础，标志着一个全新的能源时代到来。

随着两次工业革命的完成，机械开始向高速化、轻量化、精密化、自动化方向发展。

2.3.3 现代机械工程

微电子技术的发展及其向机械工业的渗透，使得机械工业的技术结构、产品结构、功能、生产方式及管理体系发生了巨大的变化，由"机械电气化"阶段迈入了"机电一体化"阶段。机械结构是其主体和躯干；各种仪器、仪表、传感器是其感官，它们感受各种参数的变化，并反馈到大脑中；各种执行机构则是它的手足，用以完成操作所必需的动作。机电一体化使机械工程增加了新的功能，提高了自动化和智能化的程度，成为现代机械工程的标志。

20世纪50年代出现的数控加工技术，是传统机械工程技术与计算机技术结合的开端，标志着机械工程从"手"的延伸发展到"脑"的延伸，从而将机械工程推进到智能化阶段，促进了机械制造的精密化和微型化。60年代，工程师开始利用电子技术来完善机械产品的性能。70～80年代，计算机控制技术、通信技术广泛应用，为机电一体化的发展奠定了基础，并推动机电一体化朝着数字化、智能化、精密化、微型化、生命化和生态化的方向发展。20世纪90年代，机电一体化技术开始向智能化方向迈进。通过计算机模拟人类的智能活动，将人类的脑力劳动延伸到机械制造环境中，推动了产品的个性化、多样化发展。

一直以来，机械工程从未停止对精度的追求，几个毫米的误差可能让大桥坍塌，也可能让人造卫星坠落。随着加工精度的日益提高，机械工程师也在不断挑战更高的精度，制造尺度更小的元件。例如进行微米纳米尺度制造。

1998年，柏林格博士提出生物制造的概念，机械制造开始与有机生命结合，从人体的延伸演化到与身体融合，并开始关注人与环境的关系，呈现出生命化和生态化的发展趋势。

机械正走向全面自动化、网络化、智能化。控制工程理论、计算机技术与机械技术相结合，在机械工程中产生了一个新的学科——机械电子工程，出现了一批机电一体化产品。特别是现代汽车、高铁、飞机、航天器、大型发电机组、IC制造装备、机器人、精密数控机床和大型盾构掘进机械等复杂机电系统，其机械结构复杂，动力学行为复杂。

2.4 机械工程新技术

21世纪以来，机械工业发展迅速，传统制造业中存在的问题越来越突出，而机械工程前沿技术的发展为我们提供了一条解决传统问题并提高产品质量和市场竞争力的有效途径。在国家自然科学基金、国家"973"/"863"科技计划、国家重大重点专项等项目的支持下，机械制造学科领域取得了一系列突出进展和创新成果，为我国制造提供了大批新理论、新技术和新方法，如智能化技术、精密及超精密加工技术、柔性制造、增材制造、微型机械及其制造、绿色制造和再制造、仿生和生物制造技术等。

2.4.1 智能制造

随着计算机技术、互联网技术、人工智能技术和控制技术的发展，制造技术与之融合迎来了新的发展趋势。以智能化、柔性化和高度集成化为特点的智能制造技术成为现代制造技术的热门发展方向。

2.4.1.1 智能制造的定义

智能制造（Intelligent Manufacturing，IM）是一种由智能机器和人类专家共同组成的人机一体化智能系统。

智能制造技术利用计算机模拟制造业领域的专家的分析、判断、推理、构思和决策等智能活动，并将这些智能活动和智能机器融合起来，贯穿应用于整个制造企业的子系统（经营决策、采购、产品设计、生产计划、制造装配、质量保证和市场销售等），以实现整个制造企业经营运作的高度柔性化和高度集成化，从而取代或延伸制造环境领域的专家的部分脑力劳动，并对制造业领域专家的智能信息进行收集、存储、完善、共享、继承和发展，是一种极大提高生产效率的先进制造技术。它把制造自动化的概念更新，扩展到柔性化、智能化和高度集成化。

2.4.1.2 智能制造系统

智能制造系统是实现智能制造的"大脑"。所谓智能制造系统（Intelligent Manufacture System），是指由部分或全部具有一定自主性和合作性的智能制造单元组成的、在制造活动全过程中表现出相当智能行为的制造系统。如图2-51所示为智能制造系统架构。

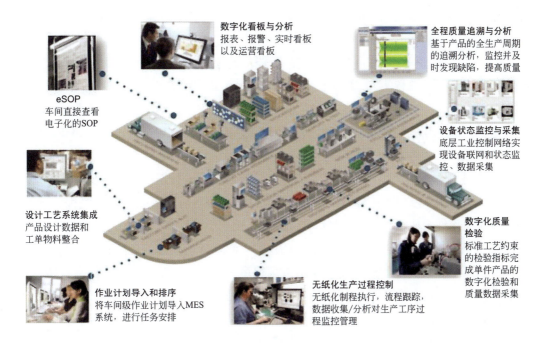

图 2-51 智能制造系统架构

智能制造系统最主要的特征是在工作过程中知识的获取、表达与使用智能制造系统。根据其知识来源的不同，可分为两种类型：

① 以专家系统为代表的非自主式的制造系统，其特点是系统的知识是根据人类的制造知识总结归纳而来的，系统知识依赖于人工进行扩展，因而有知识获取瓶颈、适应性差、缺乏创新能力等缺陷；

② 建立在系统自学习、自进化与自组织基础上的自主型的智能制造系统，其特点是系统的知识可以在使用过程中不断自动学习、完善与进化，从而具有很强的适应性及开放式的创新能力。

2.4.1.3 智能制造的发展现状

目前，智能制造技术方兴未艾，但总体而言，智能制造尚处于概念和实验阶段。智能制造技术的发展正在经历如下三个阶段。

（1）第一阶段——车间、企业集成　这是一种贯穿车间、跨越企业的全局制造业数据集成，将显著改善成本、安全和环境的影响，具有重大的意义。

在这一阶段，智能制造将工厂、企业互联，更好地协调制造生产的各个阶段，推进车间生产效率的提高。典型的制造车间使用信息技术、传感器、智能电动机、计算机控制、生产管理软件等来管理每个特定阶段或生产过程的操作。然而，这仅仅解决了一个局部制造岛屿的效率，并非全企业。智能制造将整合这些制造岛屿，使整个工厂共享数据。机器收集的数据和人类智慧相互融合，推进了车间级优化和企业范围管理目标,包括经济效益大幅增加、人身安全和环境可持续性的实现。这种"制造智能"的出现将开启智能制造的第二阶段。

(2)第二阶段——从车间优化到制造智能 这些数据配合先进计算机仿真和建模,将创建强大的"制造智能",实现生产节拍的变化、柔性制造、最佳生产速度和更快的产品定制。

这一阶段应用高性能计算平台(云计算)连接各个工厂和企业,进行建模、仿真和数据集成,可以在整个工厂内建立更高水平的制造智能。为了节约能源、优化产品的制造交付,整条生产线和全车间将实时、灵活地改变运行速度,当然现在是不可行的。企业可以开发先进的模型并模拟生产流程,改善当前和未来的业务流程。例如,制造商能使用纳米技术开发大量制造产品和设备的模型。

(3)第三阶段——制造知识重整市场秩序 制造智能技术的进步将激励制造过程和产品创新,实现智能制造,颠覆主要市场秩序。这一阶段将广泛应用信息技术来改变商业模式,消费者习惯的100多年的大规模生产工业供应链将完全颠覆。灵活可重构工厂和IT最优化供应链将改变生产过程,允许制造商按个人需求定制产品,如同生产药物特定剂量和配方一样,客户会"告诉"工厂生产什么样式的汽车、构建什么功能的个人计算机、如何定制一款完美的牛仔裤等。

目前,智能制造技术的发展仍处于第一阶段,正向第二阶段迈进,并在此基础上提出了多个全新技术概念,如柔性制造、智能车间、数字化设计等。

2.4.1.4 智能制造的关键技术

要实现智能制造技术,需要在许多方向和技术上实现突破及发展。具体归纳起来,智能制造的关键技术如下。

(1)数字化制造 数字化制造是指制造领域的数字化,它是制造技术、计算机技术、网络技术与管理科学的交叉、融合、发展与应用的结果,也是制造企业、制造系统与生产过程、生产系统不断实现数字化的必然趋势。其内涵包括:产品开发的数字化、数字控制、生产管理数字化、企业协作数字化等。

图2-52 工业机器人

(2)工业机器人 工业机器人是面向工业领域的多关节机械手或多自由度的机器装置,它能自动执行工作,是靠自身动力和控制能力来实现各种功能的一种机器,如图2-52所示。它可以接受人类指挥,也可以按照预先编排的程序运行。现代的工业机器人是智能制造最重要的末端执行机构,因此工业机器人技术是实现智能制造的关键技术。

（3）无线传感网络　无线传感网络是由许多在空间分布的自动装置组成的一种无线通信计算机网络,这些网络使用传感器监测不同位置的物理或环境状况（如温度、声音、振动、压力、运动或污染物等）。无线传感网络的每个节点除配备1个或多个传感器外,还装备1个无线电收发器、1个微控制器和1个电源。

无线传感网络构成了一个信息物理融合系统——连接互联网的网络空间和现实物理世界。它能够与环境进行交互,进而规划和调整自己以适应环境,并且学习新的行为模式和策略,从而实现自我优化。无线传感网络是智能制造信息传递的重要环节,是实现智能制造的关键技术。

（4）信息物理融合系统　信息物理融合系统也称为"虚拟网络-实体物理"生产系统,它将彻底改变传统制造业的逻辑。在这样的系统中,一个工件能算出自己需要哪些服务。通过数字化逐步升级现有生产设施,生产系统就可以实现全新的体系构架。

信息物理融合系统是一个综合计算、网络和物理环境的多维复杂系统,它通过计算机信息和控制技术的有机融合和深度协作,实现大型工程系统的实时感知、动态控制和信息服务。它实现计算、通信与物理系统的一体化设计,可使系统更加可靠、高效、实时协调,具有广泛的应用前景,是智能制造的关键技术之一。

2.4.2　精密及超精密加工

2.4.2.1　精密及超精密加工概述

精密及超精密加工对零件材质、加工设备、加工工具、测量和环境等条件都有特殊的要求,需要综合应用精密机械、精密测量、精密伺服系统、计算机控制以及其他先进技术,是一门多学科的综合交叉技术,涉及材料、加工设备、电子、计算机、检测和工作环境等。

精密加工是指加工精度为$0.1 \sim 1\mu m$、表面粗糙度为$0.025 \sim 0.1\mu m$的加工技术;超精密加工是指加工精度高于$0.1\mu m$、表面粗糙度小于$0.025\mu m$的加工技术。通常,按加工精度划分,可将机械加工分为一般加工、精密加工、超精密加工三个阶段。因此,精密加工和超精密加工只是代表了加工精度发展的不同阶段。由于生产技术的不断发展,划分的界限将逐渐向前推移,过去的精密加工对今天来说已是普通加工,因此,其划分的界限是相对的。

航空、航天工业中,民用客机、人造卫星、航天飞机等,在制造中都有大量的精密和超精密加工的需求,如人造卫星用的姿态轴承和遥测部件对观测性能影响很大,该轴承为真空无润滑轴承,其孔和轴的表面粗糙度要求为$0.01\mu m$,其圆度和圆柱度均要求纳米级精度。被送入太空的哈勃望远镜（HST）,可摄取亿万千米远的星球的图像，为了加工该望远镜中直径为2.4m、重达900kg的大型反光镜，专门研制了一台形状精度为0.01μm的加工光学玻璃的六轴CNC研磨抛光机。据英国劳斯-莱斯公司报道，若将飞机发动机转子叶片的加工度，由60μm提高到12μm，表面粗糙度由0.5μm减少到0.2μm，发动机的加速效率将从89%提高到94%；齿轮的齿形和齿距误差若能从目前的3～6μm，降低到1μm，其单位重量所能传递的扭矩可提高近1倍。

精密及超精密加工的研究内容包括：不同加工方法，如切削、磨削、特种加工等的加工机理；被加工材料的物理、化学和力学性能；加工设备和工艺装备的制造技术；加工工具、磨具及其刃磨制备技术；精密测量及误差补偿技术；工作环境条件等。

2.4.2.2　精密与超精密加工的关键技术问题

伴随着汽车、能源、医疗器材、信息、光电和通信等产业的蓬勃发展，精密及超精密制造设备的相关技术也逐渐成熟，精密及超精密制造在工业界得到了广泛应用，包括非球面光学镜片、超精密模具、磁盘驱动器磁头、磁盘基板加工、半导体晶片切割和集成电路等。随着新技术、新工艺、新装备以及新测试技术和仪器的广泛应用，精密及超精密制造技术的水平在不断地提高。

（1）光学领域

① 光学自由曲面制造。光学自由曲面面形非回转对称、形状复杂，表面质量要求苛刻，一般需要亚微米级的形状精度、纳米甚至亚纳米级的表面粗糙度。然而传统的设计方法存在随机性和效率低的缺陷，自由曲面建模理论欠缺，迫切需求新的光学特性和空间描述直接映射方法的产生。在复杂面形和高精度的要求下，当材料迁移是在纳米尺度时，传统制造技术将不再适于解释加工过程中众多新的物理现象。加工时材料去除机制、热的产生及传递、加工环境的影响机制、加工时工具磨损机制与寿命预测理论、工件微纳米表层评价体系等都未得到合理解释。因此，必须寻求和建立新的纳米量级加工理论新体系。至今，国际上还未形成统一的光学自由曲面制造成熟体系，这成为直接影响其发展的瓶颈。

② 纳米级精度光学零件加工。现代光学零件具有大口径、纳米精度、复杂面形等特点，在天文观测、微电子制造、激光核聚变、空间对地观测等重大光学工程中有着广泛应用。纳米精度光学零件加工需要研究：纳米精度要求下稳定实现小于纳米量级的材料去除时，复杂形状引起材料去除率的变化规律及其有效补偿；影响光学性能全频段误差一致收敛方法等。

（2）航空航天领域

① 航空发动机叶片精密加工。航空发动机由于涉及领域广、技术含量高，被誉为现代工业"皇冠上的明珠"。而航空发动机的叶片（图2-53）是决定发动机安全性能的关键部件，其制造工作量在航空发动机制造总工作量中所占比重高达30%。当前国外采用的航空发动机叶片先进金刚石滚轮精密磨削技术长期对我国严密封锁，已成为制

约我国航空发动机整体水平提升的瓶颈，解决航空发动机叶片高精度超厚金刚石滚轮磨削技术和工艺问题迫在眉睫。

图 2-53　航空发动机叶片

② 大型整体结构件测量/加工一体化。大型复杂整体结构件的高精度制造，对飞机的结构减重、抗疲劳、提高气动性能等具有非常重要的作用。传统离线测量加工模式，存在周期长、误差大、参数多且耦合严重、数据信息不充分等缺点，严重影响加工质量，降低生产效率。亟待突破的难点问题有：金属结构件强反光表面的可测性问题，钛、铝等轻质合金结构件加工后具有强反光甚至类镜面反射效应，使视觉系统致盲；飞机结构件尺寸大，加工精度要求高，测量仪器的精度要求高，大尺寸原位高精度自动化测量问题也是比较关键的技术难题。此外，适合数控加工现场应用的大尺寸高精度三维视觉自动化测量方法还是一个空白。

（3）精密与超精密加工装备

① 集成电路制造纳米级平坦化加工装备研制。随着集成电路制造技术的不断升级，我国在集成电路制造的超精密磨削及基于化学机械抛光（CMP）原理的超精密平坦化加工技术方面存在被"卡脖子"的巨大风险，迫切需要在超精密加工技术上寻求重大突破，研制出自主知识产权的超精密加工装备。CMP的平坦化应用必须突破跨尺度（毫米级至亚纳米级）和多场耦合（化学、力学、流体等）等科学挑战，解决其复杂的化学机械动态耦合难题，突破大尺寸晶圆片（制作半导体集成电路所

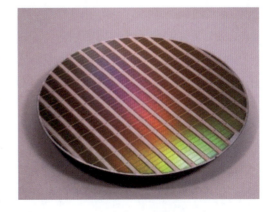

图 2-54　晶圆片

用的硅晶片，如图2-54所示）表面的纳米/亚纳米级抛光精度控制极限。

② 超精密加工装备研制。由于应用领域局限、国外产品冲击、国内行业保护，我国尚未建立超精密加工装备制造的基础研究平台与制造标准，缺乏复杂零件超精密加工工艺体系，没有形成重要零件、典型材料的超精密加工工艺库，国内超精密加工装备的设计研发基础薄弱、基础零部件短缺、生产制造能力严重不足。关键科技问题包括：超精密加工装备设计理论与方法、关键部件标准化制造与检测、超精密加工复合创新工艺、超精密机床制造标准等。

2.4.3 柔性制造

（1）柔性制造的概念　"柔性"是相对于"刚性"而言的，传统的"刚性"自动化生产线主要实现单一品种的大批量生产。柔性可以表述为两方面：一方面是指生产能力的柔性反应能力，也就是机器设备的小批量生产能力；另一方面指的是供应链的敏捷和精准的反应能力。与传统的大规模量产的生产模式不同，柔性制造是以消费者为导向的。在柔性制造中，考验的是生产线和供应链的反应速度。比如目前在电子商务领域兴起的"C2B""C2P2B"等模式体现的正是柔性制造的精髓所在。

（2）柔性制造的基本特征　柔性制造不仅对生产的机器提出了重大的挑战，也对传统的供应链提出了革命性的颠覆。为了在保证品质和反应速度的情况下，能有效地反应消费者的个体需求，另外还要有效控制成本，柔性制造需具备以下基本特征。

① 机器柔性：系统的机器设备具有随产品变化而加工不同零件的能力。

② 工艺柔性：系统能够根据加工对象的变化或原材料的变化而确定相应的工艺流程。

③ 产品柔性：产品更新或完全转向后，系统不仅对老产品的有用特性有继承能力和兼容能力，而且还具有迅速、经济地生产出新产品的能力。

④ 生产能力柔性：当生产量改变时，系统能及时做出反应而经济地运行。

⑤ 维护柔性：系统能采用多种方式查询、处理故障，保障生产正常进行。

⑥ 扩展柔性：当生产需要的时候，可以很容易地扩展系统结构，增加模块，构成一个更大的制造系统。

（3）柔性制造技术的规模划分

① 柔性制造系统（FMS）。通常包括4台或更多台全自动数控机床（加工中心与车削中心等），由集中的控制系统及物料搬运系统连接起来，可在不停机的情况下实现多品种、中小批量的加工及管理。

② 柔性制造单元（FMC）。FMC问世并在生产中使用比FMS晚6～8年，它由1～2台加工中心、工业机器人、数控机床及物料运送存储设备构成，具有适应加工多品种产品的灵活性。FMC可视为一个规模最小的FMS，是FMS向廉价化及小型化方向发展的一种产物，其特点是实现单机柔性化及自动化，迄今已进入普及应用阶段。

③ 柔性制造线（FML）。它是处于单一或少品种大批量非柔性自动线与中小批量

多品种FMS之间的生产线。其加工设备可以是通用的加工中心、CNC机床，亦可采用专用机床或NC专用机床。对物料搬运系统柔性的要求低于FMS，但生产率更高。它是以离散型生产中的柔性制造系统和连续生产过程中的分散型控制系统（DCS）为代表，其特点是实现生产线柔性化及自动化，其技术已日臻成熟，迄今已进入实用化阶段。

④ 柔性制造工厂（FMF）。FMF是将多条FMS连接起来，配以自动化立体仓库，用计算机系统进行联系，采用从订货、设计、加工、装配、检验、运送至发货的完整FMS。它包括CAD/CAM，并使计算机集成制造系统（CIMS）投入实际，实现生产系统柔性化及自动化，进而实现全厂范围的生产管理、产品加工及物料储运过程的全盘化。它是将制造、产品开发及经营管理的自动化连成一个整体，以信息流控制物质流的智能制造系统（IMS）为代表，其特点是实现工厂柔性化及自动化。如图2-55所示为压铸柔性制造系统场景。

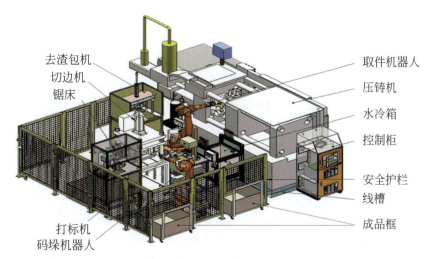

图 2-55 压铸柔性制造系统场景

"互联网+"给供应链管理带来巨大变革，让个性化定制、柔性化生产源源不断深入制造业，甚至"零库存"也成为可能。

（4）柔性制造的关键技术

① 计算机辅助设计。未来CAD技术发展将会引入专家系统，使之具有智能化，可处理各种复杂的问题。当前设计技术最新的一个突破是光敏立体成形技术，该项新技术是直接利用CAD数据，通过计算机控制的激光扫描系统，将三维数字模型分成若干层二维片状图形，并按二维片状图形对池内的光敏树脂液面进行光学扫描，被扫描到的液面则变成固化塑料，如此循环操作，逐层扫描成形，并自动地将分层成形的各片状固化塑料黏合在一起，仅需确定数据，数小时内便可制出精确的原型。它有助于加快开发新产品和研制新结构的速度。

② 模糊控制技术。模糊数学的实际应用是模糊控制器。最近开发出的高性能模糊

控制器具有自学习功能,在控制过程中不断获取新的信息并自动地对控制量做出调整,使系统性能大为改善,其中尤其以基于人工神经网络的自学方法更引起人们极大的关注。

③ 人工智能、专家系统及智能传感器技术。迄今,柔性制造技术中所采用的人工智能大多指基于规则的专家系统。专家系统利用专家知识和推理规则进行推理,求解各类问题(如解释、预测、诊断、查找故障、设计、计划、监视、修复、命令及控制等)。由于专家系统能简便地将各种事实及经验证过的理论与通过经验获得的知识相结合,因而专家系统为柔性制造的诸方面工作增强了柔性。展望未来,以知识密集为特征,以知识处理为手段的人工智能(包括专家系统)技术必将在柔性制造业(尤其智能型)中起着日趋重要的关键性的作用。目前用于柔性制造中的各种技术,预计最有发展前途的仍是人工智能。

对未来智能化柔性制造技术具有重要意义的一个正在急速发展的领域是智能传感器技术。该项技术是伴随计算机应用技术和人工智能而产生的,它使传感器具有内在的"决策"功能。

④ 人工神经网络技术。人工神经网络(ANN)是模拟智能生物的神经网络对信息进行处理的一种方法,故人工神经网络也就是一种人工智能工具。在自动控制领域,神经网络将并列于专家系统和模糊控制系统,成为现代自动化系统中的一个组成部分。

⑤ 综合控制系统。一种叫做MES精益制造管理系统的工具,集合软件和人机界面设备(PLC触摸屏)、PDA手机、条码采集器、传感器、I/O、DCS、RFID、LED生产看板等多类硬件,对从原材料上线到成品入库的生产过程进行实时数据采集、控制和监控的系统。该系统在同一平台上集成诸如工艺排单、质量控制、文档管理、图纸下发、生产调度、设备管理、制造物流等功能,控制包括物料、仓库、设备、人员、品质、工艺、流程指令和设施在内的所有工厂资源,从而实现企业实时化的信息系统。精益制造系统实时接收来自ERP系统的工单、BOM、制程、供货方、库存、制造指令等信息,同时把生产方法、人员指令、制造指令等下达给人员、设备等控制层,再实时把生产结果、人员反馈、设备操作状态与结果、库存状况、质量状况等动态地反馈给决策层。

2.4.4 增材制造

2.4.4.1 增材制造技术概述

增材制造(Additive Manufacturing,AM),又称快速原型,3D打印,是集计算机学、光学、材料学及其他学科于一体,基于离散材料逐层堆积成形的原理,依据产品三维CAD模型,通过材料添加方式逐点、逐线、逐层堆积出产品原型或零部件的新型制造技术,如图2-56所示。

增材制造技术的基本原理都是叠层制造,在 X-Y 平面内通过扫描形式形成工件的截面形状，而在Z坐标间断地做层面厚度的位移，最终形成三维制件。

自1986年查尔斯·赫尔研制出第一台快速成形机后，经过30多年的发展，主流的成形工艺有光固化成形法（Stereo Lithography Apparatus，SLA）、选择性激光烧结（Selective Laser Sintering，SLS）、分层实体制造（Laminated Object Manufacturing，LOM）、熔融沉积成形（Fused Deposition Modeling，FDM）。

图 2-56　增材制造

（1）光固化成形法（SLA）　SLA工艺原理如图2-57所示，液槽中装满液态光敏树脂，激光器按照零件截面分层信息进行扫描，被扫描的光敏树脂区域发生聚合反应，固化形成零件截面对应的薄层。工作台下移一个层厚，继续进行下一层的扫描，新固化的树脂附着在前一层上，并用刮板将树脂刮平，再进行下一层的扫描和固化，重复过程直至三维造型完成。SLA法是当前增材制造方法中最成熟的方法，材料利用率高，性能

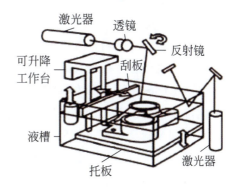

图 2-57　SLA工艺原理

可靠。通过CAD建模可形成任意形状的零件，精度可达到0.1mm，可直接为实验提供试样。不足之处在于SLA使用的是精密设备，设备费用和树脂材料价格较高；树脂成型收缩会导致精度下降，树脂具有一定的毒性，不利于环保。

（2）选择性激光烧结（SLS）　SLS工艺由美国得克萨斯大学奥斯汀分校的C.R.Deckard于1989年研制成功。SLS烧结过程是，先用铺粉棍将粉末材料（金属材料或非金属材料）平铺在已成形的零件表面，并加热至刚好低于该粉末烧结点的温度，控制激光按照该层截面轮廓进行扫描，使熔化的粉末进行烧结，与成形金属黏结在一起。工作台下移一层厚度，铺粉棍重新铺粉，继续下一层截面轮廓的扫描过程，层层叠加，最终完成三维轮廓造型。SLS工艺材料适应性广，可针对塑料、陶瓷、蜡等材料根据不同需要进行加工；成形过程中，烧结的粉末融入造型充当自然支撑，可成形悬臂、内空等复杂结构；材料利用率为100%。缺点是工艺精度不高，主要依赖材料种类和粒径、产品的形状和复杂程度，一般能达到±(0.05～2.5)mm的公差；由于成形表面是粉粒状的，因而表面粗糙度不好，不宜做薄壁件；同时粉末容易在烧结过程中挥发异味。SLS工艺原理如图2-58所示。

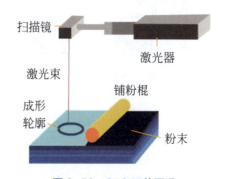

图 2-58　SLS工艺原理

（3）分层实体制造（LOM） 分层实体制造又称层片叠加制造，由美国Helisys公司于1986年研制成功。LOM工艺是指，激光首先切割出工艺边框和原型边缘轮廓，然后将不属于原型的材料切割成网状；由于片状材料单面涂有热熔胶，通过热辊加热将片状材料与先前的层片粘贴在一起；上方的激光和刀具利用CAD分层截面数据，将片状材料切割成对应的零件轮廓；随后铺上新的片状材料，又通过热辊碾压与先前材料粘贴在一起，进行激光切割，一直重复至整个工件完成。LOM工艺原理如图2-59所示。

LOM工艺采用激光或刀片对片状材料进行切割，与传统整体切削不同的是将零部件模型分割为多层，逐层进行切削。LOM的关键工艺是激光强度与切割速度的配合，从而得到切口质量的切口深度。LOM适合于大中小型产品的概念验证模型和功能测试用原型件，尤其是激光立体固化难以制作的大型零件和厚壁样件，具有尺寸精度高、成形时间短、寿命长、力学性能良好的特点。缺点在于去除模型废料时剥离费时较多；当前普遍使用的材料是纸和PVC，适用面较窄。

（4）熔融沉积成形（FDM） FDM是当前应用很广泛的一种工艺，3D打印机普遍采用这种工艺。FDM加热头把热熔性材料（ABS树脂、尼龙、蜡等）加热到临界状态，使其呈现半流动状态，然后加热头会在软件控制下沿CAD确定的二维几何轨迹运动，同时喷头将半流动状态的材料挤压出来，材料瞬时凝固成有轮廓形状的薄层。FDM工艺原理如图2-60所示。

这个过程与二维打印机的打印过程很相似，只不过从打印头出来的不是油墨，而是ABS树脂等材料的熔融物。同时由于3D打印机的打印头或底座能够在垂直方向移动，所以它能让材料逐层进行快速累积，并且每层都是CAD模型确定的轨迹打印出确定的形状，所以最终能够打印出设计好的三维物体。

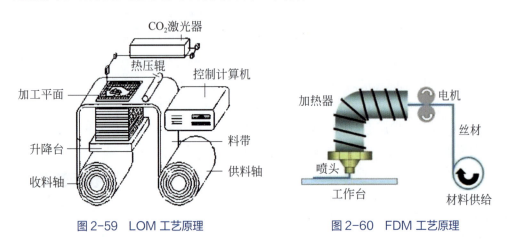

图2-59　LOM工艺原理　　　　　图2-60　FDM工艺原理

2.4.4.2　增材制造关键技术

（1）材料单元的控制技术　增材制造的精度取决于材料增加的层厚和增材单元的尺寸及精度控制。增材制造与切削制造的最大不同是材料需要一个逐层累加的系统，因此再涂层（Recoating）是材料累加的必要工序，再涂层的厚度直接决定了零件在累加方向的精度和表面粗糙度，增材单元的控制直接决定了制件的最小特征制造能力和制件精度。而如何控制材料单元在堆积过程中的物理与化学变化是一个难点。例如：采用激光束或电子束在材料上逐点形成增材单元进行材料累加制造的金属直接成形中，激光熔化的微小熔池的尺寸和外界气氛控制，直接影响制造精度和制件性能。

未来将发展两个关键技术：一是金属直接制造中控制激光光斑更细小，逐点扫描方式使增材单元能达到微纳米级，提高制件精度；二是光固化成形技术的平面投影技术，投影控制单元随着液晶技术的发展，分辨率逐步提高，增材单元更小，可实现高精度和高效率制造。发展目标是实现增材层厚和增材单元尺寸减小10～100倍，从现有的0.1mm级向0.01～0.001mm发展，制造精度达到微纳米级。

（2）设备的再涂层技术　增材制造的自动化涂层是材料累加的必要工序，再涂层的工艺方法直接决定了零件在累加方向的精度和质量。分层厚度向0.01mm发展，控制更小的层厚及其稳定性是提高制件精度和降低表面粗糙度的关键。

（3）高效制造技术　增材制造正在向大尺寸构件制造技术发展，需要高效、高质量的制造技术支撑。如金属激光直接制造飞机上的钛合金框梁结构件，框梁结构件长度可达6m，目前制作时间过长，如何实现多激光束同步制造、提高制造效率、保证同步增材组织之间的一致性和制造结合区域质量是发展的关键技术。此外，为提高效率，增材制造与传统切削制造结合，发展增材制造与材料去除制造的复合制造技术是提高制造效率的关键技术。

为实现大尺寸零件的高效制造，发展增材制造多加工单元的集成技术。如对于大尺寸金属零件，采用多激光束（4～6个激光源）同步加工，提高制造效率，成形效率提高10倍。对于大尺寸零件，研究增材制造与切削制造结合的复合关键技术，发挥各工艺方法的优势，提高制造效率。

增材制造与传统切削制造也可以相结合，提高制造的效率。发展材料累加制造与材料去除制造复合制造技术方法也是发展的方向和关键技术。例如：赫克（Hurco）公司已经开发出一种增材制造适配器，与赫克控制软件相结合，可以把一台数控铣床变成3D打印机。用户可以在同一台机器上完成打印、塑料原型到金属零部件成品的过程，无须反复设置调校，也不用浪费昂贵的金属和原材料制作多个原型。

（4）复合制造技术　现阶段增材制造主要是制造单一材料的零件，如单一高分子材料和单一金属材料，目前正在向单一陶瓷材料发展。随着零件性能要求的提高，复合材料或梯度材料零件成为迫切需要发展的产品。如人工关节未来需要Ti合金和CoCrMo合金的复合，既要保证人工关节具有良好的耐磨界面（CoCrMo合金保证），又要与骨组织有良好的生物相容界面（Ti合金），这就需要制造的人工关节具有复合材料结构。由于增材制造具有微量单元的堆积过程，每个堆积单元可通过不断变化材料实现一个零件中不同材料的复合，实现控形和控性的制造。

飞机钛合金大型关键构件的传统制造方法是锻造和机械加工。其基本加工流程是先将模具加工出来后，再锻造出大型结构件的毛坯，然后再继续加工各部位的细节，最后成形时几乎90%的材料都被切削、浪费掉了。例如：美国F22战斗机的钛合金整体框，面积5.53m^{2}而传统3万吨水压机模锻件只能达到0.8m^2，8万吨的也只能达到4.5m^2。而8万吨水压机的投入就超过10亿美元，整个工序下来，耗时费力，总花费会高达几十亿美元，光大型模具的加工就要用一年以上的时间。而增材制造技术则颠覆了这一观念，无须原坯和模具，就能直接根据计算机图形数据，通过一层层增加材料的方法直接造出任何形状的物体，这不仅缩短产品研制周期、简化产品的制造程序，提高效率，而且大大降低了成本。中国尖端战机歼-15、歼-20、"鹘鹰"飞机（歼-31）等的研制均受益于增材制造技术，2012年11月，歼-15舰载机在中国首艘航母"辽宁舰"成功起降。

2.4.5 绿色制造

2.4.5.1 绿色制造的定义

绿色制造也称为环境意识制造（Environmentally Conscious Manufacturing）、面向环境的制造（Manufacturing for Environment），是一个综合考虑环境影响和资源效益的现代化制造模式。其目标是使产品从设计、制造、包装、运输、使用到报废处理的整个产品全寿命周期中，对环境的影响（负作用）最小，资源利用率最高，并使企业经济效益和社会效益协调优化。

2.4.5.2 绿色制造的研究内容

从产品全生命周期的角度看，绿色制造的主要研究内容涉及绿色设计、绿色制造工艺、再制造、回收与再资源化等方面。

（1）绿色设计　绿色设计（Green Design，GD），也称为生态设计（Ecological Design，ED）、面向环境设计（Design for Environment，DFE）、生命周期设计（Life Cycle Design，LCD）或环境意识设计（Environmental Conscious Design，ECD）等，其基本思想是在设计阶段就将环境因素和预防污染的措施纳入产品设计之中，将环境性能作为产品设计目标和出发点，力求产品在其生命周期全过程中，成本较低，资源能源利用率最高，环境影响最小。因此，可以给绿色设计下这样一个定义：绿色设计是在产品整个生命周期内，着重考虑产品环境属性，并将其作为设计目标，在满足环境目标要求的同时，并行地考虑并保证产品应有的基本功能、使用寿命、经济性和质量等。

（2）绿色制造工艺　绿色制造工艺是指在产品加工过程中尽量节约能源、减少污染。绿色制造工艺主要应用于机械加工过程，研究和采用物料和能源消耗少、废弃物少、对环境污染小的工艺方案，并根据工艺方案设计和制造绿色系统及装备用于指导绿色加工过程。

① 少无切削。随着新技术、新工艺的发展，精铸、冷挤压等成形技术和工程塑料在机械制造中的应用日趋成熟，从近似成形向净成形仿形发展。有些成形件不需要机械加工就可直接使用，不仅可以节约传统毛坯制造时的能耗、物耗，而且减少了产品的制造周期和生产费用。

② 节水制造技术。水是宝贵的资源，在机械制造中起着重要作用。但由于我国北方缺水，从绿色可持续发展的角度，应积极探讨节水制造的新工艺。干式切削就是一例，它可消除在机加工时使用切削液所带来的负面效应，是理性的机械加工绿色工艺。它的应用不局限于铸铁的干铣削，也可扩展到机加工的其他方面，但要有其特定的边界条件，如要求刀具具有较高的耐热性、耐磨性和良好的化学稳定性，机床则要求高速切削，有冷风、吸尘等装置。

③ 减少加工余量。若机件的毛坯粗糙，机加工余量较大，不仅消耗较多的原材料，且生产效率低下。因此，有条件的地区可组织专业化毛坯制造，提高毛坯精度；另外，采用先进的制造技术，如高速切削，随着切削速度的提高，则切削力下降，且加工时间短，工件变形小，以保证加工质量。在航空工业，特别是铝的薄壁件加工，目前已经可以切出厚度为0.1mm、高为几十毫米的成形曲面。

④ 新型刀具材料。减少刀具，尤其是复杂、贵重刀具材料的磨耗是降低材料消耗的另一重要途径，为此可采用新型刀具材料，发展涂层刀具。

（3）回收与再资源化　绿色设计与制造，非常看重机械产品废弃后的回收利用。回收与再资源化是指在规范的市场运作下，通过环境友好、高效的工艺技术，最大限度地利用生产过程中的边角余料和残次品、使用过程中破损的结构件和处在生命周期末端的废弃产品中蕴含的材料，使其成为有较高品位、可以使用的资源。绿色产品回收与再资源化涉及产品的可卸性技术和产品的可回收技术。产品的可卸性技术是对产品进行可拆卸结构模块划分和接口技术研究，提出产品可卸性评价方法，提出产品可卸性评价指标体系。产品的可回收技术，提出可回收零件及材料识别与分类系统，并开展零件再使用技术研究，包括可回收零部件的修复、检测，使其符合产品设计要求，进行再使用（再使用包括同化再使用和异化再使用）技术、材料再利用技术的研究（包括同化再利用和异化再利用）。

（4）机电产品噪声控制技术　包括声源识别、噪声与声场测量以及动态测试、分析与显示技术；机器结构声辐射计算方法与程序；机器结构振动和振动控制技术；低噪声优化设计技术；低噪声结构和材料；新型减振降噪技术等。

（5）面向环境、面向能源、面向材料的绿色制造技术　面向环境的绿色制造技术研究使产品在使用过程中能满足水、气、固体三种废弃物减量化、降低振动与噪声等环境保护要求的相关技术。

面向能源的绿色制造技术研究能源消耗优化技术、能源控制过程优化技术等以达到节约能源、减少污染的目的。

面向材料的绿色制造技术研究材料无毒、无害化技术，针对高分子材料，研究废旧高分子材料回收的绿色技术，高分子过滤材料——功能膜材料，玻璃纤维毡增强热塑性复合材料等。

2.4.5.3　绿色制造关键技术

绿色制造领域近五年来的关键科技问题主要包括：

① 将绿色制造理论方法的集成与跨学科有机融合，构建绿色制造的完整理论体系；

② 在工业4.0框架下，发展数据和知识驱动、智能学习方法辅助的智能绿色制造模式；

③ 绿色制造的方法构建及工具开发，主要包括CLCA（Consequential Life Cycle Assessment）的体系构建及数据库平台开发、开发绿色设计集成工具平台、建立绿色制造的标准规范等；

④ 智能绿色材料、装备节能、干切削干磨削、集成工艺与方法等方面的绿色工艺方法与装备开发；

⑤ 再制造装备研发、损伤评价及再制造无损检测技术；

⑥ 汽车、家电、工程机械等典型行业的绿色制造深化应用与示范。

2.4.6　生物制造

2.4.6.1　生物制造的概念

生物制造（Biological Manufacturing），是指将生物技术融入制造过程，制造出可再现生物组织的材料、结构特性及功能的人工装置，或将生物系统作为制造的执行载体制造出生物系统在自律状态下不能产生的产品。其制造对象或制造工艺过程具有生物系统特征。典型研究领域包括人工生物组织器官制造、生物医学器件和装备制造以及基于生物模板的功能微粒、材料器件生物成形等。人工组织器官制造的重点研究是，将先进制造技术与生命科学相结合，设计和制造机械式及类生命体的生物组织或器官替代产品，以及研发生物器官制造关键制造装备。生物成形主要利用生物体或生物质的生理机能或外形特征等来进行先进功能微粒、材料、器件的加工，借鉴、利用生物有序生长、组装等机理以及生物典型形状/微结构等用于微纳加工成形，逐渐向纳米级精度以及微纳多尺度功能结构、器件或系统发展。

利用生命科学的基础研究成果，同制造科学结合起来，建立新的制造模式和加工方法，将为制造科学提供新的研究课题并丰富制造科学的内涵。

2.4.6.2　生物制造的主要研究方向

生物制造工程的研究方向主要有：仿生制造和生物成形制造。

（1）仿生制造 仿生制造（Bionic Manufacturing）是指模仿生物的组织结构和运行模式的制造系统与制造过程。它通过模拟生物器官的自组织、自愈、自增长与自进化等功能，以迅速响应市场需求并保护自然环境。

仿生制造的研究方向主要有：生物组织和结构的仿生、生物遗传制造、生物控制的仿生。

① 生物组织和结构的仿生。生物组织和结构的仿生一般是指生物活性组织的工程化制造和类生物智能体的制造。生物活性组织的工程化制造是指将组织工程材料与快速成形制造结合，采用生物相容性和生物可降解性材料，制造生长单元的框架，在生长单元内部注入生长因子，使各生长单元并行生长，以解决与人体的相容性和与个体的适配性，以及快速生成的需求，实现人体器官的人工制造。

类生物智能体的制造是指利用可以通过控制含水量来控制伸缩的高分子材料，能够制成人工肌肉。类生物智能体的最高发展是依靠生物分子的生物化学作用，制造类人脑的生物计算机芯片，即生物存储器和逻辑装置。

② 生物遗传制造。生物遗传制造是指依靠生物DNA的自我复制，利用转基因实现一定几何形状、各几何形状位置不同的物理力学性能、生物材料和非生物材料的有机结合，并根据生成物的各种特征，以人工控制生长单元体内的遗传信息为手段，直接生长出任何人类所需要的产品，如人或动物的骨骼、器官、肢体，以及生物材料结构的机器零部件等。如图2-61和图2-62分别为利用生物遗传手段生长出的人工耳和老鼠的人工肾脏。

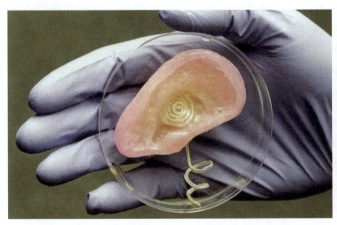

图2-61 人工耳　　　　　　　图2-62 老鼠的人工肾脏

③ 生物控制的仿生。生物控制的仿生是指应用生物控制原理来计算、分析和控制制造过程。例如，人工神经网络、遗传算法、鱼群算法、人工智能体、仿生测量研究、面向生物工程的微操作系统原理等。

（2）生物成形制造 生物成形制造是指利用生物形体和机能进行制造及制造出具有生物功能的类生物体或生物体结构。例如，找到"吃"某些工程材料的菌种，实现生物去除成形；复制或金属化不同标准几何外形与亚结构的菌体，再经排序或微操作，实现生物约束成形；甚至通过控制基因的遗传形状特征和遗传生理特征，生长出所需的外形和生理功能，实现生物生长成形。

① 生物去除成形。生物去除成形是指利用生物的机能实现对材料的去除控制并达到成形的目的。例如，氧化亚铁硫杆菌 T-9 菌株是中温、好氧、嗜酸、专性无机化能自氧菌，其主要生物特性是将亚铁离子氧化成高铁离子，以及将其他低价无机硫化物氧化成硫酸和硫酸盐。加工时，可掩膜控制去除区域，利用细菌刻蚀达到成形的目的。

② 生物约束成形。机械微小结构的形状很小，常规的机械加工方法很难实现。然而，目前已发现的微生物中大部分细菌直径只有 1μm 左右，菌体有各种各样的标准几何外形。采用合适的方法使这些微小细菌金属化，可以实现微小机械结构的成形制造。例如，构造微管道、微电极、微导线等；构造蜂窝结构、复合材料、多孔材料等；去除蜂窝结构表面，构造微孔过滤膜、光学衍射孔等。

③ 生物生长成形。生物体和生物分子具有繁殖、代谢、生长、遗传、重组等特点。未来将实现人工控制细胞团的生长外形和生理功能的生物生长成形技术。可以利用生物生长技术控制基因的遗传形状特征和遗传生理特征，生长出所需外形和生理功能的人工器官，用于延长人类生命或构造生物型微机电系统。

2.4.6.3 生物制造领域的关键技术问题

直接利用生物的代谢过程以及微纳结构来进行微纳米功能微粒、材料、器件的生物成形技术已经成为国际热点研究领域，并呈现出以下趋势：从纳米颗粒无序沉积发展到微纳多级结构有序聚集体微粒制造，并且对微生物矿化作用机理以及利用不断深化；所制造的微纳功能微粒用于功能材料制造时从无序分布往群体有序增强方向发展；从简单微粒制造向具有运动功能的微纳米机器人方向发展，并开始用于靶向给药以及细胞精准控制。

生物制造领域需解决的关键技术问题有：

① 深化生物体的自组装机理、高效能生理特性、功能特性、结构特征相关联客观规律的科学认识；

② 复杂形体微粒群体有序组装以及精准调控机制；

③ 基于微生物模板的高能效微纳机器人设计制造及其精准操控特性。

2.4.6.4 生物制造的最新研究进展

（1）生物成形和操作功能微粒　北京航空航天大学机械工程及自动化学院仿生微纳系统研究所蔡军等人成功研发出系列生物约束成形工艺，利用形状丰富、来源方便的微生物作为成形模板，制造各种微纳米功能微粒，并成功应用于电磁波吸收、雷达隐身、生物医疗等领域。基于微生物模板外形利用，该课题组近两年在微生物细胞通透性处理工艺方面获得突破,成功通过化学镀方法实现纳米颗粒在螺旋藻细胞内的分散沉积,从而把基于微生物的生物成形技术发展为:外形复制、内部填充以及内外复合包覆三种形式,为具有复合功能的多级结构微粒制造提供了新途径。基于微生物的微纳米功能微粒制造技术已经成为热点研究方向。

生物体的各种细胞只有有序生长组装形成组织和器官才能发挥整体生理功能,受此启发,该课题组近五年进一步研究复杂形状微生物模板功能微粒的群体组装和有序排布工艺,分别利用剪切流场、交变电场、旋转磁场、模板空间限域等方法实现了各向异性功能材料的制造,并且在各向异性导电材料、柔性屏蔽材料、THz可调谐材料等领域有着良好应用前景。

微生物作为最小的生物体,能效高,很多具有运动功能。课题组进一步开展了基于微生物模板的微纳米机器人制造研究。分别利用螺旋藻、硅藻等制造出螺旋形、轮式微机器人,并通过外加旋转或者梯度磁场实现微机器人运动的操控;对微机器人负载纳米银癌症红热治疗颗粒、DOX化疗药物,成功实现微机器人对药物的精确投放以及可控释放,在癌症靶向药物治疗方面具有良好的应用前景。香港中文大学张立团队在基于微生物模板的微机器人方面也开展了深入的研究。杀死肿瘤的纳米机器人如图2-63所示。

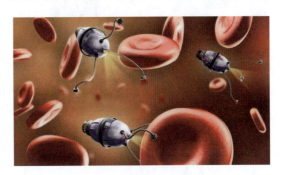

图2-63　杀死肿瘤的纳米机器人

（2）细胞3D打印体外组织器官　组织器官制造是为人类病损器官提供替代品的制造技术。相对于人体植入物,这里的器官修复是通过诱导组织再生和细胞培育组织的方式实现的,具有与人体组织融合和再生的优势,其主要有组织工程支架和细胞增材制造技术。

① 组织工程支架增材制造。近年来的组织工程骨支架以及软组织支架研究取得了显著进展。中南大学帅词俊采用激光粉末增材制造纳米与微米级生物陶瓷多孔结构,揭示了纳米组合结构协同强韧化人工骨的激光制备原理,所研制的人工骨在实验中进入临床应用。中科院上海硅酸盐研究所吴成铁与常江团队利用改进的3D打印制备方法制备出仿生莲藕支架,该类支架具有大块骨缺损修复的能力。浙江大学贺永首次实现了近皮质骨强度的可降解骨打印并可实现降解速率可控,解决了可降解支架修复骨缺损中强度过低、降解过快等导致的系列难题。西北工业大学汪焰恩研发了常温3D喷墨生物打印技术,仿生骨支架与自然骨力学和结构近似度接近,实现了人工骨支架强韧兼容特性。西安交通大学贺健康和连芩等开展了韧带与软骨支架的构建,提出了骨支架与韧带和软骨支架结构耦合来解决其结合强度的问题,突破了韧带、软骨与骨组织结合强度难以保证的难题。西安交通大学贺健康开展了可降解的乳房和气管无细胞支架的制造及临床应用,建立了可降解软组织支架形态与力学适配设计方法,研发的乳

腺植入物等实现了世界首例临床试验。如图2-64和图2-65分别为制作人工骨的材料和3D打印的下颌骨。

② 细胞增材制造技术。细胞增材制造是将细胞与基质材料混合作为"生物墨水"进行生物组织打印和制造，该方法在复杂器官和药物筛选模型方面具有优势。如图2-66所示为生物打印机模型。如图2-67所示为生物3D打印机打印的软组织。清华大学、西安交通大学、浙江大学、四川大学、上海大学、杭州捷诺飞、广州迈普等开展了相关的研究工作。清华大学刘冬生研制出可应用于活细胞增材制造的DNA水凝胶材料，可被特定的DNA内切酶迅速解离、共同打印的活细胞可以保持活性。西安交通大学连芩研制出的软组织缺损扫描与原位打印系统，在动物活体原位打印研究中显示出良好修复效果，填补了国内该领域空白。广州迈普公司开发出满足高活性、高通量细胞打印的生物3D打印机并实现产业化。上普博源研发了商业化多喷头细胞、带有全环境温控系统的打印机。浙江大学贺永等发明了一种气流辅助异质螺旋微球类器官的增材制造工艺，首次实现了在微球内构造复杂的活性结构。清华大学徐弢对3D打印构建微孔多导管中神经生长进行了研究，发现该结构具有良好促进神经组织再生生长的能力。清华大学孙伟利用3D打印胚胎干细胞（图2-68），干细胞在水凝

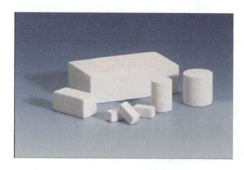

图2-64 人工骨的材料

图2-65 3D打印的下颌骨

图2-66 生物打印机模型

图2-67 生物3D打印机打印的软组织

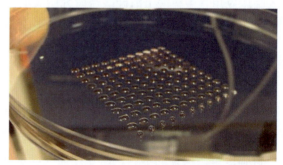

图2-68 3D打印的胚胎干细胞

胶支架中分泌出蛋白，表明该方法具有促进干细胞向胚体增殖转化的能力。生物增材制造是面向生物大健康领域的重要研究方向，充分体现了增材制造技术的个性化和多材料的优势，具有学科交叉和产业发展的巨大潜力。

2.4.6.5 生物制造的应用实例

（1）生物计算机　生物计算机采用生物制造技术制造出生物芯片，能够让大量的DNA分子在某种酶的作用下进行化学反应，从而使生物计算机同时运行几十亿次。芯片本身还具有并行处理的功能，其运算速度要比当今最新一代的计算机快10万倍，能量消耗仅相当于普通计算机的十亿分之一，可弥补大规模集成电路提高集成度后高速运行过程中难以解决的散热问题。而生物计算机的存储信息的空间仅占百亿亿分之一。且在生物芯片出现故障后，可以进行自我修复，具有自愈能力。因此，其优越性远远高于普通无机材料制备的计算机。

2017年，微软与华盛顿大学的研究小组已经联手制备出了新型的生物计算机，它仅用了7min就完成运行包含3个输入链的与门，而之前的设备完成同样的工作量需要4h。

（2）视网膜芯片　美国加利福尼亚大学伯克利分校和匈牙利国家科学院采用生物制造技术研制出了能够模拟人眼视网膜功能的生物视网膜芯片（图2-69）。该芯片是由一个无线录像装置和一个激光驱动的、固定在视网膜上的微型计算机芯片组成的。在计算机系统中，方形光束被转化为12幅由兴奋性和抑制性信号构成的时空图片，和真正视网膜中所产生的影像十分相似。只要视神经没有损坏，能植入这种有半颗米粒大小的视网膜芯片，就可以看到光线和图像。

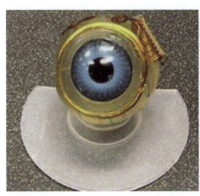 

图2-69　视网膜芯片

（3）个性化人造器官　采用生物制造技术可以实现一种更简单的人造器官方法：把作为支架的高分子材料、细胞和生长因子混合在一起，注射到患者体内需要修复的部位，让这些原料"长"出一个完整的器官来。到时，去医院修补器官就像现在打针一样方便。这种新的方法称为"可注射工程"。

图2-70 人造耳

我国的曹谊林教授采用生物制造技术在裸鼠身上移植了世界上第一个个性化人造耳（图2-70）。先用高分子化学材料聚羟基乙酸做成人造耳的模型支架，然后让细胞在这个支架上繁殖生长。支架最后会自己降解消失。将裸鼠的背上割开一个口子，然后将已经培养好的人造耳植入后缝合。目前，该技术已经开始用于临床试验。

2.5 机械工程与文化

工程文化是人类在复杂的改变世界的实践活动中所产生和形成的以工程为文化分析及研究对象的文化。工程与文化同属于人类智慧的结晶，不是各自独立、互不相交的"平行线"。文化内存于工程活动中，并通过工程活动和工程结果得以"外观"显现。

机械的飞速发展，推动人类达到前所未有的境地，可以说，世界机械的发展史就是人类超越自我、探索未知领域的发展史。

2.5.1 机械工程文化的概念与特征

工程文化始终渗透在工程活动的各个环节，又凝聚在工程活动的成果、产物中。在工业文明的大背景下，人类经过认识与实践创造了机械与机械工程，同时，也把人的行为、精神和人际关系建立在机械工程基础之上，构建了机械工程文化。机械工程文化不仅代表着科学的进步与扩张，同时也代表着人与自然的对立与和谐。

机械工程文化促进了农业的进步，推动了手工业和商业的兴盛，在水利工程、建筑工程、交通运输、纺织等领域发挥着重要作用，在军事上具有举足轻重的作用，具有实用性、时代性、继承性与创造性等特征。

2.5.2 机械与社会生产

人类成为"现代人"的标志就是制造工具。从制造简单工具演变到制造由多个零件、部件组成的现代机械，经历了漫长的过程。人类在通向文明的漫长的征途中，手工工具发展为简单机械，简单机械发展为机械设备，原始实践与经验发展为科学实验、科学技术以及创新，个体手工作坊发展为现代制造业。在人类历史长河中，发生了几次决定人类命运的大变革。

2.5.2.1 推动人类历史进程的五次大变革

第一次革命发生在大约200万年前,由于自然条件的突然变化,生活在树上的类人猿被迫到陆地上觅食,为了和各种野兽抗争,他们学会了用天然的木棍和石块保卫自己,并用来猎取食物。学会使用最简单的机械——石斧、石刀之类的天然工具。劳动造就了人。

第二次革命发生在大约50万年前,古猿学会了制造和使用简单的木制及石制工具(图2-71),从事劳动,继而发现了火,并学会了钻木取火(图2-72)。烘熟的食物不仅让古猿感到好吃,且熟食利于吸收,也为提高他们的体力和脑力创造了条件,进而使古猿人的生活质量有了改善和提高,而且延长了人类的寿命。使用工具,携带食物,需要他们的前肢从支撑行走中解脱出来,于是他们从地上站立起来,开启了从古猿到古人类的新纪元。

图2-71 人类使用木棍

第三次革命发生在大约15000年前,古人类学会了制作和使用简单的机械,开始了农耕与畜牧。此后,大约5000年前,古人类进入新石器时代。4000年前,发现金属,并学会了冶炼技术。金属器械逐步取代了石制、骨制的器械。继而约2000年前发现了铁金属,进入铁器时代,各种复杂的工具和简单机械相继发明出来并投入生产中去(图2-73),提高了生产率,促进了人类社会的快速发展。

图2-72 钻木取火

第四次革命发生在1750～1850年之间,蒸汽机的发明导致了一场工业革命。公元16世纪欧洲进入文艺复兴时期,其代表人物——意大利的著名画家达·芬奇,设计了变速器、纺织机、

图2-73 古人类使用简单机械进行农业和畜牧业

图 2-74 达·芬奇发明的直升机的 3D 效果图

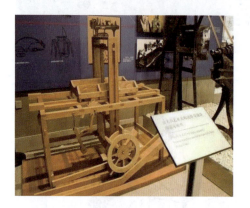

图 2-75 达·芬奇设计的机床复原模型

图 2-76 19 世纪的机床

泵、直升机（图 2-74）、机床（图 2-75）、锉刀制作机、自动锯、螺纹加工机等大量机械，并绘制了印刷机、钟表、压缩机、起重机、卷扬机、货币制造机等大量机械草图。一场大规模的工业革命在欧洲发生，大批的发明家涌现出来。各种专科学校、大学、工厂纷纷建立。机械代替了大量的手工业，生产迅速发展。1760 年，瓦特经过 10 余年的努力和不断改进，在爱丁堡制造出第一台蒸汽机。1804 年，英国人特里维西克发明并制造出第一台蒸汽机车。1830 年，在法国修筑了从圣亚田到里昂的铁路。蒸汽机车与铁路的普及，促进了西方工业生产的发展，促进了西方的机械文明，奠定了现代工业的基础。

战争的爆发与持续，加速了枪炮等武器的研制和生产。欧洲战争、英美战争、美墨战争、掠夺印第安人土地战争以及第一次世界大战等战事不断，对兵器的配件要求导致了互换性的问世。良好的互换性又必须有高精度的测量工具和加工机床来保证，因此，19 世纪的机床和测量工具的发明与革新进展很快。19 世纪的机床如图 2-76 所示。19 世纪，钢铁工业也获得很快发展。

在这一阶段，机械及机械制造通过不断扩大的实践，从分散性的、主要依赖匠师个人才智和手艺的一门技艺，逐渐发展成为一门有理论指导的系统和独立的工程技术。机械工程是促进 18～19 世纪工业革命以及资本主义大生产的主要技术因素。

第五次革命是计算机的发明导致了一场现代工业革命。计算机正在改变人类传统的生活方式和工作方式。机械工程与微处理器结合诞生了"机电一体化"的复合技术。这使机械设备的结构、功能和制造技术等提高到了一个新的水平。机械学、微电子学和信息科学三者的有机结合，构成了一种优化技术，应用这种技术制造出来的机械产品结构简单、轻巧、省力和高效率，并部分代替了人脑的功能，即实现了人工智能。机电一体化产品必将成为今后机械产品发展的主流。

概括起来，从远古到现代社会，从猿到人，由于人类生存、生活、社会生产发展以及探索科学技术的需要，甚至是战争的需要，促进了机械及机械工程由粗糙到精密，由简单到复杂，由低级幼稚到高级智能化，从而构成了整个国民经济第一产业——农业（含农、林、副、牧、渔），第二产业——工业，第三产业——信息产业和服务产业及其他工业等；反之，机械工程也促进了人类社会进步和现代文明的建立。

2.5.2.2 机械工程与人类社会的发展

人类的生存、生活、工作与机械密切相关。穿在身上的衣服是通过纺织机纺线、织布机织成布，再用缝纫机制成的；吃的粮食是用机械播种、收割、加工的；住的楼房是用工程机械建造的；使用的电能是用机械发出的；乘坐的所有交通工具、生活和生产中使用的各种各样的工具和机器都是由机械制造出来的。总之，组成国民经济结构的农业、工业、服务业以及国防军工一切部门所需装备的设计、制造、批量生产都需要机械，机械给人类带来了幸福，现代人离不开机械。

早在几千年前，人类已创制了用于谷物脱壳和粉碎的臼和磨，用来提水的桔槔和辘轳（图2-77），装有轮子的车，航行于江河的船及其桨、橹、舵等。所用的动力，从人自身的体力，发展到利用畜力、水力和风力。所用材料从天然的石、木、土、皮革，发展到人造材料。最早的人造材料是陶瓷。制造陶瓷器皿的陶车（图2-78），已是具有动力、传动和工作三个部分的完整机械。

人类从石器时代进入青铜时代，进而到铁器时代，用以吹旺炉火的鼓风器的发展起了重要作用。有足够强大的鼓风器，才能使冶金炉获得足够高的炉温，才能从矿石中炼得金属。在中国，公元前1000——公元前900年就已有了冶铸用的鼓风器（图2-79），逐渐从人力鼓风发展到畜力和水力鼓风（图2-80）。

15～16世纪以前，机械工程发展缓慢。但

图2-77 提水的桔槔和辘轳

图2-78 陶车

图2-79 古代冶铸用的鼓风器

图2-80 水力鼓风机

在以千年计的实践中，在机械发展方面还是积累了相当多的经验和技术知识，成为后来机械工程发展的重要潜力。17世纪以后，资本主义在英国、法国和西欧诸国出现，商品生产开始成为社会的中心问题。许多高才艺的机械匠师和有生产观念的知识分子，致力于改进各种产业所需的工作机械和研制新的动力机械——蒸汽机。18世纪后期，蒸汽机的应用从采矿业推广到纺织、面粉、冶金等行业。制作机械的主要材料逐渐从木材改用更为坚韧，但难以用手工加工的金属。机械制造工业开始形成，并在几十年中成为一个重要产业。机械工程通过不断扩大的实践，从分散性的、主要依赖匠师们个人才智和手艺的一种技艺，逐渐发展成为一门有理论指导的、系统的和独立的工程技术。机械工程是促成18～19世纪的工业革命以及资本主义机械大生产的主要技术因素。

在中华民族五千多年的文明史中，我国古代劳动人民在机械工程领域中的发明创造尤为突出。绝大部分的发明创造是由于生存、生活的需要，一些发明创造是战争的需要，还有一些发明是为了探索科学技术的需要。根据我国古代发明创造的演变过程可以知道，任何一种机械的发明都经历了由粗到精、逐步完善与发展的过程。例如，加工谷粒的机械，最初是把谷粒放在一块大石上，用手拿一块较小的石块往复搓动，再吹去糠皮以得米；第二步发明了杵臼；第三步发明了脚踏碓，使用了人体的一部分重力工作；第四步发明了人力、畜力的磨和碾；第五步发明了使用风力、水力的磨和碾，不但实现了连续的工作，节省了人力，提高了效率，而且学会了使用自然力，完成了由工具到机械的演变过程。

在兵器领域中，由弹弓发展为弓箭，又发展为弩箭；发明火药后，由人力的弓箭发展为火箭，直到发展为飞弹的雏形和两级火箭的雏形。在我国的古代战争中，有大量的实战记载。我国古代的机械发明、使用与发展，远远领先于世界水平。但由于长期的封建统治，限制了生产力和科学技术的发展。在最近的四五百年，我国在机械工程领域的发展已落后于西方强国。自从新中国成立以后，在短短的几十年里，把只能做少量的修理和装配工作的机械工业发展为能够生产汽车、火车、轮船、金属切削机床、大型发电机等许多机械设备的机械工业。特别是我国实行改革开放以来，我国机械工业的发展更为迅速，与发达国家的差距正在缩小，有些产品已领先世界水平。

中华民族在机械工程领域中的发明创造有着极其辉煌的成就。不但发明的数量多，质量也高，发明的时间也早。在过去的年代里，机械的发明与使用繁荣了人类社会，促进了人类文明的发展。在高科技迅速发展的今天，机械的种类更加繁多，性能更加先进。机械手、机器人、机、光、电、液一体化的智能型机械，办公自动化机械等大量的先进的科技含量高的机械正在改变人类的生活与工作。

2.5.3　机械工程与我们的生活

对于人类来说，机械不是冷冰冰没有生命的，而是离人类的生活非常近。大到常见的工程机械,小到戴的手表,煮饭的电饭煲,打电话的手机,这些都是机械。正是有了这些形形色色的机械,才使得人类的生活更加便捷舒适,更加丰富多彩。

从这个意义上说,当代社会生产的基本面貌正是由机械工程所塑造的。机械工程无时无刻不在为我们的生活和社会的发展服务。人类生活与社会发展已经完全不能离开机械而存在了。我们生活在一个机械构筑的世界里。整个人类文明社会,都是建立在机械工程的基础之上的。机械与人类的关系越来越密切。

(1) 矿山机械　矿山机械是直接用于矿物开采和富选等作业的机械,主要包括采矿机械、选矿机械和探矿机械。矿山作业中还应用大量的起重机、输送机、通风机和排水机械等。我们每个人的一生大概要消耗100万千克的矿物原料,它们都是借助于矿山机械从地下开采出来的。矿山机械产业在国民经济中占有支柱地位,对经济建设具有重要作用和贡献。

图2-81　采矿机械

矿山机械主要包括:破碎设备、采矿机械、采掘机械、钻孔机械、掘进机械、采煤机械、石油钻采机械、选矿机械、烘干机械等。

① 破碎设备:是将矿物进行破碎作业所用的机械设备。

图2-82　掘进机械

② 采矿机械:是直接开采有用矿物和采准工作所用的机械设备,如图2-81所示。

③ 采掘机械:是用于井下和露天矿山开采的机械设备。

④ 钻孔机械:包括用于在中硬以上的岩石中钻凿直径为20～100mm、深度在20m以内的炮孔的凿岩机、露天钻机和钻凿孔径小于150mm的井下炮孔的井下钻机。

图2-83　采煤机械

⑤ 掘进机械:是利用刀具的轴向压力和回转力对岩面的辗压作用,直接破碎矿岩的成巷或成井机械设备,如图2-82所示。

⑥ 采煤机械:是把煤由煤层中破落下来并在破煤的同时实现装煤的机械设备,如图2-83所示。

⑦ 石油钻采机械:是进行石油钻采的机械设备,如图2-84所示。

图2-84　石油钻采机械

⑧ 选矿机械：选矿是在所采集的矿物原料中，根据各种矿物物理性质、物理化学性质和化学性质的差异选出有用矿物的过程。实施这种过程的机械称为选矿机械。

⑨ 烘干机械：是在辊筒干燥机的基础上开发研制而成的新型专用干燥设备。可用于：煤炭行业煤泥、原煤、浮选精煤、混合精煤等物料的干燥；建筑行业高炉矿渣、黏土、膨润土、石灰石、沙子、石英石等物料的干燥；选矿行业各种金属精矿、废渣、尾矿等物料的干燥；化工行业非热敏性物料的干燥。

（2）林业机械　林业机械是用于营林（包括造林、育林和护林）、木材切削和林业起重输送的机械。最常用的有采种机、割灌机、挖坑机、筑床机、插条机和植树机等。如图2-85～图2-88所示为常见林业机械。广义的林业机械还包括木材加工机械、人造板机械和林产化工设备等综合利用机械。林业机械大多是在移动情况下进行露天作业，因受自然条件的影响而具有一定的区域性。借助林业机械，人类大大加快了绿色速度，提高了对森林资源的利用率。

图 2-85　林业起重输送机械

图 2-86　履带式木林归堆机　　图 2-87　拖拉机后挂割草机　　图 2-88　梳草机

（3）交通机械　交通机械指用于人类代步或运输的装置，例如自行车、摩托车、汽车、火车、船只及飞行器等。交通机械的出现大大缩短了人们交往的距离，同时拓宽了人类的活动疆域，使得对海洋和宇宙的探索成为可能。如图2-89～图2-94所示为各类交通机械。

（4）农业机械　农业机械是指在作物种植业和畜牧业生产过程中，以及农、畜产品加工和处理过程中所使用的各种机械。农业机械包括农用动力机械、农田建设机械、土壤耕作机械、种植和施肥机械、植物保护机械、农田排灌机械、作物收获机械、农产品加工机械、畜牧业机械和农业运输机械等。农业机械化推动了传统农业的发展，极大地提高了人类的农业劳动生产率。如图2-95～图2-98所示为各种农业机械。

图 2-89 飞机

图 2-90 铁路平车

图 2-91 海洋工程船

图 2-92 自行车

图 2-93 混凝土搅拌车

图 2-94 轿车

图 2-95 牧草打捆机

图 2-96 玉米收割机

图 2-97　播种机

图 2-98　平移式喷灌机

（5）**工程机械**　工程机械是装备工业的重要组成部分。我们把土石方施工工程、路面建设与养护、流动式起重装卸作业和各种建筑工程所需的综合性机械化施工所必需的机械装备称为工程机械。它主要用于国防建设工程、交通运输建设、能源工业建设和生产、矿山等原材料工业建设和生产、农林水利建设、工业与民用建设、城市建设、环境保护等领域。工程机械是构建起现代文明社会"硬件"的基石。如图2-99～图2-102所示为各种工程机械。

图 2-99　旋挖机

图 2-100　沥青压实机

图 2-101　平地机

图 2-102　装载机

（6）**纺织机械** 纺织机械是把天然纤维或化学纤维加工成纺织品所需的各种机械设备。按照生产过程，纺织机械可分为纺纱设备（图2-103）、织造设备、印染设备（图2-104）、整理设备、化学纤维抽丝设备、缫丝设备和无纺织布设备。纺织机械是纺织工业的生产手段和物质基础，其技术水平、质量和制造成本，直接关系到纺织工业的发展。从纤维到纱线，从纱线成布疋，纺织机械所构筑的繁复又精细的工程交织出了与我们生活相关的各种必需品。

图 2-103　纺纱设备　　　　　　　图 2-104　印染设备

（7）**食品机械** 食品机械是指把食品原料加工成食品（或半成品）过程中所应用的机械设备和装置。当今社会，食物生产采用大规模农场化经营，批量农业产品必须得到及时的处理与包装，食品加工机械扮演了重要的角色。大量的新鲜农产品通过加工，成为安全与方便取用的小包装产品。食品加工机械在功能方面主要包括输送、杀菌、干燥、制冷和包装，在食物类型上主要有面食、肉类、乳品和果蔬等。如图2-105～图2-108所示为各类食品机械。

图 2-105　绞肉机

图 2-106　皮带选果机　　　图 2-107　红薯清洗去皮机　　　图 2-108　食品包装机

第2章　机械工程文化　　105

2.5.4 机械文明的辩证思考

机械是从简单的工具开始逐渐发展成为复杂的机械的，其性能也是从低级幼稚阶段逐渐成为高级先进的，特别是第二次世界大战后，各种机床都迅速地发展起来，人们的生活也空前地提高，甚至有人预测说，未来机械文明的"乌托邦"一定会来到。

但是，从1970年左右，所谓污染成了一个大问题，人们开始议论，这样发展机械文明是否合适，对于那些陶醉于机械文明的光辉业绩，这确实是一个突如其来的难题，所谓污染问题，对于大多数机械技术人员来说，则是一个晴天霹雳。

(1) 加铅汽油的使用　汽油发动机的性能逐渐提高，热球式发动机和狄塞尔式发动机等相继问世，虽然内燃机多少有些缺点，但是，其用途不断地扩大，特别是它实现了人类多年来的梦想，制成了空中飞行的机械——飞机。

1914年，第一次世界大战爆发以后，内燃机的性能得到了迅速提高。尽管如此，飞机用汽油仍然使用直接蒸馏天然原油制品，一点也没有添加物。从1920年起，为解决所谓爆炸现象，英国的利卡尔德开始了有关研究，最后发现了甲苯和苯的抗爆性十分优良。以此为开端，美国开始了添加物的研究，研究了近千种化合物，最后于1930年左右选中了四乙铅。

从第二次世界大战后，在汽车用汽油中开始使用了加有四乙铅的汽油，使用加铅的汽油，发动机的性能迅速提高，压缩比也逐渐增加。

加四乙铅的高辛烷值汽油，在军用或竞赛汽车上使用也可能是有利的，但是，我们日常所使用的汽车完全没有必要使用含铅汽油。尽管如此，人们却说加铅的高辛烷值汽油有某种好处，并大量上市。由于人们过多地使用这种汽油，排出的废气中含有的铅逐渐危及人体。

(2) 废气的大量排放　由于机械产业的不断发展，金属原材料使用量大大增加，从18世纪中叶起，世界工业开始逐渐发展起来，建立了很多的工厂，从矿石中提炼出金属的工厂数目也在不断地增加。19世纪初，世界上的铜产量每年大约9000t，其中3/4是在威尔士的斯温希溪谷的塔威河堤岸边精炼的。其后，随着需要量的增加，铜的生产也日益增加，到了19世纪中叶左右，年产量达55000t，其中有15000t是在斯温希生产的，斯温希成了世界铜工业的中心地。1860年左右为最盛时期，在塔威河堤岸有600多座精炼铜用炉。

因这600座炉子放出的煤的燃烧气体和亚硫酸气的混合气体，而出现了公害问题。住在高炉附近的村落的居民受到了这种废烟污染。因为这些公害而出现了多起诉讼案件，但是，这些诉讼事件最后没有一件得到解决。

另外，各种车辆尾气排放逐渐增加，二氧化碳、二氧化硫等气体排放到空气中，引起各种疾病，形成温室效应等，对环境形成严重威胁。

(3) 资源的大量消耗　由于各种机械源源不断地生产出来，所有机械都需要矿物金属作材料，机械动力都直接或间接地来源于地下能源，这些矿物金属、地下能源就是我们所说的资源。地球上到底有多少这样的资源呢？

作为工业材料使用最多的是铁，按照每年使用量固定不变，铁的现有埋藏数量能使用240年。但是，每年的使用量不是不变的，使用量在逐年增加，如果按每年1.8%的速度增长下去的话，铁资源用93年就要枯竭了。

当今，我们无限制地使用铁和石油，而地球里蕴藏的石油不是无限的。据统计，有限的能源将在30～50年的时间里用完。

发展科学技术是为了让生活更美好，但是，如果资源用光了，还谈什么技术呢？

（4）机械发明成果的盗用 在18世纪中期，已经有了专利法，大体上能维护发明家的利益。但是，人们却没有完全领悟其宗旨，甚至还有很多人几乎不知道有这样的法律。另外，在这个时代，还有相当多的技术人员知道自己的成果被盗用后，不愿意利用法律进行维权，怕走法律程序浪费时间，且需要一定的费用。现在，知识产权被盗用的情况屡见不鲜，特别是文字性的知识产权（论文、专利、书籍等），所以，知识产权人要学会利用法律维护自己的切身利益。

2.6 机械工程的未来

21世纪，能源信息技术与制造技术的融合，使得工业的社会形态不断发生变化（经济全球化、信息大爆炸、资源受环境约束等），并引发了相应的工业革命。制造业进入第四次工业革命，制造系统正在由原先的能量驱动型转变为信息驱动型，要求制造系统表现出更高的智能。

2.6.1 机械工程技术的发展趋势

21世纪机械工程技术有以下五大发展趋势。

2.6.1.1 机械工程技术的绿色化

我国制造工艺综合能耗水平与工业发达国家相比存在较大差距，我国每吨铸件铸造工艺能耗比国际先进水平高80%，每吨锻件锻造工艺能耗高70%，每吨工件热处理工艺能耗高47%。焊接材料可产生大量的焊接烟尘，是典型的高污染材料，我国焊接材料产量超过世界总产量的50%，焊条应用比重高达50%左右，而日本仅为15%。机床作为制作加工系统主体，能耗大、能效低。据统计，机床使用过程消耗的能源占其整个生命周期消耗能源的95%，机床在使用阶段的碳排放占其生命周期碳排放的82%。

机床在整个生命周期中真正用于加工的仅占15%。

进入21世纪，绿色低碳生产与生活方式深入人心，保护地球环境、保持社会可持续发展已成为世界各国共同关心的议题。2015年4月25日，国务院发布《关于加快推进生态文明建设的意见》，坚持以人为本、依法推进，坚持节约资源和保护环境的基本国策，把生态文明建设放在突出的战略位置，协同推进新型工业化、信息化、城镇化、农业现代化和绿色化。

机械工程技术绿色发展体现在以下五个方面。

（1）产品设计绿色化　在产品设计阶段着重考虑产品环境属性，并将其作为设计的主要目标。同时，重点考虑绿色低碳材料的选择、产品轻量化、产品易拆卸以及可回收性设计、产品全生命周期评价。

图2-109　高速干切削加工

（2）制造工艺及装备绿色化　以源头削减污染物产生为目标，革新传统生产工艺及装备，通过优化工艺参数、工艺材料，提升生产过程效率，降低生产过程中辅助材料的使用和排放；用高效绿色生产工艺技术装备逐步改造传统制造流程，广泛应用清洁高效精密成形工艺、高效节材无害焊接、少无切削液加工技术（图2-109）、清洁表面处理工艺技术等，有效实现绿色生产。

（3）处理回收绿色化　发展以无毒无污染为目标的绿色拆解技术；发展以废旧零部件为对象的再制造技术；建立产品再资源化体系，通过回收再资源化技术，提高产品再资源化率。在航空发动机、燃气轮机、机床、工程机械等领域广泛应用大型成套设备及关键零部件的再制造技术。

（4）制造工厂绿色化　制造工厂及生产车间向绿色、低碳升级，实现原料无害化、生产洁净化、废物资源化、能源低碳化，形成可复制拓展的工厂绿色化模式。统筹应用节能、节水、减排效果突出的绿色技术和设备，提高绿色低碳能源使用比率，加强可再生资源利用和分布式供能。

（5）绿色制造绩效评估　针对制造过程污染预防与能源效率进行监控、管理。建立污染预防与能效评估方法、评估数据库、评估工具、评估标准以及专业评估团队。

2.6.1.2　机械工程技术智能化

20世纪50年代诞生的数控技术以及随后出现的机器人技术和计算机辅助设计技术，开创了数字化技术用于制造活动的先河，也满足了制造产品多样化对柔性制造的要求；传感技术的发展和普及，为大量获取制造数据和信息提供了便捷的技术手段；

人工智能技术的发展为生产数据与信息的分析和处理提供了有效的方法，给制造技术增添了智能的翅膀。

智能制造技术是面向产品全生命周期中的各种数据与信息的感知与分析，经验与知识的表示与学习，以及基于数据、信息、知识的智能决策与执行的一门综合交叉技术，旨在不断提高生产的灵活性，实现决策优化，提高资源生产率和利用效率，如图2-110和图2-111所示。复杂、恶劣、危险、不确定的生产环境，熟练工人的短缺和劳动力成本的上升呼唤着智能制造技术与智能制造的发展和应用。可以预见，21世纪将是智能制造技术获得大发展和广泛应用的时代。

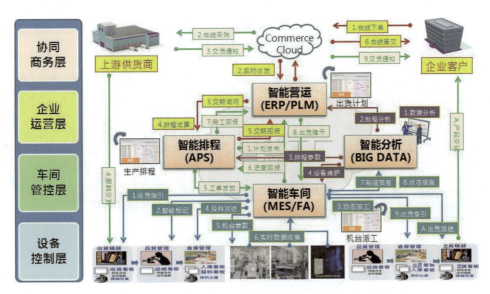

图2-110　智能制造流程

图2-111　5G下的智能制造

2.6.1.3　机械工程技术的超常化

现代基础工业、航空、航天、电子制造业的发展，对机械工程技术提出了新的要求，促成了各种超常态条件下制造技术的诞生。目前，工业发达国家已将超常制造列为重点研究方向，在未来20～30年间将加大科研投入，力争取得突破性进展。人们通过科学实践，将不断发现和了解在极大、极小尺度，或在超常制造外场中物质演变的过程规律以及超常态环境与制造受体间的交互机制，向下一代制造尺度与制造外场的超常制造发起挑战。超常制造的发展方向主要体现在以下六个方面。

（1）巨系统制造　如航天运载工具（图2-112）、10万千瓦以上的超级动力设备、数百万吨级的石化设备、数万吨级的模锻设备、新一代高效节能冶金流程设备等极大尺度、极复杂系统和功能极强设备的制造。

图2-112　大型重载运输车

（2）微纳制造　对尺度为微米和纳米量级的零件及系统的制造，如微纳电子器件（图2-113）、微纳光机电系统、分子器件、量子器件、人工视网膜、医用微机器人、超大规模集成电路的制造（图2-114）。

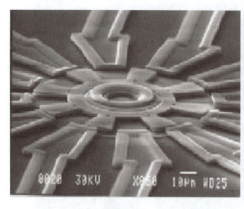

图2-113　微纳电子器件——微电机　　　　图2-114　集成电路

（3）超常环境下制造及超常环境下服役的关键零部件的制造　如在超常态的强化能场下，进行极高能量密度的激光、电子束、离子束等强能束制造；航空发动机高温单晶叶片的制造；太空超高速飞行器耐高温、低温材料的加工制造；超高压深海装备零部件的制造；增材制造装备在太空环境下的安装及使用等。

（4）超精密制造　对尺寸精度和形位精度优于亚微米级、粗糙度优于几十纳米的零件的超精密加工。如高速摄影机和自动检测设备的扫描镜，大型天体望远镜的反射镜，激光核聚变用的光学镜，武器的可见光、红外夜视扫描系统，导弹、智能炸弹的舵机执行系统。

（5）超高速加工　采用超硬材料的刀具和超高速切磨削加工工艺，利用高速数控机床和加工中心，通过提高切削速度和进给速度来提高材料切除率，获得较高的加工精度、加工质量以及加工效率，如在大型或重型零件的切削加工中进行超高速切削技术。

（6）超常材料零件的制造　采用数字化设计制造技术（并行设计制造技术），同时完成零件内部组织结构和三维形体的制造，制造出具有"超常复杂几何外形及内部结构"和"超常物理化学功能"的超常材料零件（理想材料零件），实现零件材料的"非均质"的梯度功能。

2.6.1.4　机械工程技术的融合化

随着信息、新材料、生物、新能源等高技术的发展以及社会文化的进步，新技术、新理念与制造技术的融合，将会形成新的制造技术、新的产品和新型制造模式，以致引起技术的重大突破和技术系统的深度变革。例如，照相机问世后100多年，其结构一直没有根本改变，直到1973年日本开始"电子眼"的研究，将光信号改为电子信号，推出了不用感光胶片的数码相机。此后日本、德国相继加大研制力度，不断推出新产品，使数码相机风靡全世界，形成了一个巨大的产业。又如，2009年年底美国投资超过100亿美元的波音787梦幻客机试飞成功，其机身80%由碳纤维复合材料和钛合金材料制造，大大减轻了飞机重量，减少了油耗和碳排放，引起全世界关注（图2-115）。美国苹果电脑公司在信息产品市场上异军突起，在2019财年间，总收入2701.49亿美元，净利润552.91亿美元。苹果公司依靠其绝佳的工业设计技术，在智能手机和平板电脑等产品中融入文化、情感要素，深得广大消费者特别是青少年消费者的青睐。

图2-115　波音787梦幻客机

在未来机械工业的发展中，将更多地融入各种高新技术和新理念，使机械工程技术发生质的变化。就目前可以预见到的，将表现在以下几个方面。

（1）制造工艺融合　车铣镗磨复合加工、激光电弧复合热源焊接、冷热加工等不同工艺通过融合，将出现更高性能的复合机床和全自动柔性生产线；激光、数控、精密伺服驱动、新材料与制造技术相融合，将产生更先进的快速成形工艺；基于增材、减材、等材的复合加工技术，将使得金属零件的直接快速成形、修复和改性成为可能。

图2-116　五轴增减材复合制造加工中心

如图2-116所示为五轴增减材复合制造加工中心。

（2）与信息技术融合　以物联网、大数据、云计算、移动互联网等为代表的新一代信息技术与机械工程技术的融合，应用到了机械设计、制造工艺、制造流程、企业管理、业务拓展等各个环节，涌现出机械工程技术的新业态模式。一方面，信息网络技术使企业间能够在全球范围内迅速发现和动态调整合作对象，整合优势资源，在研发、制造、物流等各产业链环节实现全球分散化生产；另一方面，制造技术与大数据的融合，可以精准快速响应用户需求，提高研发设计水平。将大数据融入可穿戴设备、家居产品、汽车产品的功能开发中，将推动技术产品的跨越式创新。

（3）与新材料融合　先进复合材料、电子信息材料、新能源材料、先进陶瓷材料、新型功能材料（含高温超导材料、磁性材料、金刚石薄膜、功能高分子材料等）、高性能结构材料、智能材料等将在机械工业中获得更广泛的应用，并催生新的生产工艺。

（4）与生物技术融合　模仿生物的组织、结构、功能和性能的生物制造，将给制造业带来革命性的变化。今后，生物制造将由简单的结构和功能仿生向结构、功能和性能耦合方向发展。制造技术与生命科学和生物技术的融合，制造出人造器官，逐步实现生物的自组织、自生长等性能，帮助人们恢复某些器官的功能，从而延长寿命，提高生活质量。

（5）与纳米技术融合　纳米材料表征技术水平将进一步提高，新的光学现象很有可能被发现，导致新光电子器件的发明，对纳米结构的尺寸、材料纯度、位序以及成分的精确控制将取得突破性进展，相应纳米制造技术将会同步前进。

（6）人机融合　人、机器与产品将会充分利用信息技术和制造技术的融合，实现实时感知、动态控制以及深度协同。

（7）文化融合　知识与智慧、情感与道德等因素将更多地融入产品设计、服务过程，使汽车、电子通信产品、家用电器、医疗设备等产品的功能得以大幅度扩展与提升，更好地体现人文理念和为民生服务的特性。

2.6.1.5　机械工程技术的服务功能

进入21世纪，全球宽带、云计算、云存储、大数据的发展为制造文明进化提供了创新技术驱动和全新信息网络物理环境。全球市场多样化、个性化的需求、资源环境的压力等成为制造文明转型新的需求动力。制造业将从工厂化、规模化、自动化为特征的工业制造文明，向多样化、个性化、定制式，更加注重用户体验的协同创新、全球网络智能制造服务转型。

目前，制造服务业态已在众多行业领域逐渐渗透，制造服务技术将成为机械工程技术的重要组成部分，为支撑产品的全价值链服务。支撑服务型制造的机械工程技术将呈现出以下发展趋势。

图2-117 私人定制的汽车

（1）个性化　满足个性化需求的小批量定制生产日益明显，更加注重用户体验。企业从"产品导向"转向"客户导向"，从挖掘客户更深层次的需求出发，提升产品的内涵以及提高产品的市场竞争力。如图2-117所示为私人定制的汽车。

（2）集成化　机械工程技术服务以产品全生命周期为目标，应用范畴从以产品为中心向以服务为中心的技术服务集成转变。覆盖策划咨询、系统设计、产品研发、生产制造、安装调试、故障诊断、运行维护、产品回收及再制造等范畴，通过技术集成达到服务功能的集成。

（3）增值化　现代物流系统的普遍采用、射频识别技术的推广应用、高速网络与装备系统的结合、通信技术与工程项目的结合，使得工程技术与服务以多种形式融合与再造，向产品价值链两端延伸。

（4）智能化　随着互联网、云计算、大数据、物联网等新一代信息技术与工程技术的综合集成应用，基于智能制造产品、系统和装备的智能技术服务模式逐渐拓展。制造全过程的大数据提取、分析及应用与工程技术全面融合，催生出智慧战略服务、网络智能设计、远程分析诊断支持等智能服务。如图2-118所示为远程医疗服务系统。

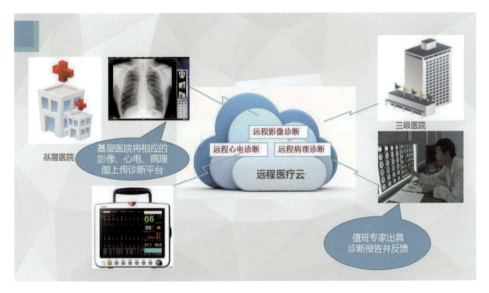

图2-118 远程医疗服务

（5）全球化　随着信息网络技术与先进制造技术的深度融合，绿色智能设计制造、新材料与先进增材减材制造工艺、生物技术、大数据与云计算等技术创新引领全球制造业向绿色低碳、网络智能、超常融合、共创分享为特点的全球制造服务转变。可以说，世界已跨入个性化需求拉动的数字化、定制式制造服务。

2.6.2　未来机械工程与生产生活

未来的机械在能源、材料、加工制作、操纵与控制等方面都会发生很大变革。未来机械的种类更加繁多，性能更加优良。未来的机械将使人类生活更加美好。

① 以太阳能和核能为代表的没有污染的动力机械将会出现，并投入使用。
② 载人航天技术更加成熟，人类可以实现太空旅行或到其他星球居住。
③ 高精度、高效率的自动机床、加工中心更加普及，CAD/CAPP/CAM 系统更加完善，彻底实现无图纸加工，机械制造业将摆脱传统的设计、制造观念。
④ 微型机械将会应用到医疗和军事领域。
⑤ 人工智能机械的应用领域将会更加广泛，将逐步取代普通机械。
⑥ 不污染环境的报废机械又称为绿色机械，将会取代传统机械。
⑦ 设计方法智能化，大量工程设计软件取代人工设计与计算过程。
⑧ 可遥控和智能化的民用生活机械进入家庭。
⑨ 武器更加先进，先进的武器可以改变传统的战争模式。
⑩ 非金属材料和复合材料在机器中的应用日益广泛。

CHAPTER THREE

第 3 章

汽车工程文化

汽车的发展改变了世界、改变了生产、改变了生活。汽车的发明、发展已经形成一种文化。汽车工程文化，亦称汽车文化，是人类在汽车的研究、生产和使用过程中产生的知识、信仰、艺术、法律、道德、风俗和习惯等。一般情况下，可以将汽车工程文化分为两大类：一类是与汽车直接相关的文化，如汽车发明、汽车设计、汽车制造、汽车品牌、车标、汽车美容、汽车改装、汽车技术，以及在汽车演变和发展过程中出现的名人轶事和名车等；另一类是汽车衍生出来的文化，如汽车消费、汽车驾驶、汽车管理等。由于篇幅限制，本章主要介绍汽车发展史、中国汽车工业发展史、汽车品牌、车标、汽车基础知识、汽车设计与制造、汽车新技术等内容。

3.1 汽车发展史

3.1.1 蒸汽汽车的诞生

1712年，英国人托马斯·纽科门发明了不依靠人和动物来做功而是靠机械做功的蒸汽机，被称为纽科门蒸汽机（图3-1）。

1825年，英国人斯瓦底·嘉内制造了一辆蒸汽公共汽车，18座，车速为19km/h，开始了世界上最早的公共汽车运营（图3-2）。此车的发动机装在后部，后轴驱动，前轴转向。它采用了巧妙的专用转向轴设计，最前面两个轮并不承担车重，使转向可以轻松自如。

图3-1 纽科门蒸汽机

图3-2 斯瓦底·嘉内制造的蒸汽公共汽车

1861年，英国政府通过了一项《机动车道路法案》，规定蒸汽车辆的时速在乡村不得超过16km，在城镇不得超过8km。4年以后，这种时速限制就缩小到乡村时速不超过6.4km，城镇不超过3.2km。并且一辆车须有3名驾驶员，手执红旗的车务员必须走在车前20m处警告行人注意安全（图3-3）。

后来，蒸汽机发展成为铁道车辆和船舶使用的外燃动力源。人们在为汽车寻找功率体积比、功率质量比高的轻便动力装置。

图3-3 手执红旗的车务员

3.1.2 第一台汽油机的诞生

要造出能够用于道路交通的靠自身动力前进的车，关键取决于车辆自身的动力源。1883年，德国工程师哥特里布·戴姆勒（Gottlieb Daimler，1834～1900年）与好友威廉·迈巴赫（Wilhelm Maybach，1846～1929年）合作，成功研制出高速汽油机，转速达600r/min。1883年8月15日，他们制成了今天汽车用发动机的原型——高压点火卧式汽油机（图3-4）。

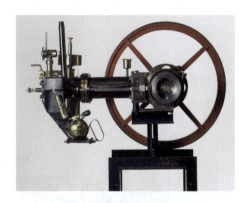

图3-4 高压点火卧式汽油机

3.1.3 第一辆汽油机汽车的诞生

汽车发展史上，被公认的第一辆汽车的发明者是德国的卡尔·弗里德里希·本茨（Karl Friedrich Benz，1844～1929年）。1885年9月，本茨在曼海姆制成了一台四冲程小型汽油机，并将其装在一辆三轮汽车上（图3-5）。

1886年11月2日，专利局正式批准发布，这辆车的专利证书号为37435，专利名称为"气态发动机汽车"，即被公认的世界上第一辆三轮汽车——奔驰1号（图3-6）。

图3-5 卡尔·本茨取得专利的第一辆汽车

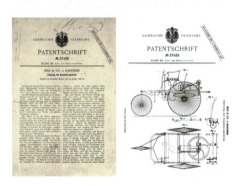

图3-6 卡尔·本茨的汽车专利证书

第3章 汽车工程文化

3.1.4 哥特里布·戴姆勒的四轮汽车

在卡尔·本茨研制三轮汽车的同时,另一位德国工程师戴姆勒成功制造了世界上第一辆四轮汽油机汽车(图3-7)。该车装有单缸、排量0.47L、水冷、功率845W(1.15hp)、转速650r/min的汽油机;车速可达17.5km/h,可变4个速度。

本茨和戴姆勒是人们公认的以内燃机为动力的现代汽车的发明者,他们的发明创造,成为汽车发展史上最重要的里程碑,他们两人因此被世人尊称为"汽车之父"。

3.1.5 手工装配单件小量生产

1887年,法国庞哈德·莱瓦索马车制造公司获得戴姆勒高速汽油机在法国生产的专利权,按买主要求,依靠技巧娴熟的工匠用手工在装配大厅装配每辆各不相同的轿车,庞哈德·莱瓦索制造的汽车如图3-8所示。1900年前,继德国、法国之后,美国、英国和意大利出现了多间这种作坊式汽车生产公司,1900年欧美共生产汽车9504辆。

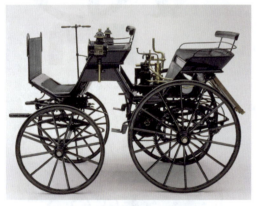
图3-7 戴姆勒制造四轮汽油机汽车

图3-8 庞哈德·莱瓦索制造的汽车

3.1.6 汽车史上首次大批量生产

1896年,福特试制出第一台汽车。1908年,亨利·福特及其伙伴将奥尔兹、利兰以及其他人的设计和制造思想结合成为一种新型汽车——T型车,一种不加装饰、结实耐用、容易驾驶和维修、可行乡间道路、大众市场需要的低价位车(图3-9)。1914年,他将流水生产线技术运用到汽车上,这种技术被后人称为装配线(图3-10)。组装一辆汽车由原定置式的750min缩短为93min,工厂单班生产能力达1212辆。当时有专用机床约1.5万台,工人1.5万人,这就是后来为全世界汽车厂继承的汽车大批量生产方式的原型。

图 3-9　福特 T 型车

图 3-10　福特的流水线

大批量流水线生产的成功，不仅使 T 型车成为有史以来最普遍的车种，而且使家庭轿车的神话变为现实。1929 年，美国生产汽车 54.5 万辆，出口占 10%，占领了美国之外的世界市场的 35%。

3.1.7　车型种类和技术的发展时期

1922 年，美国哈得逊公司率先出售封闭式厢型轿车，这种形式车身很受欢迎，1923 年在美国市场占有率超过传统的敞篷式轿车，到 1929 年在美国市场占有率高达 90%（图 3-11）。

1920 年，杜森伯格公司在四个车轮上全部采用液压制动器。1927 年，帕卡德公司开始在后驱动桥主传动采用双曲线伞齿轮，使得传动轴、地板和车身高度降低，提高了在美国大部分已是铺装道路上高速行车的稳定性。低压轮胎取代了早期汽车使用的多种硬质、高压胎。

图 3-11　封闭式厢型轿车

3.1.8　汽车技术进步时期

20 世纪 30 年代，在美国，大众车的性能和造型向中、高级车靠拢。车型设计开始重视空气动力学效应，流线型车身就是在这样时期诞生的。如 1934 年克莱斯勒的气流型车，虽然都是挡泥板和车身分开的传统结构，但其造型与流线却浑然一体（图 3-12）。

1934 年，梅塞德斯·奔驰公司制造出首

图 3-12　1934 年克莱斯勒公司生产的气流型车

图 3-13　1938 年生产的甲壳虫车

部柴油动力轿车；1937年，美国哈德逊公司创出了免离合器的电动换挡。这一年德国政府成立大众汽车公司，计划生产名为甲壳虫的VW33型国民车，1938年，费尔迪南德·波尔舍（又译保时捷）完成车型设计，该车采用风冷发动机，后置后驱动（图3-13）。1942年年初，美国民用轿车暂时停止生产。汽车工厂主要生产从吉普车到大型载货车类军用汽车和某些兵器生产。

3.1.9　汽车产品多样化时期

汽车产品的多样化时期从20世纪50年代开始至70年代，到1973年，是世界汽车发展的黄金时段。1948年，美国独占沙特阿拉伯石油资源，大量石油使汽车燃料和生产汽车所需电力及各类材料得到低价充分供应。这一时期，出现了搭载大排量V8发动机、具有强劲动力、外形富有肌肉感的各式跑车——美国肌肉车型，美国人称其为"Muscle Car"，如雪佛兰科迈罗（Camaro）、福特野马（Mustang），在60年代的美国极其盛行并受到人们追捧，如图3-14和图3-15所示。

图 3-14　雪佛兰科迈罗（Camaro）

图 3-15　福特野马（Mustang）

欧洲汽车设计轻巧，各具特色又省油，这成为主要的出口工业品，名品有德国的甲壳虫，英国的希尔曼（图3-16）、莫利斯，法国的雷诺，意大利的菲亚特。20世纪60年代，英国奥斯汀迷你牌小型车采用发动机前横置，前轮驱动结构，使之占用空间更小，车辆更紧凑，这一开山之作几乎成为当代轿车的标准布置方式（图3-17）。

欧洲还发展了许多款跑车，如英国的捷豹和奥斯汀·希利（图3-18），德国的保时捷和奔驰，意大利的菲亚特和阿尔法·罗密欧，这类车行驶性能优越，采用了许多新技术。为更好地参加比赛，奔驰300SL采用了如柴油机供油式的汽油喷射，捷豹C型跑车采用了盘式制动器（图3-19）。到20世纪70年代，前轮盘式制动器成为轿车的标准配置，欧洲的跑车主要出口美国。

图 3-16 英国希尔曼轿车

图 3-17 英国奥斯汀迷你牌小型车

图 3-18 奥斯汀·希利跑车

图 3-19 捷豹 C 型跑车

日本的石油完全依赖进口，故主要发展了省油的小型车和柴油商用车。日本引进欧美先进产品和制造技术，把美国管理技术融合为日本方式，推行全面质量管理，整合零部件和材料供应商形成系列化协作配套体系，推行大量生产和装备持续现代化。1963 年，丰田汽车公司全面推行把工件号、数量、时间、工程和用途等指令计入看板，实现了精益生产方式，这是组织汽车生产的又一重要技术进步。1973 年，日本出口汽车达到 200 万辆，其中轿车 145 万辆。

3.1.10 汽车全球化

各强势汽车工业集团以其技术和资本优势，在产品、生产成本、信息技术、电子商务、销售及各类售后服务和资本运作等领域展开了全方位激烈竞争。1998 年，德国戴姆勒-奔驰公司和美国克莱斯勒汽车公司合组成立戴姆勒-克莱斯勒集团；1999 年，美国福特汽车公司收购瑞典沃尔沃公司轿车事业部；法国雷诺集团向日本日产汽车公司出资 36.8%，向日产柴油机工业公司出资 22.5%。至此，全球形成"6+3"汽车集团格局，即通用、福特、戴姆勒-克莱斯勒、丰田、大众和雷诺 6 个集团化程度高的大集团，及本田、宝马和标致-雪铁龙 3 个集团化程度小的公司。

3.2 中国汽车工业发展史

100多年前，随着世界第一辆汽车的诞生，许多国家相继研制并生产出了自己的汽车。而在近代中国第一个提出要建立中国汽车工业的是孙中山，他在《建国方略》一书中说道："自动车乃为近代所发明，乃急速行动所必要"，中华民国时期有建立汽车工业的构想和行动，终因日本的侵华战争而遭破灭。到中华人民共和国成立时，中国尚无汽车制造业，只有一些基础薄弱的汽车维修和汽车配件制造小企业。中华人民共和国成立后，恢复和扩展了汽车维修及配件制造业，并开始筹划建立汽车工业。

3.2.1 中国汽车工业的起步阶段（1950～1965年）

（1）建设第一汽车制造厂　1950年3月，中央重工业部成立汽车工业筹备组，开展建设第一汽车制造厂的前期准备工作。随后，第一汽车制造厂（简称一汽）列入1953年开始的第一个五年建设计划重点项目。当年7月15日，第一汽车制造厂在长春动工兴建，历时3年建成（图3-20）。1956年7月14日，一汽总装线上开出由中国人自己制造的第一批解放牌载货汽车，这批12辆，代号为CA10型的汽车结束了中国不能造车的历史。"解放"这个由毛泽东主席命名的中国第一汽车品牌开启了装备中国汽车的历史航程，也开创了中国汽车的"解放时代"（图3-21）。

图3-20　第一汽车制造厂外景　　　　图3-21　第一辆解放牌汽车诞生

（2）中国第一辆轿车诞生　1958年4月，中国历史上第一辆国产轿车在一汽诞生，取名"东风"。

（3）红旗牌轿车诞生　1958年8月，试制出第一辆两排座5.65L红旗牌CA72高级轿车。1966年，CA72替代车型CA770正式投产。1966年国庆节前，CA770轿车送抵北京，替换国家领导人乘坐的进口车，并成为外国国家元首访华的接待用车。

（4）建设小规模汽车生产基地　1958年，先后有一些省市的汽车修理厂、配件厂制造汽车造出各类汽车200余种，后经结构性调整，形成了南京、上海、济南和北京4个较有实力的汽车生产基地。

南京汽车厂生产跃进牌2.5t轻型货车（图3-22）。当时受工艺条件限制，采用铁木帆布混合简易驾驶室。

上海汽车厂1958年9月试制出凤凰牌轿车，翌年9月又参照奔驰220S试制出样车，1965年通过鉴定投产，改名上海牌（图3-23）。

图 3-22　跃进牌 2.5t 轻型货车　　　　图 3-23　上海牌轿车

济南汽车制造厂生产黄河牌8t重型货车，装有柴12L额定功率103kW柴油机，装载量大、省油、受用户欢迎，是中国首台重型车产品（图3-24）。

北京汽车生产基地发展吉普车、轻型车和重型车。北京牌212吉普车为车四轮驱动，装2.4L最大功率55kW汽油机，最高时速95km（图3-25）。

图 3-24　黄河牌 8t 重型货车　　　　图 3-25　北京牌 212 吉普车

此阶段，是我国汽车工业创立阶段，建起了像一汽这样的现代化汽车企业，汽车生产实现零的突破，奠定了基础。1966年前，汽车工业共投资11亿元，形成了一大四小5个汽车制造厂，年生产能力近6万辆、9个车型品种。1965年年底，全国民用汽车保有量近29万辆,其中国产汽车17万辆(一汽累计生产15万辆)。

3.2.2　中国汽车工业的成长阶段(1965～1980年)

从1964年开始,中国汽车工业筹划发展军用越野车产品,贯彻中央的精神,建设二汽、川汽、陕汽3个三线汽车厂,以中、重型载货汽车和越野汽车为主,同时发展矿用自卸车。在此期间,一汽、南汽、上汽和济汽投入技术改造,扩大生产能力,并承担包建和支援三线汽车厂的任务。1966～1980年,生产各类汽车累计163.9万辆。

1965年,确定二汽生产1～8t载货车和1～5t越野车。5t载货车名为EQ140,2.5t越野车名为EQ240(图3-26和图3-27)。

图3-26　EQ140载货车

图3-27　EQ240越野车

从二汽建设到改革开放后的80年代初,是我国汽车工业成长阶段。与一汽靠苏联援建不同,二汽是完全靠中国人自己的力量建设的大型汽车制造厂。通过自主能力,我国形成了以"卡车为主"的汽车产业布局。1980年,生产汽车22.2万辆,全国民用汽车保有量169万辆,其中载货汽车148万辆。

3.2.3　中国汽车工业的开放合作阶段(1999年)

20世纪80年代初,确立了实现汽车老产品换型,重点在投产时间长、产量大、生产厂点多的解放、跃进、黄河、北京130等几种车型。结束产品"三十年"一贯制的生产格局。1982年中国共生产汽车16.9万辆,4t解放和5t东风两个中型载货车占总产量的56%,轿车年产量仅5180辆。此后,中国汽车工业开始了重大历史性变革。

1983年,生产上海牌轿车的上汽开始组装德国大众汽车公司的1.8L桑塔纳轿车,1985年组建中德合资上海大众汽车公司,成为中国公务用车的主导车型,1996年产量达20万辆(图3-28)。1984年元月,北京汽车厂和后并入克莱斯勒汽车公司的美国汽车公司,合资建北京吉普汽车公司,生产2.5L切诺基吉普车,后称四驱SUV(图3-29)。1986年,天津汽车工业公司引进日本大发公司1.0L夏利微型轿车,此车很快成为出租车的主力车型。1987～1989年,中央政府逐步明确,大力发展轿车工业,建设"三大"

(上海、一汽、东风)和"三小"(天津、北京、广州)6个轿车生产厂。1991年,一汽和德国大众汽车公司合资建一汽大众汽车公司,生产1.6L捷达轿车。1992年,东风公司和法国雪铁龙汽车公司合资建神龙汽车公司,生产富康1.4L和1.6L轿车。捷达和富康是作为私家车的主力车型而选定的。

图3-28 桑塔纳轿车

图3-29 切诺基吉普车

1992年,中国汽车厂数达124个,我国汽车生产量达106万辆,汽车厂数为历史上最高值。改装车厂的数量发展和整车厂同步,1993年达到552家。

1997年和1998年是中国轿车转折的时期。1997年6月,上汽和美国通用汽车公司合资建成上海通用汽车公司,生产3L系列别克轿车,以后又有了一款1.6L赛欧轿车。1998年5月,广州汽车工业公司和日本本田技研工业公司合资建成广州本田汽车公司,生产雅阁系列轿车。之后,合资步伐加大,相继有中韩合资悦达起亚汽车公司,生产1.4L普莱特轿车;中意合资南亚汽车公司,生产菲亚特公司的小型轿车;中日合资天津丰田汽车公司,生产1.3L威驰轿车;中美合资长安福特汽车公司,生产1.6L嘉年华轿车。

此阶段,我国从计划经济体制向市场经济体制转型,汽车工业顺应国家改革开放大势,调整商用车产品结构,改变"缺重少轻"的生产格局,通过开放合作,轿车工业开始起步,汽车产业形成较为完整的工业体系。

3.2.4 汽车工业快速发展的阶段(2000年以来至今)

(1)轿车企业的快速发展 2001年12月,中国正式加入WTO,加快了中国汽车工业融入全球化的步伐。2002年8月,一汽和日本丰田汽车公司达成合作生产轿车协议;9月,东风和日本日产汽车公司建立全面合作伙伴关系,合资建成东风汽车有限公司,生产全系列日产轿车;10月,建立中韩合资北京现代汽车公司,生产索纳塔和伊兰特系列轿车。2002年中国轿车产销达109.28万辆和112.65万辆。2003年3月,中德合资华晨宝马汽车公司成立,生产宝马3系、5系轿车。至此,全球"6+3"汽车集团全部进入中国,争相用不同级别、档次的新品角逐中国轿车市场。

（2）形成完整汽车产业体系　历经70余年努力，特别是改革开放以来的全面发展，中国汽车工业已形成具备生产多种轿车、载货车、客车和专用汽车，汽油与柴油车用发动机、汽车零部件、汽车销售及售后服务、汽车金融及保险等完整汽车产业体系，为汽车工业大发展打下了基础。至2020年，中国汽车产销量分别完成2522.5万辆和2531.1万辆，连续12年全球第一。

（3）汽车工业组织结构优化　以大企业为龙头，以市场为导向，积极进行兼并重组，促进了一批企业的发展壮大。如一汽和天汽的重组、长安重组江铃、上汽收购南汽、广汽重组长丰、兵装集团与中航集团重组汽车业务（中航集团的哈飞、昌河、东安等汽车及发动机企业进入新长安集团）等。大中型企业间的重组实现了真正意义上的资源整合，优势互补。经过几十年的发展演变，如今初步形成了"3+X"的格局，"3"是指一汽、东风、上汽3家企业为骨干，"X"是指广汽、北汽、长安、南汽、哈飞、奇瑞、吉利、昌河、华晨等一批企业。中国汽车工业已经从原来那个各自独立的散、乱、差局面，改变成现在的以大集团为主的规模化、集约化的产业新格局。

3.3 汽车品牌

3.3.1　国内汽车品牌

3.3.1.1　中国第一汽车集团公司

中国第一汽车集团公司简称"中国一汽"或"一汽"，主要包括一汽轿车股份有限公司、一汽大众汽车有限公司、天津一汽夏利汽车股份有限公司、一汽解放汽车有限公司。一汽标志的图形是将阿拉伯数字"1"和汉字"汽"巧妙布置，构成一只展翅雄鹰的图案。取第一汽车厂中"一汽"为核心元素，经组合、演变，构成"雄鹰"视觉景象。一汽集团标志及红旗L5轿车如图3-30和图3-31所示。

图 3-30　一汽集团标志

图 3-31　红旗 L5 轿车

3.3.1.2 东风汽车集团股份有限公司

东风汽车集团简称东风或东风公司,前身为第二汽车制造厂,始建于1969年,现为中国四大汽车企业集团之一。公司主要业务分布在十堰、襄阳、郑州、常州四大基地,形成了"立足湖北,辐射全国,面向世界"的事业布局。东风车标以艺术变形手法,取燕子凌空飞翔时的剪形尾羽作为图案基础,寓意是双燕舞东风。二汽的"二"字寓意于双燕之中。东风汽车集团标志及风神轿车如图3-32和图3-33所示。

图3-32 东风集团标志

图3-33 风神轿车

3.3.1.3 上海汽车工业(集团)总公司

上海汽车工业(集团)总公司[Shanghai Automotive Industry Corporation(Group)]所属主要整车企业包括上汽乘用车分公司、上汽大通、智己汽车、上汽大众、上汽通用、上汽通用五菱、南京依维柯、上汽依维柯红岩、上海申沃等。上汽集团标志采用公司名称首字母S设计成一个圆形的图标,中间加上公司英文简称"SAIC",颜色采用蓝白色组合。上汽集团标志及荣威ERX5轿车如图3-34和图3-35所示。

图3-34 上汽集团标志

图3-35 荣威ERX5轿车

3.3.1.4 北京汽车集团有限公司

北京汽车集团有限公司是中国五大汽车集团之一,其前身可追溯到1958年成立的北京汽车制造厂。先后自主研制、生产了北京牌BJ210、BJ212等系列越野车,北京牌勇士系列军用越野车,北京牌BJ130、BJ122系列轻型载货汽车,以及欧曼重卡、欧V大客车等著名品牌产品，合资生产了北京Jeep切诺基、现代品牌、奔驰品牌产品。"北"代表北京，代表北汽集团，体现出企业的地域属性与身份象征。外圆内方的品牌标志，像一双具有远见卓识的眼睛，代表北汽集团既对科技创新有极高的敏感和追求，又广泛接纳包容。北汽集团标志及北汽新能源EU5轿车如图3-36和图3-37所示。

图3-36　北汽集团标志　　　　　　　图3-37　北汽新能源EU5轿车

3.3.1.5　长安汽车集团股份有限公司

长安汽车集团有限公司成立于2005年12月26日，原名中国南方工业汽车股份有限公司，2009年7月1日更名为中国长安汽车集团股份有限公司，2019年4月更为现名。长安轿车标志创意来自抽象的羊角形象，充分体现了长安汽车在中国汽车行业"领头羊"的地位。"V"好似飞龙在天，龙首傲立于蓝色地球之上；同时又是Victory（胜利）和Value（价值）的首字母，代表着长安汽车致力于打造世界一流企业的战略愿景和为消费者与股东创造价值的企业责任感。长安轿车标志及长安逸动轿车如图3-38和图3-39所示。

图3-38　长安轿车标志　　　　　　　图3-39　长安逸动轿车

3.3.1.6　奇瑞汽车有限公司

奇瑞汽车有限公司成立于1997年3月，由安徽省及芜湖市五个投资公司共同投资兴建的国有大型股份制企业，坐落在水陆空交通条件非常便利的国家级开发区——芜湖经济技术开发区。奇瑞新车标以一个循环椭圆为主题，由C、A、C组成，是Chery Automobile Company的缩写。奇瑞车标及奇瑞QQ轿车如图3-40和图3-41所示。

图 3-40　奇瑞车标　　　　　　　　　图 3-41　奇瑞 QQ 轿车

3.3.1.7　浙江吉利控股集团有限公司

浙江吉利控股集团有限公司是中国最大的民营汽车生产企业，创建于 1986 年 11 月 6 日，拥有吉利、领克、极氪、几何、沃尔沃、极星、宝腾、路特斯、英伦汽车、远程新能源商用车、太力飞行汽车、曹操出行、钱江摩托、盛宝银行、铭泰等品牌。吉利车标含义是年轻、力量且阳刚健康，是以六块腹肌为创意灵感设计的，寓意了吉利年轻积极向上的品牌理念。吉利车标及吉利帝豪 GL 新能源轿车如图 3-42 和图 3-43 所示。

图 3-42　吉利车标　　　　　　　　　图 3-43　吉利帝豪 GL 新能源轿车

3.3.1.8　长城汽车股份有限公司

长城汽车股份有限公司是一家大型股份制民营企业，也是国内首家在香港上市的民营汽车企业，目前也是国内规模最大、品种最多的皮卡专业厂。长城车标由两个对放字母"G"组成"W"造型，"GW"是长城汽车（Great Wall）的英文缩写。椭圆外形是地球的形状，中间凸起的造型是仰视古老烽火台 90°夹角的象形，被正中边棱平均分割，挺立的姿态酷似"强有力的剑锋和箭头"，凸起部分也象征着立体的"1"，表明企业勇于抢占制高点，永远争第一的企业精神。长城车标及哈弗 H6 SUV 如图 3-44 和图 3-45 所示。

图 3-44　长城车标　　　　　　　　　图 3-45　哈弗 H6 SUV

3.3.1.9 比亚迪股份有限公司

比亚迪股份有限公司成立于1995年,业务横跨汽车、轨道交通、新能源和电子四大产业。比亚迪车标简洁、醒目,核心部位由比亚迪的英文缩写"BYD"变形字体构成,代表比亚迪"Build Your Dreams"的宏伟愿景。比亚迪车标及比亚迪宋SUV如图3-46和图3-47所示。

图 3-46　比亚迪车标

图 3-47　比亚迪宋 SUV

3.3.2　国外汽车品牌

3.3.2.1　美国汽车品牌

(1)凯迪拉克(Cadillac)　建于1902年,创建人是亨利·利兰,1909年该公司加入通用汽车公司。选用"凯迪拉克"之名是为了向法国的皇家贵族、探险家、美国底特律城的创始人安东尼·门斯·凯迪拉克表示敬意,商标图形主要由冠和盾组成。冠象征着凯迪拉克家族的纹章,以及比喻凯迪拉克汽车的高贵、豪华、气派,盾象征着凯迪拉克军队的英勇善战。凯迪拉克车标及凯迪拉克CT6轿车如图3-48和图3-49所示。

图 3-48　凯迪拉克车标

图 3-49　凯迪拉克 CT6 轿车

(2)别克(Buick)　别克商标中那形似"三利剑"的图案为其图形商标,它是别克分部的标志。它被安装在汽车散器格栅上。三把颜色不同并依次排列在不同高度位置上的利剑,给人一种积极进取、不断攀登的感觉;它表示别克采用顶级技术,刃刃见锋。别克车标及别克GL8商务车如图3-50和图3-51所示。

图 3-50 别克车标

图 3-51 别克 GL8 商务车

（3）雪佛兰（Chevrolet） 雪佛兰属于通用汽车公司的一个分部。该部除生产大众化车型之外，还生产各种运动型跑车，自 1915 年雪佛兰部生产出第一辆汽车起，其产品销量一直在美国名列前茅（隶属于通用旗下）。该标志取自原雪佛兰汽车公司创始人路易斯·雪佛兰（瑞士车手）的姓氏；图标商标是抽象化了的蝴蝶领结，象征雪佛兰轿车的大方、气派和风度。雪佛兰车标及雪佛兰科鲁兹轿车如图 3-52 和图 3-53 所示。

图 3-52 雪佛兰车标

图 3-53 雪佛兰科鲁兹轿车

（4）克莱斯勒（Chrysler） 作为美国三大汽车公司之一的克莱斯勒汽车公司，创建于 1925 年，是以沃尔特·克莱斯勒的姓氏命名的汽车公司。其银色飞翔标志和金色的克莱斯勒印章，标志着其汽车工程与汽车设计不断进入崭新的时代。克莱斯勒车标及克莱斯勒大捷龙商务车如图 3-54 和图 3-55 所示。

图 3-54 克莱斯勒车标

图 3-55 克莱斯勒大捷龙商务车

第 3 章 汽车工程文化

（5）福特（Ford） 1903年，亨利·福特（Henry Ford）创建福特汽车公司，公司名称取自创始人亨利·福特（Henry Ford）的姓氏。由于福特生前十分喜爱动物，所以1911年，商标设计者为了迎合亨利·福特的嗜好，就将英文"Ford"设计成为形似奔跑的白兔形象，象征福特汽车奔驰在世界各地，令人爱不释手（图3-58）。福特车标及福特探险者SUV如图3-56和图3-57所示。

图 3-56 福特车标

图 3-57 福特探险者 SUV

3.3.2.2 德国汽车品牌

（1）大众（Volks Wagenwerk） 大众汽车公司是一个在全世界许多国家都有生产厂的跨国巨型汽车集团，其德文Volks Wagenwerk，意为大众使用的汽车；图形商标是德文Volks Wagenwerk单词中的两个字母V和W的叠合，并镶嵌在一个大圆圈内，然后整个商标又镶嵌在发动机散热器前面格栅的中间。大众车标及大众辉腾轿车如图3-58和图3-59所示。

图 3-58 大众车标

图 3-59 大众辉腾轿车

（2）奥迪（Audi） 奥迪的标志代表合并前的四家公司——奥迪（Audi）公司、霍希（Horch）汽车公司、漫游者汽车公司（Wanderer）以及DKW汽车公司，这四家汽车公司于1932年合并为汽车联盟股份公司（Auto Union AG）。标志图案是四个连环圆圈，有"团结就是力量"的意味。半径相等的四个紧扣着的圆环，象征公司成员平等、互利、协作的亲密关系（1964年奥迪成为大众全资子公司，但独立运营且主攻高端品牌）。奥迪车标及奥迪A8轿车如图3-60和图3-61所示。

图 3-60　奥迪车标

图 3-61　奥迪 A8 轿车

（3）奔驰（Mercedes-Benz）　从1885年戴姆勒-奔驰公司创始人之一，德国工程师卡尔·本茨制造了第一辆世界公认的汽车，到如今经过了100多年，戴姆勒-奔驰汽车公司也已成为全球著名汽车公司。其品牌"Mercedes-Benz"，Mercedes是幸福的意思，意为戴姆勒生产的汽车将为车主们带来幸福。其标志是简化了的形似汽车方向盘的一个环形圈围着一颗三叉星。三叉星表示在陆海空领域全方位的机动性，环形图显示其营销全球的发展势头。同时该车标也意味在这颗吉祥之星（三叉星）的照耀下，奔驰也将永远走在时代的最前沿。奔驰车标及奔驰GLE350 SUV如图3-62和图3-63所示。

图 3-62　奔驰车标

图 3-63　奔驰 GLE350 SUV

（4）宝马（BMW）　宝马公司创建于1916年，总部设在德国慕尼黑。100多年来，它由最初的一家飞机引擎生产厂发展成为今天以高级轿车为主导，并生产享誉全球的飞机引擎、越野车和摩托车的企业集团。BMW是巴伐利亚汽车制造厂的意思。宝马汽车公司是以生产航空发动机开始创业的，因此标志上的蓝色代表天空，白色代表螺旋桨。宝马车标及宝马730Li轿车如图3-64和图3-65所示。

图 3-64　宝马车标

图 3-65　宝马 730Li 轿车

第3章　汽车工程文化

（5）保时捷（Porsche） 保时捷创建于1930年，它的英文车标采用公司创始人费迪南德·保时捷的姓氏。图形车标采用公司所在地斯图加特市的盾形市徽。商标中的"STUTTCART"字样在马的上方，说明公司总部在斯图加特市；商标中间是一匹骏马，表示斯图加特这个地方盛产一种名贵种马；商标的左上方和右下方是鹿角的图案，表示斯图加特曾是狩猎的好地方；商标右上方和左下方的黄色条纹代表成熟了的麦子颜色，喻指五谷丰登，商标中的黑色代表肥沃土地，商标中的红色象征人们的智慧和对大自然的钟爱。保时捷车标及保时捷卡宴SUV如图3-66和图3-67所示。

图3-66　保时捷车标　　　　　　　　图3-67　保时捷卡宴SUV

3.3.2.3　法国汽车品牌

（1）标致（PEUGEOT） 标致是法国最大的汽车集团公司，创立于1890年，创始人是阿尔芒·标致。1976年，标致公司吞并了法国历史悠久的雪铁龙公司。该集团是一家以生产汽车为主，兼营机械加工、运输、金融和服务业的跨国工业集团，总部在法国巴黎。雄狮形象是标致品牌的标识，把企业与狮子所代表的灵活、力量、高贵等特质紧密地联系起来。标致车标及标致4008 SUV如图3-68和图3-69所示。

图3-68　标致车标　　　　　　　　图3-69　标致4008 SUV

（2）雪铁龙（CITROËN） 雪铁龙汽车公司是法国第三大汽车公司，它创立于1915年，创始人是安德列·雪铁龙，主要产品是小汽车、小客车及轻型载货车，公司总部设在法国巴黎。由于雪铁龙公司的前身为雪铁龙齿轮公司，所以用人字齿轮的两对齿轮作为该公司标志和车型商标（1976年，标致集团购买了雪铁龙89.5%的股份，并组建了PSA控股公司将雪铁龙和标致合并）。雪铁龙车标及雪铁龙C3-XR SUV如图3-70和图3-71所示。

图3-70　雪铁龙车标

图3-71　雪铁龙C3-XR SUV

3.3.2.4　英国汽车品牌

1904年的春天，磨坊主的儿子亨利·莱斯与贵族出身的查利·劳斯在一列火车上邂逅，两人一见如故，决定共同创办劳斯莱斯公司，生产属于英国的高级汽车。该标志图案采用两个"R"重叠在一起，象征着你中有我，我中有你，体现了两人融洽及和谐的关系（现该品牌属于宝马集团）。劳斯莱斯车标及劳斯莱斯幻影轿车如图3-72和图3-73所示。

图3-72　劳斯莱斯车标

图3-73　劳斯莱斯幻影轿车

3.3.2.5　日本汽车品牌

（1）丰田（TOYOTA）　丰田汽车公司，由丰田喜一郎创立于1933年。1973年和1979年的两度石油危机一举确立了丰田产品在北美的竞争优势。截至目前丰田的产品范围涉及汽车、钢铁、机床、电子、纺织机械、纤维织品、家庭日用品、化工、建筑机械及建筑业等。丰田车标中的大椭圆代表地球，中间由两个椭圆垂直组合成一个"T"字，代表丰田公司。丰田车标及丰田卡罗拉轿车如图3-74和图3-75所示。

图3-74　丰田车标

图3-75　丰田卡罗拉轿车

（2）本田（HONDA）　本田公司于1948年创立，创始人为本田宗一郎。公司总部在东京，本田公司产品除汽车外，也是世界上最大的摩托车生产厂，还有发电机、农机等动力机械产品。商标图案中的H是"本田"拼音HONDA的第一个字母。本田车标及本田雅阁轿车如图3-76和图3-77所示。

图3-76　本田车标

图3-77　本田雅阁轿车

（3）日产（NISSAN）　日产汽车公司创立于1933年，是日本的第二大汽车公司，也是世界大型汽车公司之一。其标志中圆表示太阳，中间的字是"日产"两字的日语拼音形式，整个图案的意思是"以人和汽车明天为目标"。日产车标及日产天籁轿车如图3-78和图3-79所示。

图3-78　日产车标

图3-79　日产天籁轿车

（4）三菱（MITSUBISHI）　三菱汽车于1970年从三菱集团独立，虽仅为日本第四大汽车制造商，但却是日本汽车业界拥有最强研发实力的一家车厂。三菱汽车也同三菱集团一样，以三枚菱形钻石为标志，突显其所蕴含的深邃灿烂光华——菱钻式的造车艺术（2017年，三菱被日产-雷诺收购34%的股权）。三菱车标及三菱帕杰罗SUV如图3-80和图3-81所示。

图 3-80　三菱车标

图 3-81　三菱帕杰罗 SUV

（5）斯巴鲁（SUBARU）　斯巴鲁是富士重工业株式会社旗下专业从事汽车制造的一家分公司，是生产多种类型、多用途运输设备的制造商。斯巴鲁汽车拥有独特的技术，尤其是其水平对置发动机和全时四轮驱动系统，斯巴鲁汽车由于其出色的操纵和发动机性能而闻名。富士重工创建于1953年，其标志采用六连星的形式，象征着富士重工及其合并的5家公司（现由丰田控股一定比例）。斯巴鲁车标及斯巴鲁深林人SUV如图3-82和图3-83所示。

图 3-82　斯巴鲁车标

图 3-83　斯巴鲁深林人 SUV

（6）马自达（MAZDA）　马自达汽车公司创立于1920年，1931年正式开始在广岛生产小型载货车，20世纪60年代初正式生产轿车。马自达汽车公司的原名为东洋工业公司，生产的汽车用公司创始人"松田"来命名，"松田"的拼音为MAZDA（马自达）。其车标，椭圆中展翅飞翔的海鸥，同时又组成"M"字样。"M"是MAZDA第一个大写字母，预示该公司将展翅高飞（目前由福特控股）。马自达车标及马自达6轿车如图3-84和图3-85所示。

图 3-84　马自达车标

图 3-85　马自达 6 轿车

第3章　汽车工程文化

3.3.2.6 韩国汽车品牌

（1）现代（HYUNDAI） 1967年，郑周永创建现代汽车公司，经过50多年的发展，它已成为韩国最大的汽车生产厂家。其商标是在椭圆中采用斜体字"H"，"H"是现代汽车公司英文名"HYUNDAI"的第一个大写字母。商标中的椭圆既代表汽车的方向盘，又可以看作是地球，与其间的"H"结合在一起恰好代表了现代汽车遍布全世界的意思。现代车标及现代伊兰特轿车如图3-86和图3-87所示。

图 3-86　现代车标

图 3-87　现代伊兰特轿车

（2）起亚（KIA） 起亚的名字，源自汉语，"起"代表起来，"亚"代表在亚洲。因此，起亚的意思，就是"崛起于东方"或"崛起于亚洲"。起亚车标及起亚K3轿车如图3-88和图3-89所示。

图 3-88　起亚车标

图 3-89　起亚 K3 轿车

3.4
汽车基础知识

3.4.1 汽车的总体构造

现代汽车一般都由发动机、底盘、车身、电气设备四部分组成（图3-90）。

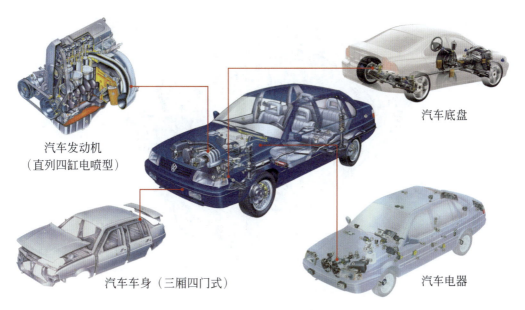

图 3-90　汽车的组成

分解的汽车如图 3-91 所示。

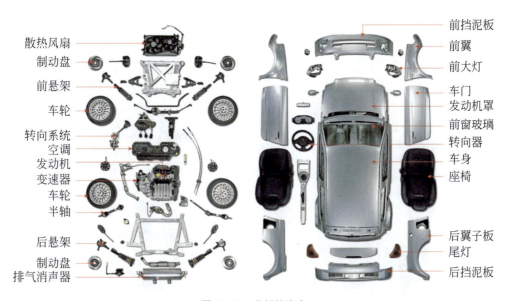

图 3-91　分解的汽车

3.4.2　发动机

发动机是汽车的动力装置,其作用是使燃料燃烧产生动力,然后通过底盘的传动系统驱动车轮使汽车行驶(图 3-92)。

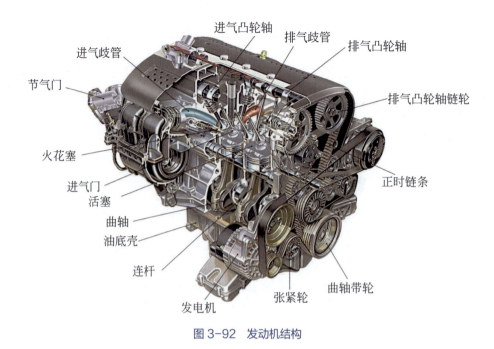

图 3-92 发动机结构

3.4.2.1 汽车发动机的类型

内燃机按照燃料种类分类可以分为汽油机和柴油机（图 3-93）。

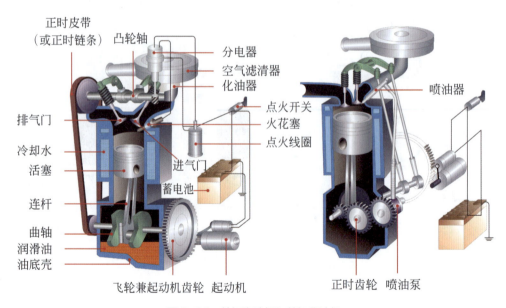

图 3-93 单缸汽油机和单缸柴油机

3.4.2.2 发动机的工作原理

四行程汽油机的运转是按进气行程、压缩行程、做功行程和排气行程的顺序不断循环反复的（图3-94）。

（1）进气行程　由于曲轴的旋转，活塞从上止点向下止点运动，这时排气门关闭，进气门打开。

（2）压缩行程　曲轴继续旋转，活塞从下止点向上止点运动，这时进气门和排气门都关闭，气缸内成为封闭容积，可燃混合气受到压缩，压力和温度不断升高，当活塞到达上止点时压缩行程结束。

（3）做功行程　做功行程包括燃烧过程和膨胀过程，在这一行程中，进气门和排气门仍然保持关闭。当活塞位于压缩行程接近上止点（即点火提前角）位置时，火花塞产生电火花点燃可燃混合气，燃烧的气体膨胀，推动活塞从上止点向下止点运动，通过连杆使曲轴旋转并输出机械功，除了用于维持发动机本身继续运转外，其余用于对外做功。

（4）排气行程　可燃混合气在气缸内燃烧后产生的废气必须从气缸中排出去，以便进行下一个进气行程。

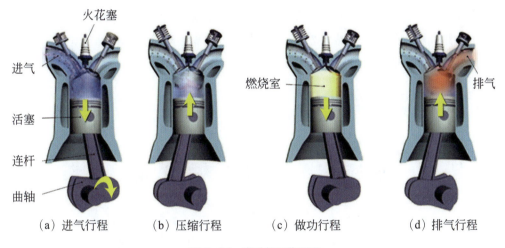

图3-94　发动机工作原理

汽油机由两大机构和五大系统组成，即由曲柄连杆机构、配气机构、燃料供给系统、润滑系统、冷却系统、点火系统和启动系统组成。柴油机由两大机构和四大系统组成，即由曲柄连杆机构、配气机构、燃料供给系统、润滑系统、冷却系统和启动系统组成，柴油机是压燃的，不需要点火系统。

3.4.2.3　曲柄连杆机构

曲柄连杆机构是发动机实现工作循环，完成能量转换的主要运动零件。它由机体组、活塞连杆组和曲轴飞轮组等组成。

机体组主要由气缸体、气缸盖、气缸盖罩以及油底壳等组成（图3-95）。

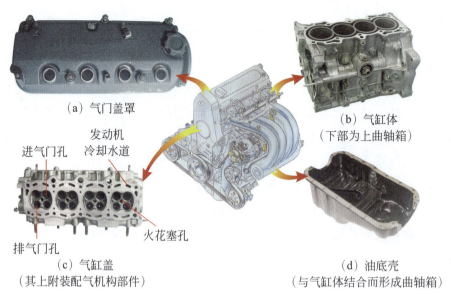

图 3-95 发动机机体组

活塞连杆组将活塞的往复运动变为曲轴的旋转运动，同时将作用于活塞上的力转变为曲轴对外输出转矩，以驱动汽车车轮转动。活塞连杆组主要由活塞、活塞环、活塞销、连杆及连杆轴瓦等组成（图3-96）。

图 3-96 活塞连杆组

曲轴飞轮组的作用是把活塞的往复运动转变为曲轴的旋转运动，为汽车的行驶和其他需要动力的机构输出扭矩，主要由曲轴、飞轮、扭转减振器、带轮、正时齿轮（或链轮）等组成（图3-97）。

3.4.2.4 配气机构

气门式配气机构由气门组和气门传动组两部分组成，现代汽车发动机均采用顶置气门，即进、排气门置于气缸盖内，倒挂在气缸顶上（图3-98）。

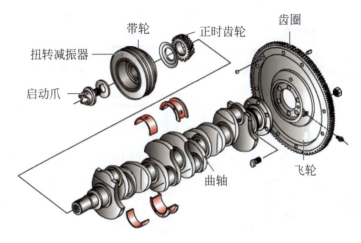

图 3-97　曲轴飞轮组

图 3-98　配气机构组成

3.4.2.5　燃油供给系统

汽油机所用的燃料是汽油，在进入气缸之前，汽油和空气已形成可燃混合气。可燃混合气进入气缸内被压缩，在接近压缩终了时点火燃烧而膨胀做功。如图3-99所示，电控汽油喷射系统（EFI）是以电子控单元（ECU）为控制中心，并利用安装在发动机上的各种传感器测出发动机的各种运行参数，再按照电脑中预存的控制程序精确地控制喷油器的喷油量，使发动机在各种工况下都能获得最佳空燃比的可燃混合气。目前，各类汽车上所采用的电控汽油喷射系统在结构上往往有较大的差别，在控制原理及工作过程方面也各具特点。

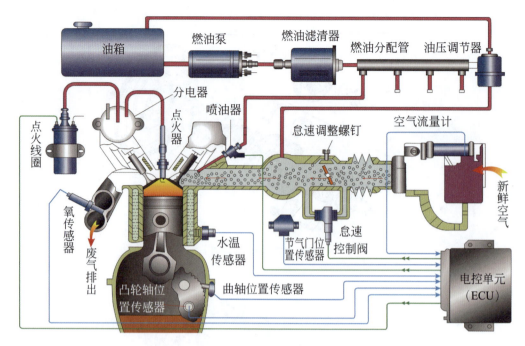

图 3-99 电控汽油喷射系统

3.4.2.6 冷却系统

汽车发动机均采用强制循环水冷系统,利用水泵提高冷却液的压力,强制冷却液在发动机中循环流动。这种系统包括水泵、散热器、冷却风扇、节温器、储水箱、发动机机体和气缸盖中的水套以及其他附加装置等(图 3-100)。

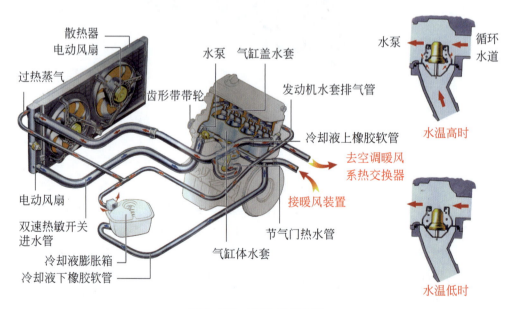

图 3-100 冷却系构造示意

3.4.2.7 润滑系统

润滑系统由机油泵、机油滤清器、机油冷却器、集滤器等组成（图3-101）。此外，润滑系统还包括机油压力表、温度表和机油管道等。现代汽车发动机润滑系统的油路大致相同。

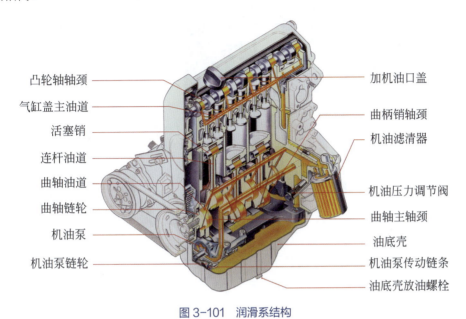

图 3-101 润滑系结构

3.4.2.8 点火系统

传统蓄电池点火系统以蓄电池和发电机为电源，通过点火线圈和断电器的作用，将电源提供的12V低压直流电转变为高压电，再通过分电器分配到各缸火花塞，使火花塞两电极之间产生电火花，点燃可燃混合气（图3-102）。

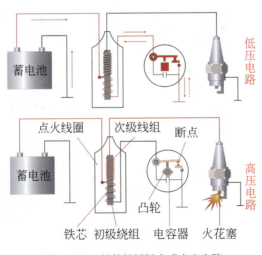

图 3-102 传统机械触点式点火电路

电子点火控制系统通过各种传感器感知多种因素对点火提前角的影响，使发动机在各种工况和使用条件下的点火提前角都与相应的最佳点火提前角比较接近（图3-103）。

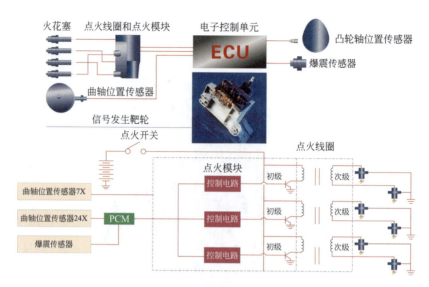

图 3-103　电子点火控制系统

3.4.2.9　启动系统

汽车启动常以电动机作为动力源，当电动机轴上的驱动齿轮与发动机飞轮周缘上的环齿啮合时，电动机旋转时产生的电磁转矩通过飞轮传递给发动机的曲轴，使发动机启动（图3-104）。

图 3-104　发动机启动系统结构与原理

3.4.3 汽车底盘

汽车底盘由传动系统、行驶系统、转向系统和制动系统四部分组成,作用是支承、安装汽车发动机及其各部件、总成,形成汽车的整体造型,并接受发动机的动力,使汽车产生运动,保证正常行驶。

3.4.3.1 汽车传动系统

如图3-105所示为汽车传动系统组成,发动机纵向安装在汽车前部,由后桥驱动。发动机发出的动力经离合器(液力变矩器)、变速器(自动变速器)、万向传动装置传到驱动桥。在驱动桥处,动力经过主减速器、差速器和半轴传给驱动车轮。

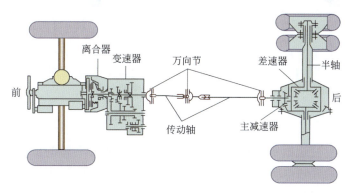

图 3-105 传动系统组成

(1)离合器 离合器位于发动机和变速箱之间的飞轮壳内,用螺钉将离合器总成固定在飞轮的后平面上,离合器的输出轴就是变速箱的输入轴(图3-106)。在汽车行驶过程中,驾驶员可根据需要踩下或松开离合器踏板,使发动机与变速箱暂时分离和逐渐接合,以切断或传递发动机向变速器输入的动力(图3-107)。

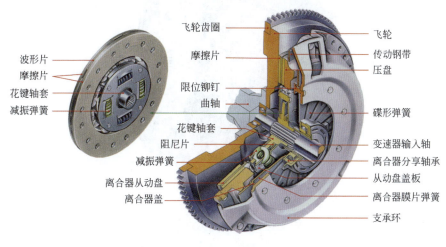

图 3-106 离合器

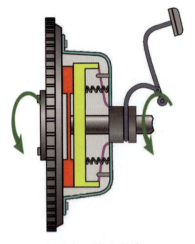
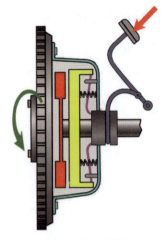

（a）踩离合器前　　　　　　　　　（b）踩离合器后

踩下离合前，摩擦盘（红色）在压盘（黄色）的作用力下，迫使摩擦盘与飞轮一起转动，传递动力

踩离合后，在分离器的作用下，压盘向右移动，摩擦盘与飞轮分离，中断动力传递

图 3-107　离合器工作原理

（2）变速器　变速器是用来改变来自发动机的转速和转矩的机构，它能固定或分挡改变输出轴和输入轴传动比，又称变速箱。变速器由变速传动机构和操纵机构组成。传动机构大多用普通齿轮传动，也有的用行星齿轮传动。普通齿轮传动变速机构一般用滑移齿轮和同步器等。手动变速器组成如图 3-108 所示。

图 3-108　手动变速器组成

手动变速器工作原理是拨动变速杆，通过大小不同的齿轮组合与动力输出轴结合，从而改变驱动轮的转矩和转速。由于齿轮的大小不同，通过大小齿轮组合在一起，齿

轮在转动时，其中一个齿轮的传动比要比另一个齿轮的传动比高，所以拨动变速杆就会输出不同的速度（图3-109）。

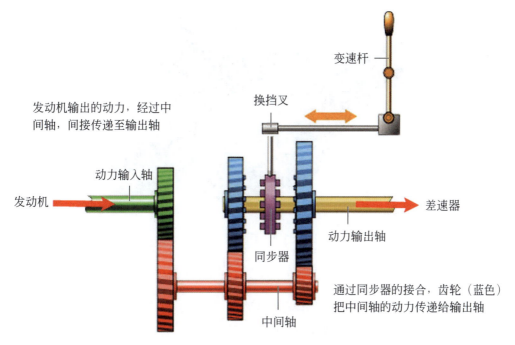

图 3-109　手动变速器工作原理

自动变速器由变矩器、行星齿轮变速机构和电子液压控制系统组成，是通过各种液压多片离合器和制动器限制或接通行星齿轮组中的某些齿轮得到不同的传动比的（图3-110）。

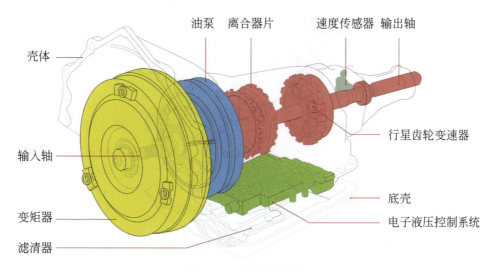

图 3-110　自动变速器组成

（3）差速器　汽车差速器是一个差速传动机构，用来保证各驱动轮在各种运动条件下的动力传递，避免轮胎与地面间打滑（图3-111）。

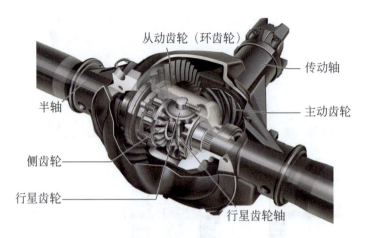

图 3-111　差速器构造

3.4.3.2　行驶系统

行驶系统主要由车架、车桥、车轮和悬架组成，将汽车各总成及部件连成一个整体并对全车起支承作用，以保证汽车正常行驶（图3-112）。

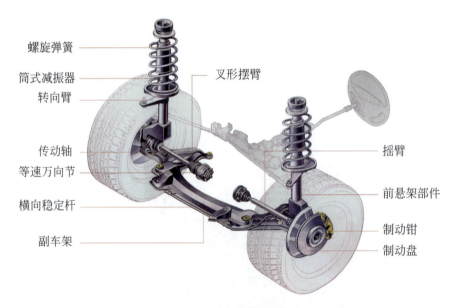

图 3-112　汽车行驶系统组成

3.4.3.3　汽车转向系统

汽车转向系统的功能就是按照驾驶员的意愿控制汽车的行驶方向，主要由转向盘、转向柱、转向机、转向拉杆等部件组成（图3-113）。

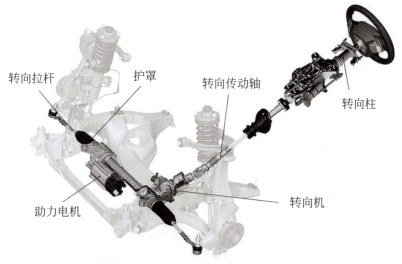

图 3-113　电动助力转向系统组成

3.4.3.4　汽车制动系统

制动系统的主要功用是使行驶中的汽车减速甚至停车，使下坡行驶的汽车速度保持稳定，使已停驶的汽车保持不动，主要组成部件如图 3-114 所示。

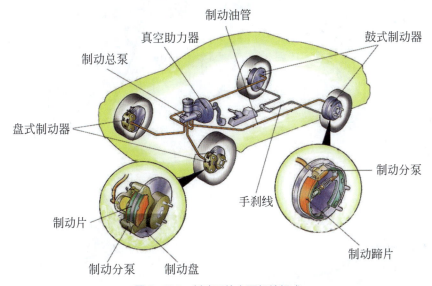

图 3-114　制动系统主要部件组成

3.4.4　汽车车身

车身安装在底盘的车架上，供驾驶员、旅客乘坐或装载货物。轿车、客车的车身一般是整体结构，货车车身一般由驾驶室和货厢两部分组成。典型乘用车车身的结构如图 3-115 所示。

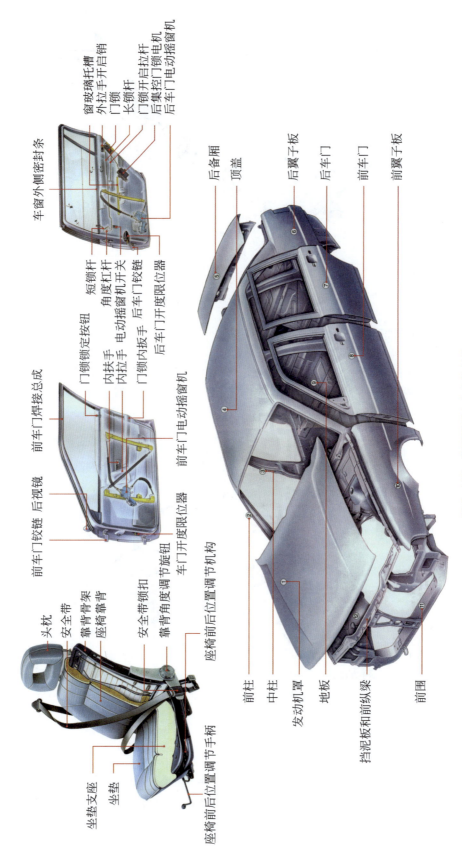

图3-115 典型乘用车车身的结构

3.4.5 汽车电气设备

汽车电气设备是汽车的重要组成部分,由蓄电池、交流发电机、照明和信号装置、仪表和报警系统、空调、及辅助电器和电子控制系统等组成(图3-116)。

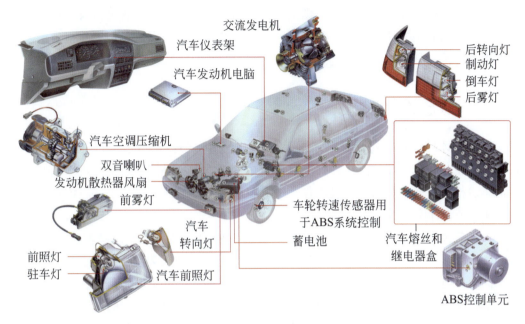

图 3-116　汽车电气设备

3.5
汽车设计

汽车作为重要的交通工具,在满足安全性、舒适性要求的同时,需要具备良好的动力性能、多工况适应性、操纵的稳定性等,同时又能够实现汽车的可靠性、耐久性、便于维修等方面要求。为了使汽车更好地满足以上需求,汽车设计需要综合应用多方面学科,实现多个学科与专业知识之间的交叉融合,其设计成果的好坏对整车厂商上市车型和市场竞争力有着举足轻重的影响。

汽车设计开发流程的起点为项目立项,终点为量产启动,主要包括5个阶段。

3.5.1 方案策划阶段

一个全新车型的开发需要几亿元甚至十几亿元的大量资金投入,投资风险非常大,如果不经过周密调查研究与论证就草率上马新项目，轻则会造成产品先天不足，投产后问题成堆；重则会造成产品不符合消费者需求，没有市场竞争力。因此市场调研和项目可行性分析就成为新项目至关重要的部分。通过市场调研，对相关的市场信息进行系统的收集、整理、记录和分析，可以了解和掌握消费者的汽车消费趋势、消费偏好和消费要求的变化，确定顾客对新的汽车产品是否有需求，或者是否有潜在的需求等待开发，然后根据调研数据进行分析研究，总结出科学可靠的市场调研报告，为企业决策者的新车型研发项目计划，提供科学合理的参考与建议。

3.5.2 概念设计阶段

概念设计阶段开始后就要制订详细的研发计划，确定各个设计阶段的时间节点；评估研发工作量，合理分配工作任务；进行成本预算，及时控制开发成本；制作零部件清单表格，以便进行后续开发工作。概念车设计阶段的任务主要包括总体布置草图设计和造型设计两个部分。

（1）总体布置草图设计　总体布置草图也称为整体布置草图、整车布置草图（图3-117）。绘制汽车总布置草图是汽车总体设计和总布置的重要内容，其主要任务是根据汽车的总体方案及整车性能要求提出对各总成及部件的布置要求和特性参数等设计要求；协调整车与总成间、相关总成间的布置关系和参数匹配关系，使之组成一个在给定使用条件下的使用性能达到最优并满足产品目标大纲要求的整车参数和性能指标的汽车。而总体布置草图确定的基本尺寸控制图是造型设计的基础。

总体布置草图的主要布置内容包括：车厢及驾驶室的布置，主要依据人机工程学来进行布置，在满足人体舒适性的基础上，合理地布置车厢和驾驶室。发动机与离合器及变速器的布置，传动轴的布置，车架和承载式车身底板的布置，前后悬架的布置，制动系统的布置，油箱、备胎和后备厢等的布置，空调装置的布置。

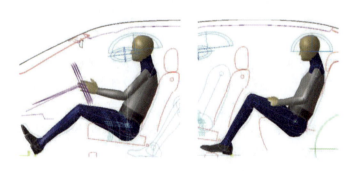

图 3-117　汽车总布置草图

（2）造型设计　在进行了总体布置草图设计以后，就可以在其确定基本尺寸上进行造型设计了，包括外形和内饰设计两部分。设计草图是设计师快速捕捉创意灵感的最好方法，最初的设计草图都比较简单，它也许只有几根线条，但是能够勾勒出设计造型的神韵，设计师通过大量的设计草图来尽可能多地提出新的创意（图3-118），如这款车到底是简洁还是稳重，是复古还是动感，都是在此确定的。

随着计算机的应用，草图绘制完成后，可以用使用各种绘图软件制作三维计算机数据模型（这种模型能够直接将数据输入5轴铣削机，铣削出油泥模型），看到更加清晰的设计表现效果，然后进行1∶5的油泥模型制作。

完成小比例油泥模型制作后，进行评审，综合考虑各种因素：美学、工艺、结构等，完成后进行1∶1的油泥模型制作（图3-119）。

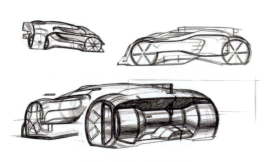

图 3-118　设计草图

图 3-119　油泥模型

3.5.3　工程设计阶段

在完成造型设计以后，项目就开始进入工程设计阶段，工程设计阶段的主要任务就是完成整车各个总成以及零部件的设计，协调总成与整车和总成与总成之间出现的各种矛盾，保证整车性能满足目标大纲要求。工程设计阶段主要包括以下几个方面。

（1）总布置设计　在前面总布置草图的基础上，深入细化总布置设计，精确描述各部件的尺寸和位置，为各总成和部件分配准确的布置空间，确定各个部件的详细结构形式、特征参数、质量要求等条件。主要工作包括发动机舱、底盘、内饰、外饰及汽车电器等布置图。

（2）车身造型数据生成　在油泥模型完成后，使用三维测量仪器对油泥模型进行测量，测量生成的数据称为点云，工程师根据点云使用曲线软件比如Catia、UG imageware等来构建汽车产品的外形（图3-120）。"模仿"的车型则是把别人的产品直接进行三维测量，形成"点云"数据，然后根据点云进行汽车产品的外形设计。

（3）发动机工程设计　一般新车型的开发都会选用现有成熟的发动机动力总成，发动机部门的主要工作是针对新车型的特点以及要

图 3-120　使用 Catia 软件制作车身表面

求,对发动机及附件等进行布置,并进行发动机匹配,这一过程一直持续到样车试验阶段,与底盘工程设计同步进行。

(4) 白车身工程设计　所谓白车身指的是车身结构件以及覆盖件的焊接总成,包括发动机罩、翼子板、侧围、车门以及后备厢盖在内的未经过涂装的车身本体。白车身是保证整车强度的封闭结构。白车身由车身覆盖件、梁、支柱以及结构加强件组成,因此该阶段的主要工作任务就是确定车身结构方案,对各个组成部分进行详细设计,使用工程软件比如UG、CATIA等完成三维数模构建,并进行工艺性分析,完成装配关系图及车身焊点图。

(5) 底盘工程设计　底盘设计包括:传动系统、行驶系统、转向系统、制动系统的设计。主要工作包括:尺寸、结构、工艺功能及参数方面的定义、计算,根据计算数据完成三维数模;然后根据三维数模进行模拟试验及零部件样品的制作;根据三维图完成设计及装配图(图3-121)。

(6) 内外饰工程设计　汽车内外饰包括汽车外装件以及内饰件,因其安装在车身本体上,也称为车身附属设备。外装件的主要设计包括前后保险杠、玻璃、车门防撞装饰条、进气格栅、行李架、天窗、后视镜、车门机构和附件以及密封条。内饰件主要设计包括仪表板、方向盘、座椅、安全带、安全气囊、地毯、侧壁内饰件、遮阳板、扶手、车内后视镜等。前保险杠三维设计图见图3-122。

图3-121　底盘三维设计图

图3-122　前保险杠三维设计图

(7) 电气工程设计　电气工程负责全车的所有电气设计,包括雨刮系统、空调系统、各种仪表、整车开关、前后灯光以及车内照明系统。

经过以上各个总成系统的设计,工程设计阶段完成,最终确认整车设计方案。此时可以开始编制详细的产品技术说明书以及详细的零部件清单列表,验证法规。确定整车性能后,将各个总成的生产技术进行整理合成。

3.5.4　样车试验阶段

工程设计阶段完成以后进入样车试制和试验阶段。样车的试制由试制部门负责,他们根据工程设计的数据及试验需要制作各种试验样车。汽车的试验形式主要有试验场测试、道路测试、风洞试验、碰撞试验等。各个汽车企业都有自己的试验场，试验场的不同路段分别模拟不同路况，有沙石路、雨水路、搓板路、爬坡路等（图3-123）。

道路测试是样车试验最重要的部分。通常要在各种不同的区域环境中进行，在我国北到黑龙江，南到海南岛都有进行道路测试，以测定在不同气候条件下车辆的行驶性能以及可靠性（图3-124）。

风洞试验主要是为了测试汽车的空气动力学性能，获取风阻系数，积累空气动力学数据。一般要对汽车正面和侧面的风阻进行测定，正面的试验用于计算正面风阻系数和提升力，侧面试验主要是考察测向风对汽车行驶的影响（图3-125）。国外大的汽车生产厂家有自己的风洞试验室。由于造价非常昂贵，国内尚没有专门的汽车风洞试验室。

碰撞试验的作用是测试汽车结构的强度，通过各种传感器获得各个部分发生碰撞时的数据，考察碰撞发生时对车内假人造成的伤害情况（图3-126）。通过碰撞试验可以发现汽车安全上的问题，有针对性地对车身结构进行加强设计。碰撞试验主要包括正面碰撞、侧面碰撞以及追尾碰撞。

试验阶段完成以后，新车型的性能得到确认，产品定型。

图 3-123　交通部公路交通试验场

图 3-124　样车道路测试

图 3-125　样车风洞试验

图 3-126　样车碰撞试验

3.5.5　投产启动阶段

投产启动阶段的主要任务是进行投产前的准备工作,包括制定生产流程链,各种生产设备到位、生产线铺设等。在试验阶段就同步进行的投产准备工作包括,模具的开发和各种检具的制造。投产启动阶段大约需要半年的时间,在此期间要反复地完善冲压、焊装、涂装以及总装生产线,在确保生产流程和样车性能的条件下,开始小批量生产,进一步验证产品的可靠性,在确保小批量生产3个月产品无重大问题的情况下,正式启动量产。

3.6　汽车制造

整车的设计、定型结束,接下来就要在汽车制造厂里批量生产。严格说来,汽车制造厂应该叫做汽车总装厂。因为世界上的汽车制造厂不可能将所有的汽车零部件都自己生产,很大一部分还是要对外采购的。实力较强的汽车厂可能生产大部分的汽车部件,只对外采购少数汽车零件;而实力稍弱的汽车厂,则可能绝大多数的汽车部件都是对外采购的,甚至包括发动机、变速器等重要总成部件,它只是把采购来的部件组装起来而已。但是,再小的汽车厂,也应拥有汽车组装的四大工艺生产线,即车身冲压、车身焊装、车身涂装和整车总装。

3.6.1　冲压工艺

冲压是车身制造的第一道工序,在这个工序中,利用大吨位的冲压机将钢板冲压成各种形状的车身钣金件。冲压工艺自动化程度很高,车身的制造精度在很大程度上取决于冲压及其总成的精度,而冲压的质量问题也会直接影响后续工序。车身金属件几乎100%为冲压件,包括车门、发动机盖、后备厢盖、车顶、底板、车身框架等,都是冲压而成(图3-127)。

冲压工艺的三要素是:板材、模具、设备。设备主要是指压机,压机速度决定了生产率,而模具和板材材料影响着冲压件的质量(图3-128)。

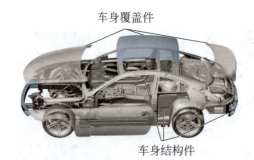

图 3-127　车身冲压件

3.6.2 焊接工艺

冲压加工出来的都是单个的白车身零件，工人或者机器人将冲压单件放入特定的焊接工序夹具上，焊接机器人或者工人通过焊枪把不同的冲压零件焊接成分总成，然后将分总成焊接成总成，最后将总成焊接成完整的白车身。主要的焊接总成有：发动机舱总成、前后地板总成、侧围总成、前后门总成、尾门总成、发动机盖总成等（图3-129）。

现在的汽车生产线焊装已经实现自动化，使用焊接机器人作业，只有一些小的零部件才在分线上人工焊接（图3-130）。

3.6.3 涂装工艺

涂装对于汽车制造来讲有两个重要作用：第一是对汽车进行防腐蚀处理；第二是给汽车增加美观。涂装工艺过程比较复杂，技术要求比较高。现在普通轿车的涂装可以达到12道程序，主要包括车身预处理、电泳除锈、PVC密封、底漆、中涂、面漆等工艺（图3-131）。整个过程需要大量的化学试剂处理和精细的工艺参数控制，对油漆材料以及各项加工设备的要求较高。

3.6.4 总装工艺

总装就是将车身、发动机、变速器、仪表板、车灯、车门等构成整辆车的各零件装配起来生产出整车的过程（图3-132）。一般来讲，除了车身外，汽车的其他总成，如发动机、变速器、前桥和

图 3-128 冲压机

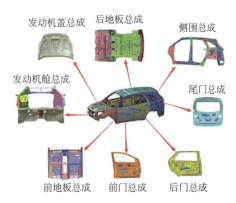

图 3-129 白车身和焊接总成

图 3-130 焊接机器人

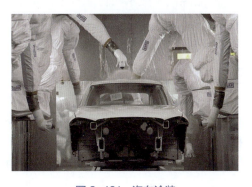

图 3-131 汽车涂装

图 3-132 汽车总装生产线

后桥等,都是提前在其他工厂组装好后才会运输到总装厂和车身进行最后组装的。

一般的总装车间主要有四大模块,即前围装配模块、仪表板装配模块、车灯装配模块、底盘装配模块。经过各模块装配和各零部件的安装后再经过车轮定位、车灯视野检测等检验调整后,整辆车就可以下线了。

3.6.5 检测

汽车制造厂的检验工作贯穿在整个制造流程中。每道工序都应有质量检验。更为重要的还是新车开下总装线后的道路驾驶检验。每辆下线的新车在开出生产车间之前都要检验灯光、制动等,就像去车管所检测场验车的程序一样,对汽车的性能进行静态检验。之后,还要开到试车场通过实际驾驶对新车进行整车性能检验,如过弯、上下坡、高速行驶等,如发现问题就及时进行调整,直至完全合格后才会让新车入库,进入市场销售。

3.7 汽车新技术

新能源汽车技术和智能汽车技术是汽车技术未来发展的重要方向,以下对新能源汽车和智能汽车做简要介绍。

3.7.1 新能源汽车技术

新能源汽车是指采用非常规的车用燃料作为动力来源(或使用常规的车用燃料、采用新型车载动力装置),综合车辆的动力控制和驱动方面的先进技术,形成的技术原理先进、具有新技术、新结构的汽车。大致分为纯电动汽车、混合动力电动汽车和燃料电池电动汽车等。

3.7.1.1 纯电动汽车

纯电动汽车是全部采用电力驱动的汽车，利用驱动电机来驱动车辆，其结构如图3-133所示。

图 3-133 纯电动汽车结构

（1）纯电动汽车工作原理　电机一开始旋转就可以输出最大转矩。由于初始转矩足够大，因此只需通过减速器而不是变速器的低速挡位，就可以将低转速、高转矩的动力传递到差速器，然而再通过半轴传到驱动轮上，最终驱动汽车起步、前进（图3-134）。

（2）特斯拉Model S纯电动汽车　特斯拉Model S纯电动汽车由电机驱动，其动力传递路线如图3-135所示。采用"底盘＋车身"结构，将电池平铺在底部，降低车辆重心，使操控性能更强，同时电池组由三层护甲保护，通过这一结构使车辆底盘更加安全，如图3-136所示。

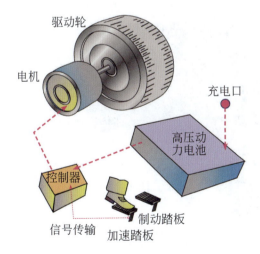

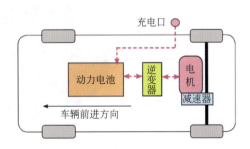

图 3-134 纯电动汽车工作原理示意　　图 3-135 特斯拉 Model S 纯电动汽车动力传递路线

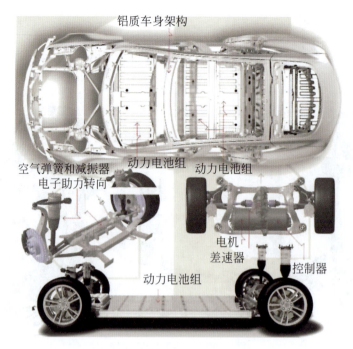

图 3-136 特斯拉 Model S 纯电动汽车结构

3.7.1.2 混合动力电动汽车

混合动力电动汽车，通常也称为混合动力汽车，指同时装备两种动力来源——热动力源（传统的汽油机或者柴油机）与电动力源（电池与电机）的汽车。以下以丰田普锐斯混合动力汽车为例，介绍混合动力汽车结构与原理。

丰田普锐斯混合动力汽车使用汽油机和电机两种动力，通过混联方式进行工作，达到低排放的效果。丰田普锐斯混合动力系统的主要部件如图 3-137 所示。

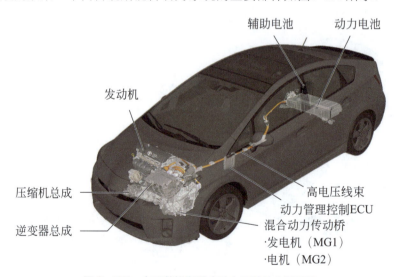

图 3-137 丰田普锐斯混合动力系统的主要部件

普锐斯传动桥采用行星齿轮式无级变速机构,主要部件有发电机(MG1)、电机(MG2)、组合齿轮单元、减速装置(包括主减速器驱动齿轮、主减速器从动齿轮、中间轴齿轮、差速器小齿轮)、减振器(也称阻尼器)等(图3-138)。

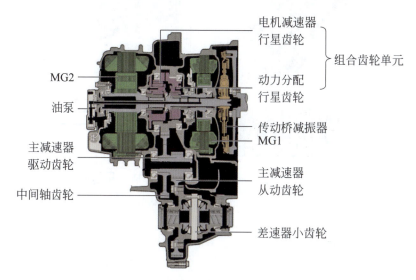

图 3-138　普锐斯传动桥结构

普锐斯传动桥通过组合齿轮单元传递动力(图3-139)。发动机、MG1、MG2、组合齿轮单元、减振器和油泵都安装在同心轴上。发动机输出的动力经过组合齿轮单元分为两部分:一部分驱动汽车;另一部分驱动MG1用来发电。

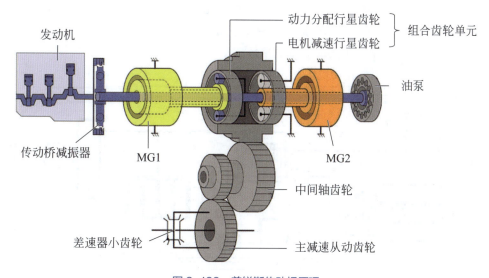

图 3-139　普锐斯传动桥原理

普锐斯采用镍氢电池,六个1.2V的电芯串联组成一个7.2V的电池模块,28组模块串联构成蓄电池、总电压为201.6V(图3-140)。

第3章　汽车工程文化

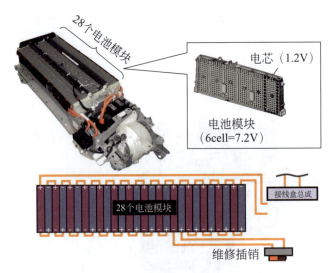

图 3-140 普锐斯采用的镍氢电池

3.7.1.3 燃料电池电动汽车

燃料电池电动汽车是一种用车载燃料电池装置产生的电力作为动力的汽车。车载燃料电池装置所使用的燃料为高纯度氢气。利用氢气与空气中的氧气发生化学反应而产生电能,用来驱动汽车前进。

(1)燃料电池汽车组成 燃料电池一般由燃料电池反应堆、储氢罐、蓄电装置(动力蓄电池或超级电容)、电机、电控系统等组成(图3-141)。储氢罐向燃料电池堆提供燃料氢,氢气在燃料电池堆中与氧气进行电化学反应产生电能,然后供电机使用,在电控系统的指挥下驱动汽车前进。当汽车制动或减速时,回收的能量可以储存在动力蓄电池或超级电容中,用来辅助驱动车轮。

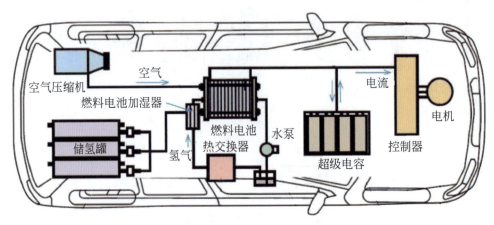

图 3-141 燃料电池汽车组成

(2)燃料电池工作原理 电池的阳极(燃料极)输入氢气(燃料),氢分子(H_2)在阳极催化剂的作用下被离解成为氢离子(H^+)和电子(e);H^+穿过燃料电池的电解质层向阴极（氧化极）方向运动，电子因通不过电解质层而由外部电路流向阴极；在电池阴极输入氧气（O_2），氧气在阴极催化剂的作用下离解成为氧原子（O），与通过外部电路流向阴极的电子和穿过电解质的H^+结合生成稳定结构的水（H_2O），完成电化学反应，放出热量（图3-142）。

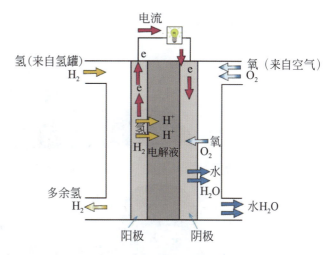

图3-142　燃料电池工作原理

（3）丰田Mirai燃料电池汽车

丰田Mirai燃料电池汽车上实际有两套电池：一套位于车身中部，为高分子电解质燃料电池组，是整车的核心部件，负责使氢气和氧气在催化剂的作用下产生电能；另一套为镍氢动力蓄电池，位于后备厢下面，它可以储存燃料电池发的电，负责为车内电气设备供电以及保障低速时的纯电动运行（图3-143）。

图3-143　丰田Mirai燃料电池汽车结构

3.7.2　智能汽车技术

智能汽车是指通过搭载先进传感器、控制器、执行器等装置，运用信息通信、互联网、大数据、云计算、人工智能等新技术，具有部分或完全自动驾驶功能，由单纯交通运输工具逐步向智能移动空间转变的新一代汽车。智能汽车通常也被称为智能网联汽车、自动驾驶汽车、无人驾驶汽车等。优步自动驾驶汽车如图3-144所示。

图 3-144　优步自动驾驶汽车

先进驾驶辅助系统（Advanced Driver Assistance Systems，ADAS）是智能汽车的初级阶段。利用安装在车辆上的传感、通信、决策及执行等装置，监测驾驶员、车辆及其行驶环境，并通过影像、灯光、声音、触觉提示/警告或控制等方式辅助驾驶员执行驾驶任务或主动避免/减轻碰撞危害的各类系统的总称。先进驾驶辅助系统实例如图3-145所示。

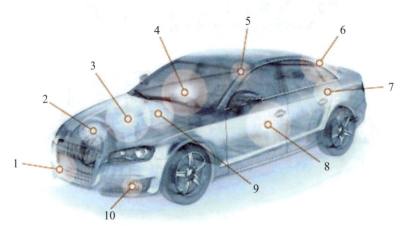

图 3-145　先进驾驶辅助系统实例

1—车侧交通辅助；2—紧急制动系统和自适应巡航控制；3—夜视/全景摄像头；
4—前视摄像系统；5—内部摄像机/驾驶员监视；6—驻车辅助/自动驻车；
7—侧面防撞辅助；8—盲区检测/环绕视图；9—雷达融合中心自适应；10—远光灯控制

在ADAS中，通常融合多个传感器信息实时感知周边环境，为车辆计算系统提供精准的路况数据、障碍物和道路标线等相关信息。奥迪A8环境观测传感器如图3-146所示。

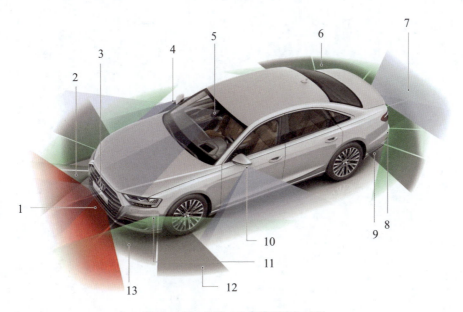

图 3-146 奥迪 A8 环境观测传感器

1—激光扫描仪；2—远程雷达；3，4，7，10—360°周边摄像头；5—前摄像头；
6，13—超声波传感器；8，11—中程雷达；9，12—侧面超声波传感器

An Introduction to Engineering Culture

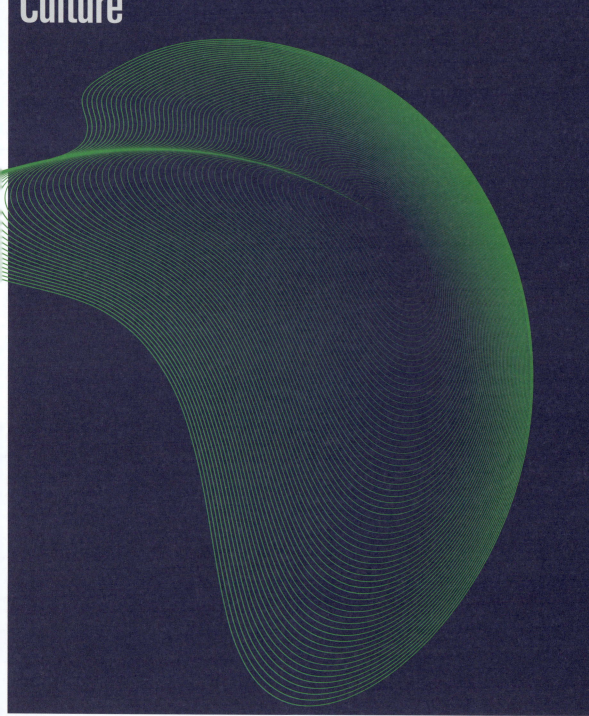

CHAPTER FOUR

第 4 章

测 绘 工 程 与 文 化

测绘有着悠久的历史，测绘在国民经济建设、国防建设、科学研究、环境监测与保护等领域有着重要作用。测绘工程是测绘工作者利用测绘技术生产测绘产品的过程。测绘工程文化是测绘工作者在长期的测绘生产实践中产生的知识、成果、信仰、艺术、法律、道德、风俗和习惯，是测绘行业在特定的工程环境中创造出来的物质成果和精神成果的总和与表现。本章主要介绍测绘的概念、测绘发展的历史、现代测绘发展技术及测绘技术发展的趋势等内容。

4.1 测绘学的概念和研究内容

4.1.1 测绘学的概念

传统测绘学的概念是以地球为研究对象，对其进行测量和绘图的科学。主要研究利用测量仪器测定和推算地面点的几何位置，确定地球形状、大小及地球重力场，获取地球表面自然形态的地理要素和地表人工设施的几何分布及其属性信息，编制全球和局部地区的各种比例尺的地图与专题地图，为国民经济发展和国防建设及地学研究服务。如图4-1所示为测绘人员野外测量工作，如图4-2和图4-3所示为测制的地形图。

随着测绘科学技术的发展，现代测绘学的理论、研究内容及其应用范围发生了巨大的变化，与此相应地，测绘学又有了新的概念和含义。现代测绘学是研究地球和其他实体的与时空分布有关的信息的采集、量测、处理、显示、管理及利用的科学与技术。测绘学主要反映地球多种时空关

图4-1 测绘人员野外测量工作

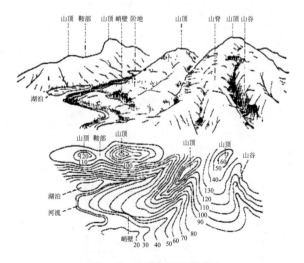

图4-2 地球表面形态测量

系的地理空间信息，同地球科学的研究有着密切的关系，因此测绘学可以说是地球科学的一个分支学科。

4.1.2 测绘学研究的内容

从测绘学的传统概念和现代概念可知，其研究内容是很多、很广泛的，涉及许多方面，从传统概念来看，其主要内容如下。第一，研究地球及其表面的各种自然和人工形态，为此首先要研究

图 4-3 编制出版的地图

和测定地球形状、大小及其重力场，在此基础上建立一个统一的地球坐标系统，用以表示地球表面及其外部空间任一点在这个地球坐标系中准确的几何位置。第二，有了大量的地面点的坐标和高程，就可以此为基础进行地表形态的测绘工作，其中包括地表的各种自然形态，如水系、地貌、土壤和植被的分布，也包括人类社会活动所产生的各种人工形态，如居民地、交通线和各种建筑物等。第三，以上用测量仪器和测量方法所获得的自然界与人类社会现象的空间分布、相互联系及其动态变化信息，最终要以地图制图的方法和技术将这些信息以地图的形式反映与展示出来。第四，各种经济和国防工程建设的规划、设计、施工与建（构）筑物建成后的运营管理中，都需要进行相应的测绘工作，并利用测绘资料引导工程建设的实施，监测建筑物的变形。这些测绘工程往往要根据具体工程的要求，采用专门的测量方法，使用特殊的测量仪器去完成相应的测量任务。第五，地球表层不仅有陆地，而且有70%的海洋，因此不仅要在陆地进行测绘，面对广阔的海洋也有许多测绘工作。在海洋环境（包括江河湖泊）中进行测绘工作，同陆地测量有很大的区别。主要是测量内容综合性强，需多种仪器配合施测，同时完成多种观测项目；测区件比较复杂，海面受潮汐、气象因素等影响起伏不定，大多数为动态作业；观测者不能肉眼透视水域底部，精确测量难度较大。这些海洋测绘的特征都要求研究海洋水域的测量方法和仪器设备与之相适应。第六，测绘学中有大量各种类型的测量工作，这些测量工作都需要有人用测量仪器在某种自然环境中进行观测。由于测量仪器在构造上有不可避免的缺陷，加之观测者的技术水平和感觉器官的局限性以及自然环境的各种因素，如气温、气压、风力、透明度、大气折射变化等，对测量工作都会产生影响，给观测结果带来误差。因此在测量工作中，必须研究和处理这些带有误差的观测数据，设法消除或削弱其误差，以便提高被观测量的质量，这就是测绘学中的测量数据处理和平差问题。第七，测绘学的研究和工作成果最终要服务于国民经济建设、国防建设以及科学研究，因此要研究测绘学在社会经济发展的各个相关领域中的应用。不同的应用领域对测绘工作的要求也不相同，要求依据不同的测绘理论和方法，使用不同的测量仪器和设备，采取不同的数据处理和

平差，最后获取符合不同应用领域要求的测绘成果。

从现代测绘学概念来看，现代测绘学是综合研究地理空间数据的获取、处理、分析、管理、存储和显示。这些空间数据来源于地球卫星、空载和船载的传感器以及地面的各种测量仪器，通过信息技术，利用计算机的硬件和软件对这些空间数据进行处理及使用。这是应现代社会对空间信息有极大需求这一特点形成的一个更全面且综合的学科体系。它更准确地描述了测绘学科在现代信息社会中的作用。原来各个专门的测绘学科之间的界限已随着计算机与通信技术的发展逐渐变得模糊了。某一个或几个测绘分支学科已不能满足现代社会对地理空间信息的需求，相互之间更加紧密地联系在一起，并与地理和管理学等其他学科知识相结合，形成测绘学的现代概念。它的研究内容和科学地位则是确定地球与其他实体的形状和重力场及空间定位，利用各种测量仪器、传感器及其组合系统获取地球及其他实体与时空分布有关的信息，制成各种地形图、专题图和建立地理、土地等空间信息系统，为研究地球的自然和社会现象，解决人口、资源、环境和灾害等社会可持续发展中的重大问题，以及为国民经济和国防建设提供技术支撑和数据保障。测绘学科的现代发展促使测绘学中出现若干新学科，例如卫星大地测量（或空间大地测量）、遥感测绘（或航天测绘）、地理信息工程等。测绘学已完成由传统测绘向数字化测绘的过渡，现在正在向信息化测绘发展。由于将空间数据与其他专业数据进行综合分析，致使测绘学科从单一学科走向多学科的交叉，其应用已扩展到与空间分布信息有关的众多领域，显示出现代测绘学正向着近年来兴起的一门新兴学科——地球空间信息科学（Geo-Spatial Information Science，简称 Geomatics）跨越和融合。地球空间信息学包含了现代测绘学（数字化测绘或信息化测绘）的所有内容，但其研究范围比现代测绘学更加广泛。

4.2
测绘学的学科分类

随着现代测绘科学技术的发展，测绘学有着丰富的研究内容和广泛的应用，学科分类方法也不相同，本书沿用传统测绘学科分类方法。

4.2.1 大地测量学

大地测量学（Geodesy）是在一定的时间-空间参考系统中，测量和描绘地球及其他行星体的一门学科。具体地讲，大地测量学主要研究地球表面及其外层空间点位的精密测定、地球的形状、大小和重力场，地球整体与局部运动，以及它们的变化的理论和技术。在大地测量学中，测定地球的大小是指测定与真实地球最为密合的地球椭球的大小（指椭球的长半轴）；研究地球形状是指研究大地水准面的形状（或地球椭球的扁率）；测定地面或空间点的几何位置是指测定以地球椭球面为参考面的地面点位置，即将地面点沿椭球法线方向投影到地球椭球面上用投影点在椭球面上的大地经纬度（L, B）表示该点的水平位置，用地面至地球椭球面上投影点的法线距离表示该点的大地高程（H）。通常在一般应用领域，例如水利工程，都是以平均海水面（即大地水准面）为起算面的高度，即通常所称的海拔高。

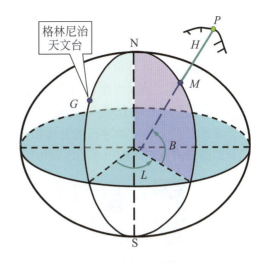

图4-4 地球椭球的大小和形状及点的几何位置

图4-4表示地球椭球的大小和形状及点的几何位置（B, L, H）。研究地球重力场是指利用地球的重力作用研究地球形状等。

现代大地测量学研究的基本内容如下：确定地球形状及外部重力场及其随时间的变化，建立统一的大地测量坐标系，研究地壳形变（包括地壳垂直升降及水平位移），测定极移、海洋水面地形及其变化等；研究月球及太阳系行星的形状及重力场；建立和维持具有高科技水平的国家和全球的天文大地水平控制网与精密水准网以及海洋大地控制网，以满足国民经济和国防建设的需要；研究为获得高精度测量成果的仪器和方法等；研究地球表面向椭球面或平面的投影数学变换及有关的大地测量计算；研究大规模、高精度和多类别的地面网、空间网及其联合网的数据处理的理论与方法，测量数据库建立及应用等。

大地测量学是一门古老而又年轻的科学，是地球科学的一个分支。其基本任务是测定和研究地球空间点的位置、重力及其随时间变化的信息，为国民经济建设、社会发展、国家安全以及地球科学和空间科学研究等提供大地测量基础设施、信息和技术支持。现代大地测量学与地球科学和空间科学的多个分支相互交叉，已成为推动地球科学、空间科学和军事科学发展的前沿科学之一，其范围也已从测量地球发展到测量整个地球外空间。

解决大地测量学所提出的任务，有传统上的几何法、物理法及现代大地测量技术法。所谓几何法是用几何观测量（距离、角度、方向）通过三角测量等方法建立水平控制网，最后推算出地面点的水平位置（如图4-5所示为三角测量法）；通过水准测量方法，获得几何高差，建立高程控制网提供点的海拔高程（如图4-6所示为水准测量）。物理法是用地球的重力等观测量，通过地球重力场的理论和方法确定大地水准面相对于地球椭球的距离、地球椭球的形状等。现代大地测量技术法同传统大地测量学之间没有严格界限，但现代大地测量学确实具有许多新的特征。第一，现代大地测量的范围大，它可在国家、国际、洲际、海洋及陆上、全球乃至月球及太阳行星系等广大宇宙空间进行。第二，已从静态测量发展到动态测量，从地球表面测绘发展到深入地球内部构造及动力过程的研究，即研究的对象和范围不断地深入、全面和精细。第三，观测的精度高，长距离相对定位精度达$10^{-8} \sim 10^{-9}$，绝对精度达毫米级，有的达亚毫米级；角度测量精度在零点几秒，高程测量精度是亚毫米，重力测量精度是微伽级等，高质量的观测必将对本学科的发展和其他相关学科的发展带来深刻的影响。第四，现代大地测量的测量周期短也是区别传统大地测量学的重要标志。

 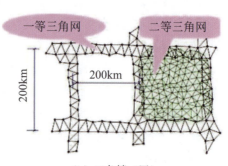

（a）测量标志——觇标　　　　（b）三角锁（网）

图 4-5　三角测量法

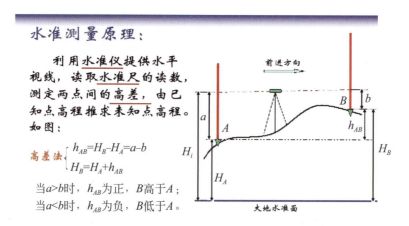

图 4-6　水准测量

4.2.2　地图学

4.2.2.1　地图的定义

地图是地面的图画，是人类文明的标志，在文化发展的不同阶段，地图有不同的画法和含义，见图4-7～图4-13。我国历史上地图与文字出现的时间差不多。《管子（地图篇）》对地图的内容及其价值的描述实际上就是2000多年前对地图的定义。后来当人们认识到地球为球体时，定义地图是"地球在平面上的缩影"。

苏联制图学家萨里谢夫（K.A.Cauweb，1905～1988年）给地图确定了一个科学的定义："根据一定的数学法则，将地球表面以符号综合缩绘于平面上，

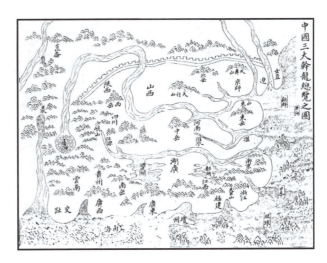

图 4-7 中国古代地图

并反映出各种自然和社会现象的地理分布与相互联系。"这个定义在某种程度上揭示了地图的本质，说明了地图具有数学基础、符号系统以及地图内容的综合方法，强调了地图能反映各种自然和社会现象的地理分布与相互联系。萨里谢夫上述关于地图的定义在地图学界影响比较大，一直持续到20世纪60年代。

图 4-8 国外古代地图

图 4-9 民国时期地图

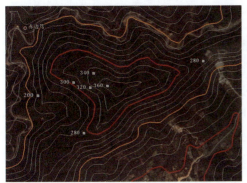

图 4-10 地形图（局部）

图 4-11 电子地图

第4章 测绘工程与文化　175

图 4-12　正射影像地图

图 4-13　三维地图

美国制图学家 A.H.Robinson 的《地图学原理》（1985年版）定义地图是"空间关系和空间存在形式的图解"，明显地扩大了地图的家族，特别是将后来应用数字技术生成的各式各样的地景图像都包括进来。

王家耀院士主编的《地图学原理与方法》一书中给出的定义是："地图是根据构成地图数学基础的数学法则和构成地图内容的制图综合法则记录空间地理环境信息的载体，是传递空间地理环境信息的工具，它能反映各种自然和社会现象的空间分布、组合、联系和制约及其在时空中的变化和发展。"这个定义的外延已经不仅仅局限于传统的实物地图，而是将数字地图、心象地图等虚地图也包括在内。

上述关于地图的定义是根据不同时期地图制作水平、人们对地图的认识水平而给出的。现代地图一般定义：按照严密的数学法则，用特定的符号系统，将地球或其它星球的空间事象，以二维或多维、静态或动态可视化形式，抽象概括、缩小模拟等手段表示在平面或球面上，科学地分析认知与交流传输着事象的时空分布、数量质量特征及相互关系等多方面信息的一种图形或图像。

4.2.2.2　地图学的概念

传统地图学通常指20世纪50年代以前的地图学。传统地图学是这个时期地图科学成果的积累和科学的长期总结。传统地图学主要研究制作地图，侧重于从技术上解决实地到地图过程中地图内容的抽象概括、地图投影、地图表示方法、地图制作工艺方法等表达和技术实现问题，强调地图制作、生产工艺技术水平和地图产品的制作效果。

关于传统地图学的定义，英国皇家协会的制图技术术语词汇表中认为"地图学是地图的艺术、科学和工艺学"；瑞士地图学家 E.Imhof 在他的《理论地图学的任务》中强调"理论地图学是一门带有强烈艺术倾向的技术科学"；苏联地图学家萨里谢夫强调地图制图学是建立在正确的地理认识基础上的地图图形现实的技术科学等。这些充分地说明了传统地图学的研究内容和学科特征。可以认为传统地图学是"研究地图制作的理论、技术和工艺的科学"。

现代地图学通常指20世纪60年代以后的地图学。现代地图学不仅要研究地图理论和技术方法，还要研究地图基础理论、地图应用理论及其技术和方法；不仅研究地图本身，还要研究地图制作者、地图使用者、地图应用环境等各种与地图制作和使用相关的任何人、物、环境、设备等特点，从而提高地图的制图质量和使用价值。

现代地图学的特征主要表现在：地图学的跨学科特征、模型化特征、信息传输特征和高技术特征，现代地图学涉及认知科学、心理学、美学、数学、计算机科学等多种学科知识及应用。

现代地图学的定义有很多，具有代表性的有：莫里逊（J.Morrison）定义"地图学是空间信息图形传输的科学"；泰勒（D.R.F.Taylor）定义"地图学是建立在实际被认为是地理现实多要素模型这样一个空间数据库基础上的信息转换过程，这样的数据库成为接收输入数据和分配各种信息产品这一完整制图系列过程的核心"；高俊院士定义"地图学是以地图信息传输为中心的探讨地图的理论实质、制作技术和使用方法的综合性学科"；廖克定义"地图学是研究地图的理论、编制技术与应用方法的科学，是一门研究以地图图形反映与揭示各种自然和社会现象空间分布、相互联系及动态变化的科学，技术与艺术相结合的科学"；王家耀院士定义"地图学是一门研究利用地图图形或数字化方式科学地、抽象概括地反映自然界和人类社会各种现象的空间分布、相互联系、空间关系及其动态变化，并对地理环境空间信息进行数据获取、智能抽象、存储、管理、分析、处理和可视化，以图形或数字方式传输地理空间环境信息的科学与技术。"

4.2.2.3　地图学研究的内容

地图学研究的内容包括地图设计、地图投影、地图编制、地图制印和地图应用等内容。地图设计，主要是通过研究、实验，制定新编地图的内容、表现形式及其生产工艺程序的工作；地图投影，它是依据一定的数学法则建立地球椭球表面上的经纬线网与在地图面上相应的经纬线网之间函数关系的理论和方法，即研究把不可展曲面上的经纬线描绘成平面上的经纬线网所产生各种变形的特性和大小以及地图投影的方法等（图4-14）；地图编制，主要研究制作地图的理论和技术，即从领受制图任务到完成地图原图的制图全过程，主要包括制图资料的分析和处理，地图原图的编绘以及图例、表示方法、色彩、图形和制印方案等编图过程的设计；地图制印，是研究复制和印刷地图过程中各种工艺的理论和技术方法；地图应用，

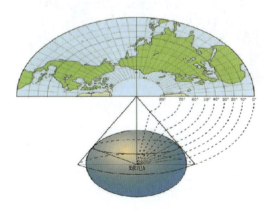

图4-14　地图投影

图 4-15 规划设计阶段地形图测绘

图 4-16 施工测量

图 4-17 边坡变形监测

是研究地图分析、地图评价、地图阅读、地图量算和图上作业等。

4.2.3 工程测量学

工程测量学主要研究在工程建设各阶段、环境保护及资源开发中所进行的地形和其他有关信息的采集及处理，施工放样、设备安装和变形监测的理论、方法与技术，研究对测量资料及与工程有关的各种信息进行管理和使用，它是测绘学在国家经济建设和国防建设中的一门应用性学科。工程测量学的主要内容可以概括为：工程测量学的理论、技术和方法；地形资料的获取与表达（图4-15）；工程控制测量及数据处理；建筑物的施工放样（图4-16）；设备安装检核测量；工程及与工程有关的变形监测分析与预报（图4-17）；工程测量专用仪器的研制与应用；工程信息系统的建立与应用等。

4.2.4 摄影测量学

摄影测量学主要是指利用摄影手段获取被测物体的影像数据，对所获得的影像进行量测、处理，从而提取被测物体的几何的或物理的信息，并用图形、图像和数字形式表达测绘成果。摄影测量学是目前测绘学科应用最广、最热的学科之一。摄影测量学主要研究的内容有：通过摄影获取被测物体的影像并对影像进行量测和处理，将所测得的成果用图形、图像或数字形式表示。摄影测量学包括航空摄影、航空摄影测量、地面摄影测量等。航空摄影是在飞机或其他航空飞行器上利用航摄仪摄取地面景物影像的技术，如图4-18和图4-19所示。航空摄测量是根据在航空飞行器上对地面摄取的被测物体的影像与被测物体间的几何关系以及其他有关信息，测定被测物体的形状、大小、空间位置和性质。航空摄影测量能够生产丰富的测绘产品，如地形图、数字高程模型（图4-20）、数字正射影像图（图4-21）、实景三维地图（图4-13）和三维景观图（图4-22）等。地面摄影测量是利用安置在地面某线两端点处的专用摄影机（摄影经纬仪）拍同一被测物体的像点（称立体像对），经过量测和处理，对所摄物体进行测绘。近些年来，由于数字摄影测量技术、无人机航测技术及倾斜摄影测量技术的快速发展，摄影测量学成为测绘工程应用较广的学科。

图 4-18　数字航摄仪

图 4-19　航空摄影测量

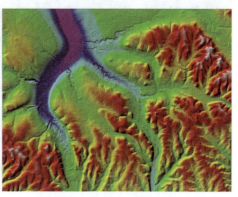

图 4-20　数字高程模型

图 4-21　数字正射影像图

图 4-22　三维景观图

4.2.5　海洋测绘学

海洋测绘学是研究以海洋及其邻近陆地和江河湖泊为对象所进行的测量和海图编

制的理论与方法，主要内容包括海洋大地测量、海道测量、海底地形测量、海洋专题测量以及航海图、海底地形图、各种海洋专题图和海洋图集的编制。海洋大地测量是研究海洋大地控制网布设和测量，确定地球形状、大小、海面形状变化的科学。海道测量是以保证航行安全为目的，对地球表面水域及毗邻陆地所进行的水深和岸线测量以及底质、障碍物的探测等工作。海底地形测量，它是测定海底起伏、沉积物结构和地物的测量工作。

海洋专题测量是以海洋区域与地理位置相关的专题要素为对象的测量工作，如海洋重力、海洋力、领海基线等要素的测量工作。海图制图是设计、编绘和印刷海图的工作，同陆地地图制图方法基本一致。如图4-23所示为卫星测量海面高度，如图4-24所示为海底地形测量，如图4-25所示为海洋磁力测量。

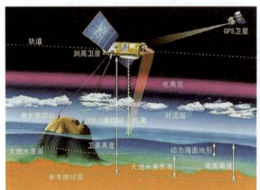

图4-23 卫星测量海面高度

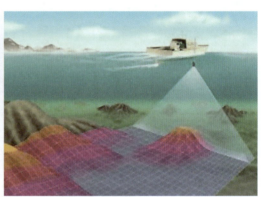

图4-24 海底地形测量

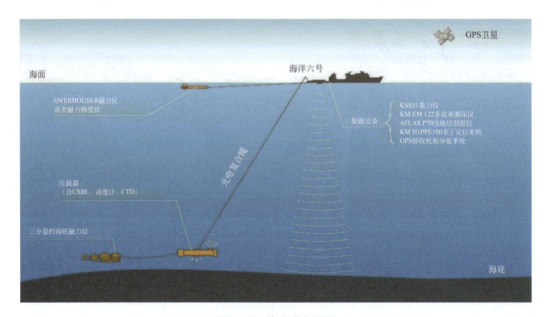

图4-25 海底磁力测量

4.3 测绘学的地位和作用

4.3.1 测绘学在国民经济建设中的保障作用

测绘学在国民经济建设中的作用是广泛的。国民经济蓬勃发展的各项事业，比如铁路（如图4-26所示为高速铁路测量）、公路、航海、航空等交通运输事业，石油、天然气、钢铁、煤炭、矿藏等资源开发事业，大坝、水库、电站、堤防等水利水电工程事业，工厂、矿山等的工业企业事业，农业生产规划和土地管理，城市建设发展及社会信息管理等，都必须进行相应的测量工作，测制各种比例尺的地图和建立相应的地理信息系统，以供规划、设计、施工、管理和决策用。如在城市化进程中，城市规划、城镇建设、交通管理等都需要城市测绘数据、高分辨率卫星影像、三维景观模型、智能交通系统和城市地理信息系统等测绘高新技术的支持。在水利、交通、能源和通信设施的大规模、高难度工程建设中不但需要精确测量大量现势性强的测绘资料，而且需要在全过程采用地理信息数据进行辅助决策。丰富的地理信息是国民经济和社会信息化的重要基础，传统产业的改造优化、升级与企业生产经营，发展精细农业，构建"数字中国"和"智慧城市"（图4-27），发展现代物流配送系统和电子商务，实现金融、财税、贸易等信息化，都需要以测绘数据为基础的地理空间信息平台。因此，测绘学在国民经济建设和社会发展中发挥着决定性的基础保证作用。

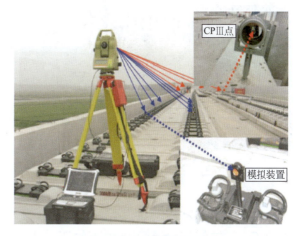

图4-26 高速铁路测量

图4-27 智慧城市建设

4.3.2 在自然灾害监测和环境保护中的作用

地震、洪水和强热带风暴等自然灾害给人类社会带来巨大灾难和损失。地震大多数发生在板块削减带及板块内活动断裂带，地震具有周期性，是地球板块运动中能量积累和释放的有机过程。我国以及日本、美国等国家都在地震带区域内建立了密集的大地测量形变监测系统，利用现代大地测量手段进行自动连续监测。随着监测数据的积累和完善，地震预报理论及技术可望有新的突破，为人类预防地震造福。测绘学还可在山体滑坡、泥石流及雪崩等灾害监测中发挥作用（图4-28）。世界每年都可能发生灾难事件，如空难、海难、陆上交通事故、恶劣环境的围困等，国际组织已建立了救援系统，其关键是利用GPS快速准确定位及卫星通信技术，将事故的地点及情况通告救援组织以便及时采取救援行动。温室效应等也是人类关注的全球环境问题，对此，科学界正密切关注海水面上升，关注平均气温的变化，关注对农、林业等带来的影响，其中监测海水面变化的较有效手段就是利用卫星测高技术、全球卫星定位系统技术和其他大地测量技术结合，以便根据长期监测结果，分析海水面变化进而分析带来的影响。另外，为监测沙漠、森林、洪水等，主要的措施是发展遥感卫星，建立动态地理信息系统。

图4-28 山体滑坡监测

4.3.3 在社会发展中的作用

经济社会发展的大多数活动是在广袤的地域空间进行的。政府部门或职能机构既要及时了解自然和社会经济要素的分布特征与资源环境条件，也要进行空间规划布局，还要掌握空间发展状态和政策的空间效应。但由于现代经济与社会的快速发展与自然关系的复杂性，使人们解决现代经济和社会问题的难度增加，因此，为实现政府管理和决策的科学化、民主化，要求提供广泛通用的地理空间信息平台（如图4-29所示为城市地下管线信息系统可视化平台），测绘数据是其基础。在此基础上，将大量经济和社会信息加载到这个平台上，形成符合真实世界的空间分布形式，建立空间决策系统，进行空间分析和管理决策，以及实施电子政务。当今人类正面临环境日趋恶化、自然灾害频繁、不可再生能源和矿产资源匮乏及人口膨胀等社会问题，社会经济迅速发展和自然环境之间产生了巨大矛盾。要解决这些矛盾，维持社会的可持续发展，则必须了解地球的各种现象及其变化和相互关系，采取必要措施来约束和规范人类本身的活动，减少或防范全球变化向不利于人类社会方面演变，指导人类合理利用和开发资源，有效地保护和改善环境，积极防治和抵御各种自然灾害，不断改善人类生存和生态环境质量。而在防灾减灾、资源开发和利用、生态建设与环境保护等方面，各种测绘和地理信息可用于规划、方案的制定，灾害、环境监测系统的建立（如图4-30所示为海洋污染遥感监测），风险的分析，资源与环境调查、评估、可视化显示以及决策指挥等。

图 4-29 城市地下管线信息系统可视化平台

图 4-30 海洋污染遥感监测

4.3.4 测绘学在空间探测和国防建设中的作用

空间科学技术发展水平是当今衡量一个国家综合科技水平和综合国力的重要指标，同时也是评估一个国家国防能力的重要标志。卫星、航天飞机、宇宙飞船以及其他月球和火星深空探测器的发射制导、跟踪以及返回等，都必须在测绘学保障下才能得以实现。这种保障主要体现在，要有一个精确的坐标系统及一个精密的全球重力场模型。如卫星运行需要测绘技术精密定轨（图4-31），月球探测需要测绘月球形状及月球重力场，在月球上建立坐标系，火星着陆地点需要测绘着陆点地形地貌（如图4-32所示为火星探测车）。从古代战争到现代战争以及未来战争，都需要相应的军事测绘做保障，这主要表现在超前储备保障和动态实时保障。比如战争区域的电子地图、数字地图或数字地形信息库，打击目标的精确三维坐标及区域场景的数字影像地图等，都是现代

图 4-31 卫星精密定轨到厘米

图 4-32 火星探测车

战争必不可少的测绘文件。而这些测绘资料都是依赖于测绘技术直接或间接参与而取得的。测绘历来都与军事结有不解之缘,是现代战争赢得胜利的重要技术保障。另外,测绘为建立国家疆界、边防建设及界线管理,维护国家主权和利益均有重要作用。

4.3.5 在当代科学研究中的作用

测绘学在探索地球的奥秘和规律、深入认识和研究地球的各种问题中发挥着重要作用。利用卫星测高和重力测量数据结合地球物理资料,更精确地查清了许多海底板块边界分布情况,监测海平面变化和以更高的分辨率确定海面地形;利用卫星重力测量及陆、海的大规模的重力测量提供更准确的重力场模型和大地水准面;甚长干涉基线测量及卫星激光测距能以1mm/a的速度分辨率精确测定板块相对运动(如图4-33所示为地球板块位移监测),能以较高的空间分辨率和时间分辨率测定全球、区域或局部的地壳运动,为解释地壳板块内的断裂作用、地震活动以及其他构造过程提供科学依据等。总之,测绘学能以其本身的独特的理论体系和测量手段,提供有关地球动力过程的机制和信息,与其他地学学科一起,共同揭示地球的奥秘。

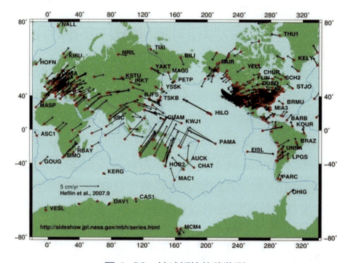

图4-33 地球板块位移监测

现代测绘技术对近地空间环境科学研究发挥了重要作用。对流层是地球近地空间环境的重要组成部分之一,是与人类生活联系最密切的大气圈层。作为对流层中一种非常重要的温室气体,水汽在其变化过程中会吸收和释放大量潜热,直接影响地面和空气温度,进而影响大气垂直稳定度和对流天气系统的形成与演变,在全球大气辐射、能量平衡、水循环中都扮演了极其重要的角色。水汽是降水、蒸发和湿度平衡的结果,它是底层大气圈相关天气过程中的一个重要指标,是天气、气候变化发生和发展的主要驱动力,是灾害性天气形成和演变的重要因子。大气中的水汽受季节、地形及其他全球气候条件等因素的影响,具有空间分布不均匀、随时空变化较快等特性。因此，研究掌握全球水汽变化的时空特性有助于了解全球水汽循环路径，可为监测和预报暴雨、寒流、台风等多种恶劣天气和重大旱涝灾害灾前信息获取与灾害预警提供数据支持，对于研究全球气候变化和改善气象预报水平具有重要的科学和现实意义。作为地球近地空间环境的另外一个重要组成部分——电离层的变化，特别是空间暴的发生，对航天安全、无线电通信、定位与导航等有破坏性影响，近年的研究发现，一些自然灾害（如地震、台风、海啸、火山喷发等）的孕育和发生过程及一些人为活动（如火箭发射等）都有可能引

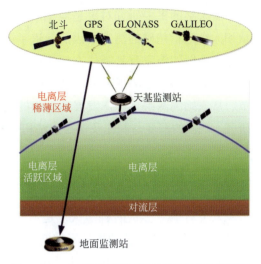

图 4-34 全球卫星定位系统监测对流层和电离层

起电离层异常，很可能成为预报重大自然灾害和监测人类活动的一种潜在手段。利用现代科技手段进行日地空间特别是地球空间的探测，掌握电离层的基本结构变化规律，不仅有利于提高测速、定位、授时、通信和导航等系统的精度，而且对于研究高空大气各层之间的相互关系和作用，特别是对全球性的电离层扰动及不规则变化的发生机理的研究等具有重要的科学意义。利用现代测绘技术——全球卫星定位系统技术，监测大气水汽含量及其变化、电离层扰动及不规则变化（如图4-34所示为全球卫星定位系统监测对流层和电离层），已取得了许多重要成果。

4.4
测绘学发展历史

4.4.1 概述

测绘学历史悠久。测绘技术起源于社会的生产需求，随着社会的进步而向前发展。早在公元前1400年，古埃及尼罗河每年洪水泛滥，淹没了土地界线，水退以后需要重新划界，从而开始了测量工作。在公元前3世纪前，中国人已知道天然磁石的磁性，并已有了某些形式的磁罗盘。公元前2世纪，我国司马迁在《史记·夏本纪》中叙述了禹受命治理洪水而进行测量工作的情况，所谓"左准绳，右规矩，载四时，以开九州、通九道、陂九泽、度九山"。说明在公元前很久，中国人为了治水，已经会使用简单的测量工具了。

测绘学的主要研究对象是地球，人类对地球形状认识的逐步深化，要求对地球形状和大小进行精确的测定，因而促进了测绘学的发展。测绘学的主要研究成果之一是地图，地图的演变及其制作方法的进步是测绘学发展的重要标志。测绘学是一门技术性较强的学科，它的形成和发展在很大程度上依赖于测绘方法和仪器工具的创造和变革。从原始的测绘技术，发展到近代的测绘学，其历史发展过程可由地球形状和大小研究、地图的演变与制作及测绘方法和仪器工具的发展进行论述。

4.4.2 地球形状和大小研究

人类对地球形状的科学认识是不断深化的。人类最早对地球的认识是天圆地方。公元前6世纪，古希腊的毕达哥拉斯（Pythagoras）最早提出地球是圆形的概念。2世纪后，亚里士多德（Aristotle）做了进一步论证，支持这一学说，称为地圆说。又一世纪后，亚历山大的埃拉托斯特尼（Eratosthenes）采用在两地观测日影的办法，首次推算出地球子午圈的周长，以此证实了地圆说。这也是测量地球大小的"弧度测量"方法的初始形式。世界上有记载的实测弧度测量，最早是中国唐代开元十二年（公元724）南宫说在张遂（一行）的指导下在今河南省境内进行的，根据测量结果推算出了纬度1°的子午弧长。

17世纪末，为了用地球的精确大小定量证实万有引力定律，英国牛顿（J.Newton）和荷兰的惠更斯（C.Huygens）首次从力学的观点探讨地球形状，提出地球是两极略扁的椭球体，称为地扁说。1735～1741年间，法国科学院派遣测量队在南美洲的秘鲁和北欧的拉普兰进行弧度测量，证明牛顿等的地扁说是正确的。

1743年，法国A.C.克莱洛证明了地球椭球的几何扁率与重力扁率之间存在着简单的关系。这一发现，使人们对地球形状的认识又进了一步，从而为根据重力数据研究地球形状奠定了基础。

19世纪初，随着测量精度的提高，通过对各处弧度测量结果的研究，发现测量所依据的垂线方向同地球椭球面的法线方向之间的差异不能忽略。因此法国的拉普拉斯（P.S.Laplace）和德国的高斯（C.F.Gauss）相继指出，地球形状不能用旋转椭球来代表。1849年，英国的斯托克斯（G.G.Stukes）提出利用地面重力观测资料确定地球形状的理论。1873年，利斯廷（J.B.Listing）首次提出大地水准面概念，以该面代表地球形状。自那时起，弧度测量的任务，不仅是确定地球椭球的大小，而且包括求出各处垂线方向相对于地球椭球面法线的偏差，用以研究大地水准面的形状。

1945年，苏联的大地测量学家莫洛坚斯基（Molodensky）创立了直接研究地球自然表面形状的理论，并提出"似大地水准面"的概念，称为莫洛坚斯基理论。因此人类对地球形状的认识经历了圆球→椭球→大地水准面→真实地球自然表面的过程，如图4-35所示。这一认识过程促进了测绘学理论和技术的发展，如距离、角度直至弧度测量技术的进步及确定地球形状理论的创立。

  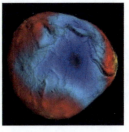 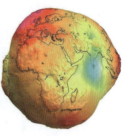

  (a)圆形地球   (b)椭圆形地球   (c)大地水准面   (d)真实地球表面

图 4-35 对地球认识的过程

4.4.3 地图发展历史

  测绘学的主要研究成果之一是地图，地图的演变及其制作方法的进步是测绘学发展的重要标志。地图的产生和发展是人类生产和生活的需要。目前世界保存下来最古老的地图是距今4700年左右的苏美尔人绘制的地图。距今约4500年的古巴比伦地图是刻在陶瓷或黏土上的，见图4-36。公元前3世纪，古希腊数学家埃拉托斯特尼最先在地图上绘制经纬线，这可能是世界上首张使用科学投影手段，以经纬线为基准绘制的世界地图，见图4-37所示。公元前168年，中国长沙马王堆汉墓中绘在帛上的地图有了方位和比例尺，具有一定的精度，如图4-38所示。在古代地图科学史上，古希腊的托勒密（公元90～168年），曾研究了怎样在平面上描绘地球球面的问题，提出了两种世界地图的画法，一种是把经纬线绘成简单扇形，一种是绘成球形，并绘制了新世界地图，见图4-39。西晋的裴秀（公元224～271年），编制了《禹贡地域莆》和《地形方丈图》，前者为历史地图，后者为简缩的晋国地图。他提出的"制图六体"：分率、准望、道里、高下、方邪、迂直，即地图绘制上的比例尺、方位、距离等方面的原则，奠定了中国古代制图的理论基础。16世纪，荷兰著名的地理学与制图学家墨卡托（Gerardus Mercator）发明了享誉世界、沿用至今的墨卡托投影法。墨卡托的早期作品是首张将南北美洲分为两个大陆的世界地图，地图采用双心形投影的方式，大幅提高了准确性，见图4-40。以墨卡托的《世界地图集》和中国罗洪先的《广舆图》为代表，总结了16世纪以前西方和东方地图学的历史成就。从这一时期起，新的高精度测绘仪器相继发明，测绘精度大为提高，因此可以根据实地测量结果绘制国家规模的地形图。这种地形图不仅有方位和比例尺，精度较高，而且能在地图上描绘出地表形态的细节，并按不同用途将实测地形图缩制编绘成各种比例尺的地图。中国历史上首次使用这样的方法在广大国土上测绘的地形图，是清初康熙年间完成的全国性大规模的《皇舆全览图》。这次地形图的测绘任务奠定了中国近代地图测绘的基础。从20世纪50年代开始，地图制图方法出现了巨大的变革，计算机辅助地图制图的研究经历了原理探讨、设备研制、软件设计，到70年代已由实验试用阶段发展到较广泛的应用，这不仅使地图制图的精度和速度都有很大的提高，而且地图制图理论不断丰富。进入80年代，开始应用一些高速度、高精度新型机助制图设备研究机助制图软件，纷纷建立地图数据库，在此基础上，由单一的机助制图系统发展为多功能、多用途的综合性的地图信息系统。电子计算机技术应用制图开创了手工制图向自动化制图转变的新开端，使数字地图成为最新、最现代化的地图品种。随着计算机技术的发展，数字制图展现出广阔的潜力和巨大的发展前景。如图4-41所示为现代地形图。

图4-36 古巴比伦地图

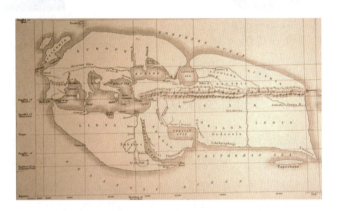
图4-37 埃拉托斯特尼地图

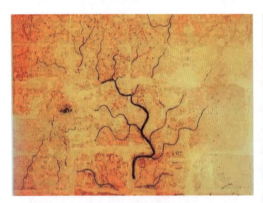
图4-38 西汉地形图

图4-39 古希腊托勒密地图

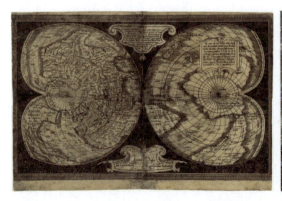
图4-40 墨卡托的南北美洲双心形投影方式地图

图4-41 现代地形图（局部）

4.4.4 测绘仪器发展历史

随着对地球形状和大小的认识及测定的愈益精确,测绘工作中精密计算地面点的平面坐标和高程逐步有了可靠的科学依据,同时也不断丰富了测绘学的理论。17世纪之前,人们使用简单的工具,例如中国的绳尺、步弓、矩尺和圭表等进行测量。这些测量工具都是机械式的,而且以用于量测距离为主。17世纪初发明了望远镜。1617年,荷兰的斯涅耳(W.Snell)为了进行弧度测量而首创三角测量法,以代替在地面上直接测量弧长,从此测绘工作不仅量测距离,而且开始了角度测量。约于1640年,英国的加斯科因(W.Gascoigne)在两片透镜之间设置十字丝,使望远镜能用于精确瞄准,用以改进测量仪器,这可算光学测绘仪器的开端。约于1730年,英国的西森(Sisson)制成测角用的第一架经纬仪,大大促进了三角测量的发展,使它成为建立各种等级测量控制网的主要方法。如图4-42所示为早期的游标经纬仪。在这一段时期里,由于欧洲又陆续出现小平板仪、大平板仪以及水准仪,地形测量和以实测资料为基础的地图制图工作也相应得到了发展。如图4-43所示为测量高程的水准仪,如图4-44所示为测量地形图的小平板仪。从16世纪中叶起,欧洲和美洲间的航海问题变得特别重要。为了保证航海安全和可靠,许多国家相继研究在海上测定经纬度的方法,以确定船舰位置。经纬度的测定,尤其是经度测定方法,直到18世纪发明时钟之后才得到圆满解决,从此开始了大地天文学的系统研究。19世纪初,随着测量方法和仪器的不断改进,测量数据的精度也不断提高,精确的测量计算就成为研究的中心问题。此时数学的进展开始对测绘学产生重大影响。1806年和1809年法国的勒让德(A.M.Legendre)和德国的高斯分别发表了最小二乘准则,这为测量平差计算奠定了科学基础。19世纪50年代初,法国劳赛达特(A.Laussedat)首创摄影测量方法。随后,相继出现立体坐标量测仪、地面立体测图仪等。到20世纪初,则形成比较完备的地面立体摄影测量法。由于航空技术的发展,1915年出现了自动连续航空摄影机,因而可以将航摄像片在立体测图仪器上加工成地形图。从此,在地面立体摄影测量的基础上,发展了航空摄影测量方法。如图4-45所示为航空摄影机,如图4-46所示为立体测图仪。在这一时期里,由于在19世纪末和20世纪30年代,先后出现了摆仪和重力仪,尤其是后者的出现,使重力测量工作既简便又省时,不仅能在陆地上,而且也能在海洋上进行,这就为研究地球形状和地球重力场提供了大量实测重力数据。可以说,从17世纪末到20世纪中叶,测绘仪器主要在光学领域内发展,测绘学的传统理论和方法也已发展成熟。

图 4-42 早期的经纬仪

图 4-43　水准仪

图 4-44　小平板仪

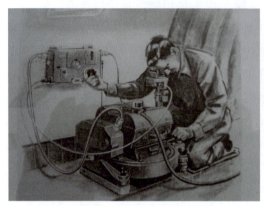

图 4-45　航空摄影机

图 4-46　立体测图仪

　　从 20 世纪 50 年代起，测绘技术又朝电子化和自动化方向发展。首先是测距仪器的变革。1948 年起陆续发展起来的各种电磁波测距仪，由于可用来直接精密测量远达几十千米的距离，因而使得大地测量定位方法除了采用三角测量外，还可采用精密导线测量和三边测量。如图 4-47 所示为电磁波测距仪。大约与此同时，电子计算机出现了，并很快应用到测绘学中。这不仅加快了测量计算的速度，而且还改变了测绘仪器和方法，使测绘工作更为简便和精确。例如具有电子设备和用电子计算机控制的摄影测量仪器的出现，促进了解析测图技术的发展，继而在 60 年代，又出现了计算机控制的自动绘图机，可用以实现地图制图的自动化。自从 1957 年第一颗人造地球卫星发射成功后，测绘工作有了新的飞跃，在测绘学中开辟了卫星大地测量学这一新领域，就是观测人造地球卫星，用以研究地球形状和重力场，并测定地面点的地心坐标，建立全球统一的大地坐标系统。同时，由于利用卫星可从空间对地面进行遥感（称为航天摄影），因而可将遥感的图像信息用于编制大区域内的小比例尺影像地图和专题地图。在这个时期里还出现了惯性测量系统，它能实时地进行定位和导航，成为加密陆地控制网和海洋测绘的有力工具。随着脉冲星和类星体的发现，又有可能利用这些射电源进行无线电干涉测量，以测定相距很远的地面点的相对位置。所以 50 年代以后，测绘仪器的电子化和自动化以及许多空间技术的出现，不仅实现了测绘作业的自动化，提高了测绘成果的质量，而且使传统的测绘学理论和技术发生了巨大的变革，测绘的对象也由地球扩展到月球和其他星球。

图 4-47　电磁波测距仪

4.5 现代测绘技术

由于传统测绘学的相关理论与测量手段相对落后，致使传统测绘学具有很多的局限性。如各类测量都在地面进行，观测方式多为人工操作，野外作业和室内数据处理时间较长，劳动强度大，测量精度低，并且仅限于地球局部范围的静态测量，从而直接导致测绘学科的应用范围和服务对象比较狭窄。随着空间技术、计算机技术、信息技术与通信技术的发展及其在各行各业中的不断渗透和融合，传统测绘学在这些新技术的支撑和推动下，出现了以全球卫星导航系统（GNSS）、航天遥感（RS）和地理信息（GIS）"3S"技术为代表的现代测绘科学技术，从而使测绘学科从理论到方式发生根本性的变化。

4.5.1　全球卫星导航定位系统

全球卫星导航系统GNSS（Global Navigation Satellite System），是利用在空间飞行的卫星不断向地面发送某种频率并加载了某些特殊定位信息的无线电信号来实现定位测量的导航定位系统。如图4-48所示为GNSS卫星空间分布。全球卫星导航系统一般包括三个部分。

图 4-48　GNSS 空间卫星分布

第4章　测绘工程与文化

第一部分是空间运行的多个卫星组成的星座，不断向地面发送某种时间信号、测距信号和卫星瞬时位置信号。第二部分是地面监控部分，它通过接收卫星信号来精确确定卫星轨道坐标、钟差，监测其运转是否正常，并向卫星注入新的轨道坐标，进行必要的卫星轨道纠正和姿态调整等。第三部分是用户部分，它通过用户接收机接收卫星广播发送的多种信号并进行处理计算，确定用户的最终位置。用户接收机通常固连在地面某一确定目标或在运载工具上，实现定位和导航。目前世界上正在运行的有美国的 GPS（Global Positioning System）、俄罗斯的 GLONASS、中国的北斗 BDS。GNSS 定位基本定位原理如图 4-49 所示。地面用户的 GNSS 接收机同时接收 3 颗以上卫星广播发送的无线电信号，其基本观测值是信号由卫星天线到接收机天线的传播时间，用信号传播速度将信号传播时间换算成距离，然后依据卫星在适当参考框架中的已知坐标确定用户接收机天线的坐标。按照原理，只要同步观测 3 颗卫星，即可交会出测站的三维坐标，但是实际上卫星天线到接收机的距离是通过信号的传播时间差乘以信号的传播速度而得到的。其中，信号的传播速度接近于真空中的光速，量值非常大。因此，这就要求对时间差的测定非常精确，如果稍有偏差，那么测得的卫地距离就会相差很大。卫星上安置的原子钟，稳定度很高；接收机的时钟是石英钟，稳定度一般，时间测量精度较低，因此，通过信号的传播时间差乘以信号的传播速度而得到的距离并非卫星到天线的真正距离，把它称为伪距，通常把接收机时间测量的误差作为一个待定参数。这样，对于每个地面点实际上需要求解 4 个待定参数，因此至少需要观测 4 颗卫星至地面点的卫地距离数据。

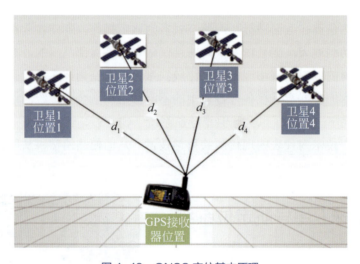

图 4-49　GNSS 定位基本原理

GNSS 具有多种定位模式和方法，目前比较常用的是连续运行参考站技术（Continuously Operating Reference Stations，CORS）。CORS 系统是卫星定位技术、计算机网络技术、数字通信技术等高新科技多方位、深度结晶的产物。CORS 系统由基准站网、数据处理中心、数据传输系统、定位导航数据播发系统、用户应用系统五个部分组成，各基准站与监控分析中心间通过数据传输系统连接成一体，形成专用网络。普通用户只要一台GNSS接收机即能完成厘米级的定位，如图4-50所示。

GNSS能够提供不同的定位和定时精度服务。在定位方面，从毫米、厘米、分米、米及十几米的定位精度都有可供选择的定位方法。在定时方面，可从亚纳秒、纳秒到微秒级的精度实现时间测量和不同目标间的时间同步。从相对定位距离方面看，可从几米

图4-50　GNSS定位测量

一直到几千千米之间，实现连续的静态和动态定位要求。从工作环境上看，除了怕被森林、高楼遮挡信号造成可见卫星少于4颗和强电离层爆发造成GNSS测距信号完全失真外，可以说是全球、全连续和全天候的这些优良的特性使得它有广泛的应用领域。

与传统测量技术相比，GNSS技术具有测量测站之间不需要通视、测量精度高、观测时间短、提供三维坐标、操作简便和全天候作业等诸多优点。目前，GNSS在测绘领域已得到了广泛的应用，并已取代了许多传统测量技术和方法，给整个测绘科学技术的发展带来了深刻的变革。GNSS已广泛应用于测绘的方方面面。主要表现在：建立全球、区域、国家大地控制网和不同等级的工程测量控制网；获取地球表面的三维数字信息并用于生产各种地图；为航空摄影测量提供位置和姿态数据；测绘水下（海底、湖底、江河底）地形图；广泛有效地应用于城市规划测量、厂矿工程测量、交通规划与施工测量、石油地质勘探测量以及建筑物和地质灾害监测等。

此外，GNSS技术在科学研究、通信和电力工程、交通和监控、陆海空运动载体（车、船、飞机）导航、精细农业、军事技术等方面都有广泛的应用。总之，全球卫星导航定位技术的应用领域上至航空航天，下至捕鱼、导游和农业生产已经无所不在了，正如人们所说的"GPS的应用，仅受人类想象力的制约"。

4.5.2　遥感技术

遥感（remote Sensing，RS），从字面上来看，可以简单理解为遥远的感知。遥感技术是不接触物体本身，用传感器采集目标物的电磁波信息，经处理、分析后识别目标物，揭示其几何、物理性质和相互联系及其变化规律的现代科学技术。一切物体由于其种类及环境条件不同，因而具有反射或辐射不同波长的电磁波特性。遥感技术就是利用物体的这种电磁波特性，通过观测电磁波，从而判读和分析地表的目标及现象，达到识别物体及物体所在环境条件的技术（图4-51）。遥感技术是20世纪60年代在航空摄影和判读的基础上随航天技术及电子计算机技术的发展而逐渐形成的综合性感测技术。

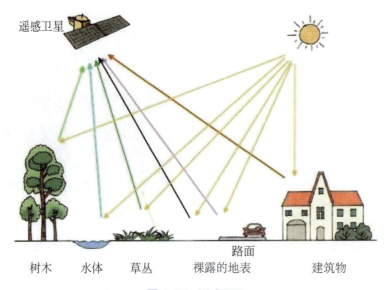

图 4-51 遥感原理

遥感技术系统是由遥感器、遥感平台、信息传输设备、接收装置以及图像处理设备等组成。遥感器装在遥感平台上,它是遥感系统的重要设备,它可以是照相机、多光谱扫描仪、微波辐射计或合成孔径雷达等。遥感平台是遥感过程中承载遥感器的运载工具,它如同在地面摄影时安放照相机的三脚架,是在空中或空间安放遥感器的装置。主要的遥感平台有高空气球、飞机、火箭、人造卫星、载人宇宙飞船等。遥感器接收到的数字和图像信息,通常采用三种记录方式:胶片、图像和数字磁带。其信息通过光学处理或图像数字处理过程,形成遥感影像(图4-52),提供给用户分析、判读。把遥感器放在高空气球、飞机等航空器上进行遥感,称为航空遥感(图4-53)。把遥感器装在卫星、航天飞机等航天器上进行遥感,称为航天遥感(图4-54)。航空和航天遥感能从不同高度、大范围、快速和多谱段地进行感测,获取大量信息。航天遥感还能周期性地得到实时地物信息。因此航空和航天遥感技术在国民经济及军事的很多

图 4-52 遥感图像

图 4-53 航空遥感

方面获得广泛的应用。例如在民用方面，遥感技术广泛用于地球资源普查、地图测绘、植被分类、土地利用规划、农作物病虫害和作物产量调查、环境污染监测、海洋监视、气象观测、地震监测等方面。在军事方面，遥感技术广泛用于军事侦察、导弹预警、军事测绘等。

遥感技术在国家基础测绘中得到了广泛的应用。各种分辨率的遥感图像是建立数字地球空间数据框架的主要来源，可以形成反映地表景观的各种比例尺数字正射影像（DOM）数据库；可以用立体重叠影像生成数字高程模型（DEM）数据库；还可以从影像上提取地物目标的矢量线划图形（DLG）信息。另外，由于遥感卫星能长年地、周期地和快速地获取影像数据，这为空间数

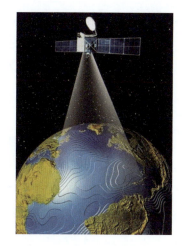

图 4-54　航天遥感

据库和地图更新提供了最好的手段。航空航天遥感技术在工程测量中可以为线路选线和设计提供各种几何和物理信息，包括断面图、地形图、DOM、DEM、地质解译、水文要素等信息，在新建铁路、公路等线路设计和施工中得到了应用，特别在西部开发中，由于该地区人烟稀少，地质条件复杂，遥感手段更有其优势。另外，遥感技术在不动产权籍调查、土地利用现状调查、矿区大范围沉降变化监测中得到了广泛的应用。

4.5.3　地理信息系统技术

地理信息系统技术 GIS（Geographic Information System）是在计算机软件和硬件支持下，把各种地理信息按照空间分布及属性以一定的格式输入、存储、检索、更新、显示、制图和综合分析应用的技术。地理信息系统包括硬件、软件、数据和系统使用者，见图 4-55 所示。其中，计算机硬件包括各类计算机处理及终端设备；软件是支持数据信息的采集、存储加工、再现和回答用户问题的计算机程序系统；数据则是系统分析与处理的对象，构成系统的应用基础；用户是信息系统所服务的对象。GIS 主要涉及测绘学、地理学、遥感科学与技术、计算机科学与技术等。特别是计算机制图、数据库管理、摄影测量与遥感和计量地理学形成了 GIS 的理论和技术基础。GIS 将计算机技术与空间地理分布数据相结合，通过一系列空间操作和分析方法，为地球科学、环境科学和工程设计，乃至政府行政职能和企业经营提供有用的规划、管理和决策信息，并

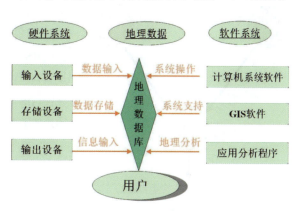

图 4-55　地理信息系统构成

回答用户提出的有关问题。

地理信息系统技术在测绘中的应用，丰富了测绘学研究的内容，促进了测绘学科的发展。地理信息系统能够为测量提供数据源、数据采集、数据编辑与处理、数据空间分析、空间数据管理等功能（图4-56），对提高测绘效率和准确性，实现测绘目的具有重要作用。

图4-56　GIS的功能

4.5.4　"3S"集成技术

"3S"集成技术（Integration of GPS, RS and GIS technology）是GPS、RS、GIS技术的集成。将全球导航卫星系统、航空航天遥感技术和地理信息系统技术根据应用需要，有机地组合成一体化的、功能更强大的新型系统的技术和方法。在"3S"技术的集成中，GPS主要用于实时、快速地提供目标的空间位置；RS用于实时、快速地提供大面积地表物体及其环境的几何与物理信息，以及它们的各种变化；GIS则是对多种来源时空数据（测绘和有关的地理数据）的综合处理分析和应用的平台。

"3S"集成应用能够取长补短，三者之间的相互作用形成了"一个大脑，两只眼睛"的框架（图4-57），即RS和GNSS向GIS提供或更新区域信息以及空间定位，GIS进行相应的空间分析，

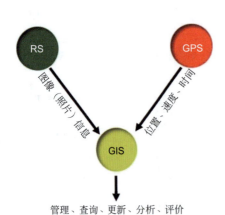

图4-57　"3S"技术集成

以从提供的大量数据中提取有用信息，并进行综合集成，使之成为科学决策的依据。实际应用中，较为多见的是两两之间的结合。

4.5.5 数字地图制图技术

从20世纪50年代开始，电子计算机技术引入地图学领域，经过理论探讨、应用试验、设备研制和软件发展，已形成地图学中一门新的制作地图的应用技术分支学科，即计算机地图制图学。数字地图制图（Digital Cartography），又称计算机地图制图，是根据地图学原理，以电子计算机的软、硬件为工具，应用数学逻辑方法，研究地图空间信息的获取、变换、存储、处理、识别、分析和图形输出的理论方法及技术工艺，模拟传统的制图方法，进行地图的设计和编绘。如图4-58所示为数字地图制图。数字地图制图系统和传统地图制图相比，在地图工艺流程、制图精度、成图周期等方面都产生了巨大变革。传统地图工艺流程由编辑准备、原图编绘、制印准备、地图制印四个阶段构成，而数字地图制图工艺流程由编辑准备、数据获取、数据编辑处理、直接制版印刷四个阶段构成。

图4-58 数字地图制图

数字地图制图的整个过程都以彩色桌面出版系统为核心，利用计算机输入输出功能，实现地图数据获取、处理和输出的全数字化链接，即从地图数据库（GIS）中自动生成符合一定条件的地图底图数据，利用计算机辅助制图技术，对原始数据进行编辑出版处理，再利用计算机制版技术实现由计算机直接到印版的过程。

4.5.6 数字摄影测量技术

数字摄影测量（Digital Photogrammetry）是基于数字影像与摄影测量的基本原理，应用计算机技术、数字影像处理、影像匹配、模式识别等多种学科的理论与方法，提取所摄对象用数字方式表达的几何与物理信息的摄影测量学的分支学科。

数字摄影测量的发展起源于摄影测量自动化的实践，即利用相关技术，实现真正的自动化测图。摄影测量自动化是摄影测量工作者多年来所追求的理想。最早涉及摄影测量自动化的研究可追溯到1930年，但并未付诸实施。直到1950年，由美国工程兵研究发展实验室与Bausch and Lomb光学仪器公司合作研制了第一台自动化摄影测量测图仪。当时是将相片上灰度的变化转换成电信号，利用电子技术实现自动化。这种努力经过了许多年的发展历程，先后在光学投影型、机械型或解析型仪器上实施，例如B8-Stereomat、Topocart等。也有一些专门采用CRT扫描的自动摄影测量系统，如UNAMACE、GPM系统。与此同时，摄影测量工作者也试图将由影像灰度转换成的电信号再转变成数字信号（即数字影像），然后，由电子计算机来实现摄影测量的自动化过程。美国于20世纪60年代初，研制成功的DAMC系统就属于这种全数字的自动化测图系统。它采用瑞士Wild公司生产的STK-1精密立体坐标仪进行影像数字化，然后用1台IBM7094型电子计算机实现摄影测量自动化。武汉测绘科技大学王之卓教授于1978年提出了发展全数字自动化测图系统的设想与方案，并于1985年完成了全数字自动化测图软件系统WUDAMS，也采用数字方式实现了摄影测量自动化。因此，数字摄影测量是摄影测量自动化的必然产物。

实现数字摄影测量功能的是数字摄影测量工作站（Digital Photogrammetric Workstation，DPW）或数字摄影测量工作系统（Digital Photogrammetric System，DPS）。DPW或DPS实际上是一套计算机软硬件组成的影像处理系统（图4-59）。国内外比较有名的DPW或DPS有中国测绘科学院刘先林院士团队研发的JX-4、原武汉测绘科技大学的VirtuoZo、法国的像素工厂等。

图4-59　数字摄影测量工作站

图4-60　Ganon 5D Mark 数码相机（单镜头）

除了DPS或DPW外，数字摄影测量技术的重要标志是数字航摄仪（图4-18）、单镜头数码相机（图4-60）及多镜头数码相机（图4-61）等获取数字影像的重要设备。数字航摄仪和数码相机获取的数字影像能够为数字摄影测量工作站或影像处理软件直接处理得到需要的测绘产品，如地形图、数字高程模型、数字正射影像图及实景三维建模等。节省了利用光学相机摄影测量需要耗费大量胶卷的弊端，降低了作业成本，提高了工作效率。

近年来，无人机（Unmanned Aerial Vehicle，UAV）摄影测量已经成为世界各国争相研究的热点课题，现已逐步从研究开发发展到实际应用阶段，成为主要数字摄影技术之一。UAV搭载价格低廉的普通

图4-61　多镜头数码相机

数码相机,利用先进的无人驾驶飞行器技术、遥测遥控技术、通信技术、GPS定位技术,能够实现自动化、智能化、专用化,具有机动、快速、经济等优势,已在地形图测绘、基础测绘、应急测绘、地质灾害监测、实景三维建模及矿山测绘等方面得到广泛应用。另外,无人机摄影测量技术在快速获取国土资源、自然环境、地震灾区等空间信息中也发挥了重要作用。如图4-62所示为多旋翼无人机。

图4-62　多旋翼无人机

4.5.7　三维激光扫描技术

三维激光扫描(3D-Laser Scanning)系统是20世纪90年代中期开始出现的一项高新技术,是继GPS空间定位系统之后又一项测绘技术新突破。它是利用激光测距的原理,通过记录被测物体表面大量的密集的点的三维坐标、反射率和纹理等信息,可快速复建出被测目标的三维模型及线、面、体等各种图件数据。三维激光扫描系统包含数据采集的硬件部分和数据处理的软件部分。按照载体的不同,三维激光扫描系统又可分为机载、车载(图4-63)、地面(图4-64)和手持型几类。由于三维激光扫描系统可以密集地大量获取目标对象的数据点,称为点云数据(图4-65),因此相对于传统的单点测量,三维激光扫描技术也被称为从单点测量进化到面测量的革命性技术突破。该技术在测绘工程、文物古迹保护、建筑、规划、土木工程、工厂改造、室内设计、建筑监测、交通事故处理、法律证据收集、灾害评估、船舶设计、数字城市、军事分析等领域也有了很多的尝试、应用和探索。

图4-63　车载三维激光扫描仪

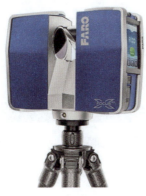

图4-64　地面三维激光扫描仪

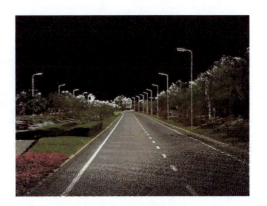

图4-65　点云数据

4.5.8 卫星重力探测技术

卫星重力探测技术（Satellite Gravimetry）是将卫星当作地球重力场的探测器或传感器，通过对卫星轨道的受摄运动及其参数的变化或者两颗卫星之间的距离变化进行观测，据此了解和研究地球重力场的结构。如图4-66所示为观测卫星轨道受摄运动，如图4-67所示为观测两颗卫星间距离的变化。

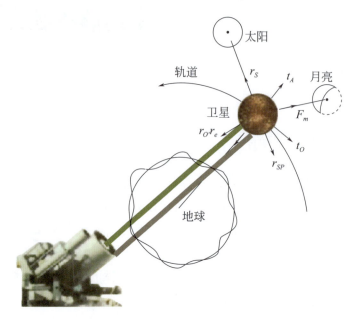

图4-66　观测卫星轨道受摄运动

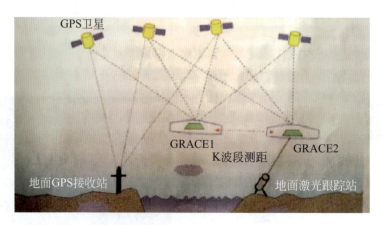

图4-67　观测两颗卫星间距变化

自伽利略于16世纪末第一次进行重力测量以来，国际众多科研机构［如美国宇航局（NASA）、德国航天局（DLR）、欧洲空间局（ESA）等］通过地面、海洋、空间等多种观测技术的联合已获得了全球的、规则的、密集的和高精度的地球重力场信息。

由于传统全球重力场反演无法满足将来国际卫星重力测量计划中精确和快速反演全频段全球重力场的需求，因此，寻求新的、有效的和快速的全球重力场反演方法是目前国际地球物理学和大地测量学界的热点和亟待解决的难题之一。自1957年10月4日第一颗人造卫星Sputnik-1成功发射以来，国际众多学者在利用卫星技术精密探测地球重力场方面取得了辉煌的成就。21世纪是人类利用卫星跟踪卫星（SST）技术提升对地球重力场认知能力的新纪元。重力卫星CHAMP（Challenging Minisatellite Payload，2000年7月15日发射）、GRACE（Gravity Recovery and Climate Experiment，2002年3月17日发射）和GOCE（Gravity Field and Steady-State Ocean Circulation Explorer，2009年3月17日发射）的成功升空以及GRACE Follow-On（2018年5月23日发射）的发射昭示着人类将迎来一个前所未有的卫星重力探测时代。

4.5.9 虚拟现实技术

虚拟现实技术（Virtual-Reality，VR）是由计算机组成的高级人机交互系统，构成一个以视觉感受为主，包括听觉、触觉、嗅觉的可感知环境。用户戴上头盔式三维立体显示器、数据手套及立体声耳机等，可以完全沉浸在计算机制造的虚拟界里。用户在这个环境中可以实现观察、触摸、操作、检测等试验，有身临其境之感。如图4-68所示为虚拟现实街道场景。

图4-68　虚拟现实街道场景

4.5.10 现代测绘仪器

现代测绘技术的发展得益于现代测绘仪器的发展和进步。全站仪、测量机器人、数字水准仪、GNSS接收机、三维激光扫描仪及无人机测量系统等的出现，代替了传统、效率低下的光学测量仪器，改变了传统测绘的作业模式，使传统模拟测绘过渡到数字测绘并向信息测绘和智能测绘的方向转变。现代测绘仪器的发展，实现了现代测绘的电子化、自动化和智能化，测绘技术不断创新和发展。

（1）全站仪　全站仪（Total Station）是一种集光、机、电为一体的高技术测量仪器，是集水平角、直角、距离、高差测量功能于一体的测绘仪器系统。与光学经纬仪相比，全站仪将光学度盘换为光电扫描度盘，将人工光学测微读数代之以自动记录和显示读数，使测角操作简单化，且可避免读数误差的产生。因其一次安置仪器就可完成该测站上全部测量工作，所以称为全站仪。在全站仪基础上发展起来的测量机器人又称自动全站仪，是一种集自动目标识别、自动照准、自动测角与测距、自动目标跟踪、自动记录于一体的测量平台。全站仪已基本上取代光学经纬仪，广泛用于测图、建筑物施工测量、地下隧道施工等精密工程测量或变形监测领域。如图4-69所示为全站仪，如图4-70所示为测量机器人。

图4-69　全站仪　　　　　　　　　　图4-70　测量机器人

（2）数字水准仪　数字水准仪又称电子水准仪，是以自动安平水准仪为基础，在望远镜光路中增加了分光镜和光电探测器，并采用编码水准尺和图像处理系统构成的光机电测量一体化的水准仪。数字水准仪将用人眼观测读数彻底改变为由光电设备自动在编码水准尺读数，从而实现水准观测自动化。数字水准仪与光学水准仪相比，具有速度快、精度高、自动读数、使用方便、能减轻作业劳动强度、可自动记录存储测量数据、易于实现水准测量内外业一体化的优点。如图4-71和图4-72所示是两种测绘工程中常用的高精度数字水准仪。

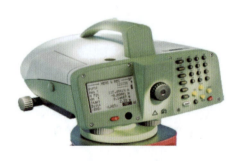 

图4-71　徕卡DNA03数字水准仪　　　　图4-72　天宝DINI03数字水准仪

（3）GNSS接收机　GNSS接收机是接收全球定位系统卫星信号并确定地面空间位置的仪器。GNSS卫星发送的导航定位信号，是一种可供无数用户共享的信息资源。对于陆地、海洋和空间的广大用户，其所拥有的能够接收、跟踪、变换和测量GNSS信号的接收设备，即GNSS信号接收机。如图4-73所示是常见的几种型号GNSS接收机。

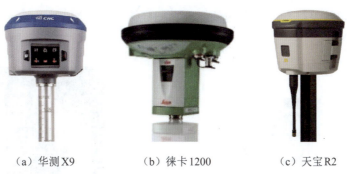

（a）华测X9　　　　　（b）徕卡1200　　　　（c）天宝R2

图4-73　常见的几种型号GNSS接收机

(4)其他几种现代测量设备

① 陀螺全站仪。陀螺全站仪是将陀螺仪和全站仪结合在一起的仪器。它是利用高速回转体的内置陀螺进行真北方向的准确定位的高精度定向仪器，可以不依赖其他条件就能够测定真北方向。陀螺全站仪主要应用于地铁测绘工程、矿山隧道贯通测量及军事领域，见图4-74。

② 超站仪。超站仪是集全站仪功能和GNSS定位功能，不受时间地域限制，不依靠控制网，无须设基准站，没有作业半径限制，单人单机即可完成全部测绘作业流程的一体化的测绘仪器。如图4-75所示为超站仪。

图4-74　陀螺全站仪　　　　　　　　图4-75　超站仪

③ 图像全站仪。图像全站仪是将数码相机和全站仪结合在一起的测量系统。该仪器在测量单点信息的同时记录了目标影像，通过摄影测量的方法实现了全站仪由点测量到面测量的转换，无棱镜测距技术使得近景摄影测量真正实现了无接触测量。如图4-76所示为徕卡TS11i图像全站仪。

④ 全站式扫描仪。通过将智能全站仪（测量机器人）、数码相机、GNSS接收机及三维激光扫描仪等进行集成构造了测量设备的革新产品全站扫描仪。全站扫描仪将多种测量技术集于一身，可以快速高效地得到高精度的测量成果，主要功能包括智能全

站仪测量、超站仪测量、图像测量及点云扫描测量等。如图 4-77 所示为 Trimble SX10 全站式扫描仪。

图 4-76　徕卡 TS11i 图像全站仪

图 4-77　Trimble SX10 全站扫描仪

4.6 测绘技术发展趋势

　　当前，以移动互联、云计算、大数据、智能制造等为代表的新技术快速发展，创新进入密集时代，全球新一轮科技革命和产业变革正在孕育兴起，科技创新已经成为全球经济社会发展的主要推动力，发达国家纷纷加大科技投入，通过科技创新驱动发展确保其在科技领域的领先地位。测绘科技融合了信息科学、空间科学、高性能计算和网络通信等领域先进技术，是以全球导航定位技术（GNSS）、遥感技术（RS）、地理信息系统技术（GIS）"3S"技术为核心的高新技术，测绘科技水平在很大程度上体现了国家高新技术水平与综合国力。

　　伴随着大数据、云计算、物联网、智能机器人等新技术的快速发展，测绘科技的发展也储备了源源不断的新动力。当前测绘的科技手段与应用已从传统的测量制图转变为包含"3S"技术、信息与网络、通信等多种手段的地球空间信息科学，近年来更与移动互联网、云计算、大数据物联网、人工智能等高新技术紧密融合。人工智能引发的智能革命星火正向各行业蔓延，测绘科学技术的相关方法、技术、产业形态和商业模式面临着巨大的挑战与机遇。随着地理空间信息资源的深度融合和地理信息产业的蓬勃发展，测绘对象的范畴也将扩大到陆、海、空、天甚至互联网络及人自身等领域。多尺度、个性化、智能化、全天候的测绘服务型需求会越来越多，又会产生诸如统一时空基准的四维地理信息服务，无时不有、无处不在的泛在位置服务，室内外一体、智能无缝的协同精密定位服务等新职能，测绘科学与技术正面临全面的转型升级。

4.6.1 大地测量发展趋势

未来大地测量领域将进一步发展基础理论，综合利用多种数据和手段，构建并维持参考框架和动态基准，挖掘其科学信息，完善大地测量观测系统，强调大地测量与导航在地球动力学、交通运输、能源勘探、自然灾害预警预报等领域中的应用，使其与环境保护、经济建设、防灾减灾等重大需求相契合，与通信网络、国际互联网及物联网、车联网等信息载体实现融合发展。

随着美国 GPS、俄罗斯 GLONASS、中国的 BDS 全球卫星导航定位系统（GNSS）全面建成，欧洲的 GALILEO 卫星导航定位系统不久也将投入使用，全球卫星导航定位系统（GNSS）、激光测卫（SLR）以及甚长干涉基线测量（VLBI）将成为主要的空间大地测量技术。大地测量自采用快速高精度空间定位技术，特别是 GPS 技术以来，逐步从静态大地测量发展到动态大地测量，作用范围从地球局部区域扩展到全球，研究对象从地球表面几何形态深入研究地球内部物理结构及其动力学机制，传统大地测量理论和技术将产生重大变革。应用大地测量技术对地壳运动和海平面变化进行精确监测和研究，及时对因环境变化而产生的自然灾害做出精确预报将受到普遍的重视。

激光测卫（Satellite Laser Ranging，SLR）是目前精度最高的绝对定位技术。在定义全球地心参考框架，精确测定地球自转参数，确定全球重力场低阶模型，监测地球重力场长波时变，以及精密定轨、校正钟差等都有重要作用。最初把反射镜安置在卫星上，在地面点上安置激光测距仪，对卫星测距，此称为地基（Ground-based）；如果反过来，把激光测距仪安置在卫星上，地面上安置反射镜，组成空基（Space-based）激光测地系统。显然空基系统比起地基系统更有优越性。更进一步，还可发展成为卫星对卫星的在轨卫星之间激光测距。此外，还将出现卫星激光测高系统，由卫星向地面发射激光，经过地面反射，测定卫星至地表之间的径向距离。这样与已有的海洋卫星雷达测高系统组合成全球陆地海洋卫星激光测高系统，为获得高分辨率的全球数字地面模型创造了基本条件。如图 4-78 所示为激光测卫。

甚长基线干涉测量（Very Long Baseline Interferometry，VLBI）是在相距几千千米甚长基线的两端，用射电望远镜同时收测来自银河外某一射电源的射电信号，根据干涉原理，直接测定基线长度和方向的一种空间测量技术。长基线的测定精度达 $10^{-8} \sim 10^{-9}$，极移的测定精度达 0.001rad，日长变化的测定精度达 0.05ms。这种技术的缺点是为接收十分微弱的类星射电信号，

图 4-78 激光测卫

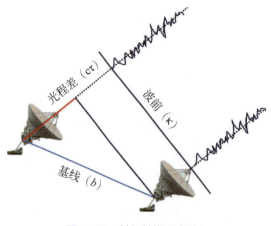

图4-79 甚长基线干涉测量

需要几十米直径的天线,目前人们除正在从硬件、软件等方面改进装置外,还研究以人造卫星作为射电源,结合少数VLBI固定站,测定地面相距几十千米的相对点位的VLBI系统。如图4-79所示为甚长基线干涉测量。

精化地球重力场模型是大地测量学的重要发展目标。为获取地球重力场信息资料可采取两种方式:一种是利用重力仪在陆地、海洋及空中直接感触重力场进行重力测量;另一种是利用卫星大地测量技术,比如地面跟踪卫星、卫星雷达测高等,获取非直接感触的轨道摄动或海面、大地水准面等数据。利用这些重力场数据来求定地球重力场模型球谐函数展开式的系数,地球重力场模型的理论和技术迅速得到发展,准确度和分辨率不断提高。今后将集中在精化现有精度的重力场模型,其目标是使全球大地水准面达到5~10cm或更高的精度。

此外,以国家卫星定位连续运行基准站网与国家卫星大地控制网建设维持国家大地测量基准将是今后大地测量发展的主要方向。

4.6.2 工程测量发展趋势

随着"3S"技术、数字化测绘技术及测绘新仪器等在工程测量中的广泛应用,工程测量学的理论体系和应用范围不断拓展,工程测量技术呈现出高(高水平)、大(大规模)、新(新技术、新设备、新工艺)、精(高精度、纳米级)、微(显微测量、显微图像处理)的发展新趋势,其特点是:测量方案科学化、合理化;过程控制自动化、智能化;测量成果数字化、可视化;信息共享网络化、社会化。展望未来,工程测量必将在以下方面得到显著发展。

(1)多传感器集成技术 多传感器集成系统的人工智能化程度将加速进步,影像、图形与数据的处理能力显著增强;集成GNSS接收机、电子全站仪、激光跟踪仪、摄影测量系统等传感器的混合测量系统将快速发展并广泛应用于无控制网的各种测量和定位工作、仪器的动态检校和设备在线检测等,工程测量除了获取几何与影像信息外,还将利用无线传感器网络体积小、功耗低以及自组网等特点,同步获取各种工程结构的温度、压力、应力等多种物理信息。

(2)合成孔径雷达干涉测量技术 合成孔径雷达干涉测量(Interferometric Synthetic Aperture Radar,InSAR)结合了合成孔径雷达成像技术和干涉测量技术,在监测地震变形、火山地表移动、冰川漂移、山体滑坡、地面沉降等方面具有明显优势,在大型工程如高铁线路沉降中逐渐开始应用。地基雷达干涉测量系统采用了步进频率连续波、合成孔径雷达及差分相位干涉测量等技术，测量精度最高可达到0.01mm，可以在地面采用单站和轨道进行测量，必将成为工程测量中的一种全新测量技术，可实现对大坝、滑坡、桥梁、高层建筑、矿山等工程和自然结构的微小变形进行全天候连续监测。利用地基合成孔径雷达干涉测量技术来监测大坝、滑坡和桥梁变形时，当自然散射体缺失的时候，可布设具有雷达可视特性的角反射器或紧凑有源转发器，由于地基合成孔径雷达干涉测量的高精度主要体现在相对位移方面，不能满足高精度绝对定位的需要，因此可将其与GNSS技术进行集成，实现与GNSS绝对定位精度的互补。目前欧盟多个研究机构也正在开展 Integrated Interferometry and GNSS for Precision Survey（简称I2GPS）项目研究，其目的是通过集成GNSS接收机天线和紧凑有源转发器天线来获取毫米级的协同配准精度。I2GPS技术的研究成果在工程测量应用上可产生新的突破。

（3）三维测量技术　三维测量技术主要指在测定空间目标的三维坐标、几何形状、空间位置和姿态的同时，对目标进行三维重建并在计算机上真实再现的技术。随着大型复杂构筑物及工业设备的三维测量、几何重构和质量检验的要求越来越高，促使三维测量技术的理论研究、软件研制、标准制定、"2+1维"测量到真三维测量的转换等得到进一步发展，对空间目标的测量、管理、存储、传输和表达方法的研究也成为今后的研究热点。三维测量数据处理中高度三维点云数据处理、被测目标三维重建、可视化分析、逆向工程及实体模型构建、测量数据及各种数据库的无缝衔接等将成为其主要研究内容。

（4）地下工程测量技术　地下工程如地铁、输水（气、油）管道、地下管网、地下管廊、跨江（海）隧道等工程越来越多，如何合理规划和利用地下空间，需要研究地下工程施工中的精确定位、定向，地下工程竣工后的快速空间信息获取的新技术与新方法以及建模等问题。地下管线是城市基础设施的重要组成部分，被誉为"城市生命线"，随着城市建设的快速发展，城市地下空间规划设计、建设、管理、运营和维护以及城市应急管理都需要现势、准确、完整的地下空间信息，日益受到城市各级政府部门的重视。目前变频式调相地质雷达、智能管道机器人、地下空间信息采集机器人、地下空间设施的快速信息获取、快速建模与信息化管理成为工程测量的重要研究方向。

（5）海洋工程测量技术　随着国家提出建设海洋强国战略，对海洋资源的开发和利用以及维护国家主权的需要，对海洋测绘提出了更高的要求，在海洋开展的工程建设逐渐增多，需要开展海洋地形图测绘、海底工程施工测量和竣工测量与运行监测，无验潮模式下的多波束精密测深技术、多形态海床特征下多波束和侧扫声呐图像配准及信息融合的技术，基于地貌图像的海床微地形自动生成技术，可以获取高精度和高分辨率的海床地形地貌，为海洋工程建设提供基础资料，水下声学定位系统、水下传感器网络、水下遥感测绘系统、激光水下定位等技术为海洋工程建设提供了精确定位的可能，保证海洋工程测量的顺利开展和在工程运营中的监测需求。

（6）无人机测量技术　无人机技术以无人机为飞行平台，以数字传感器为任务载荷，以获取高分辨率遥感影像为目标，它的出现弥补了传统测量的不足，日益成为一项新兴的重要测绘手段。由于大部分的测绘型无人机属于低空飞行器，故而不会受到云层的影响；由于无人机普遍体积较小、要求的作业人员也较少，所以测绘时可以随时转场，机动性得以保障；无人机对复杂的野外测绘环境有很好的适应力，进入传统的测绘手段无法覆盖的区域时也能大大地节省人力和物力，可以为地形图的绘制或者DEM的建立等需求提供数据的保障。

4.6.3　地图制图学发展趋势

（1）数字地图制图技术的发展　数字地图制图技术是20世纪90年代随着计算机和激光技术的发展而产生的新技术。数字地图制图技术以地图、统计数据、实测数据、野外测量数据、数字摄影测量数据、GPS数据、遥感数据等为数据，以电子出版系统为平台，使地图制图与地图印刷融为一体、给地图生产带来了革命性变化。研究多数据源的地图制图技术方法，设计制作各种新型数字地图产品（如真三维地图），采用数字地图制图技术与地理信息系统技术编制国家电子地图集，建立国家地图集数据库与国家地图集信息系统是今后的主要发展方向。

（2）地图学新理论的不断探索　近年来，信息论、模型论、认知理论引进地图学，使地图学理论有了很大发展。地图信息论是研究以地图图形显示、传输、转换、存储、处理和利用空间信息的理论。地图传输论是研究地图信息传输过程和方法的理论。地图模型论是用模型论方法来认识地图的性质，解释地图的制作和应用的理论。地图符号论是研究地图符号系统及其特性与使用的理论。地图感受论是研究地图视觉感受的基本过程和特点，分析用图者对地图感受的心理、物理因素和地图感受效果的理论。地图认知论是研究人类如何通过地图对客观环境进行认知和信息加工，探索地图设计制作的思维过程，并用信息加工机制描述、认识地图信息加工处理的本质。

（3）地图自动制图综合的发展趋势　地图自动制图综合是世界科学研究难题之一，未来研究重点主要表现在以下几个方面。

① 地图制图综合的智能化。对地图制图综合的机理和基本理论的解释，直到现在还没有明确的答案，这是由于地图制图综合问题包含了太多艺术性和集约性，即个人经验和个人网络，使得专家的知识和技术很难用数学模型及算法描述。人工神经元网络可以通过训练学会地图制图综合的机理和基本理论，有可能为解决自动地图制图综合提供一个直接的途径。

② 基于现代数学理论和方法的空间数据的多尺度表达。分形理论、小波理论和数学形态学等现代数学理论和方法能有效地描述图形形状及其复杂程度的变化，建立图形形状变化与尺度变化的数量关系，为地图制图综合过程的客观性和模型化提供数学依据。

③ 集模型、算法、规则于一体的自动制图综合系统。多年的研究结果表明，单纯用模型、算法或规则来解决自动地图制图综合问题是无济于事的。在现有基础上，以模型作为宏观控制的基础，用算法组织地图制图综合的具体过程，规则在微观上作为基于算法制图综合的补充，在宏观上对模型和算法的运用起智能引导的作用。

（4）空间信息可视化的发展趋势　空间信息可视化是地图制图学的新增长点，未来研究主要集中在这几个方面：运用动画技术制作动态地图，用于涉及时空变化现象的可视化分析；运用虚拟现实技术进行地形仿真，用于交互式观察和分析，提高对地形环境的认知效果；用于空间数据的质量检测，运用图形显示技术进行空间数据的不确定性和可靠性的检查；可视化技术用于视觉感受及空间认知理论的研究，空间信息可视化可对知识发现及数据挖掘的过程及结果进行图解验证，选择恰当的视觉变量和图解方式将其表现出来，供研究者形成心像和视觉思维；运用虚拟环境来模拟和分析复杂的地学现象过程，支持可视和不可视的地学数据解释、未来场景预见、虚拟世界主题选择与开发、虚拟世界扩展及改造规划、虚拟社区设计与规划、虚拟生态景观规划、虚拟城市与虚拟交通规划、人工生命与智慧体设计、虚拟景观数据库构建、虚拟景观三维镜像构建、大型工程和建筑的设计、防灾减灾规划、环境保护、城市规划、数字化战场的研究和作战模拟训练、协同工作和群体决策等。

4.6.4　摄影测量与遥感发展趋势

（1）摄影测量与遥感传感器数据获取技术趋向"三多"和"三高"　"三多"是指多平台、多传感器、多角度，"三高"则指高空间分辨率、高光谱分辨率和高时相分辨率。从空中和太空观测地球获取影像是20世纪的重大成果之一。在短短几十年中，摄影测量与遥感数据获取手段取得飞速发展。遥感平台有地球同步轨道卫星（35000km高度）、太阳同步卫星（600～1000km高度）、太空飞船（200～300km高度）、航天飞机（240～350km高度）、探空火箭（200～1000km高度）、平流层飞艇（20～100km高度）以及高、中、低空飞机、升空气球、无人机等。传感器有框架式光学相机、缝隙和全景相机、普通数码相机、光机扫描仪、光电扫描仪、CCD线阵和面阵扫描仪、微波散射计雷达测高仪、激光扫描仪和合成孔径雷达等，它们几乎覆盖了可透过大气窗口的所有电磁波段。三行CCD阵列可同时得到三个角度的扫描成像，EOSTerra卫星上的MISR可同时从9个角度对地观测成像。卫星遥感的空间分辨率从IKOMOSII的1m进一步提高到GeoEye-1的0.5m，有的军用遥感卫星达到0.1～0.2m。高光谱分辨率已达到5～6nm、500～600个波段，在轨的美国EO-1高光谱遥感卫星具有220个波段。时间分辨率的提高主要依赖于小卫星星座以及传感器的大角度倾斜，可以以1～3天的周期获得感兴趣地区的遥感影像。由于具有全天候、全天时的特点，以及用InSAR和D-InSAR，特别是双天线InSAR进行高精度三维地形及其变化测定的可能性，SAR雷达卫星被全世界各国普遍关注。例如美国宇航局的长远计划是发射一系列短波SAR，实现干涉重访间隔最少为1天，空间分辨率最高为2m。我国在机载和星载SAR传感器及其应用研究方面正在形成体系。今后将全方位推进遥感数据获取的手段，形成自主的高分辨率资源卫星、雷达卫星、测图卫星和对环境与灾害进行实时监测的小卫星群。

（2）摄影测量与遥感对地定位趋向于不依赖地面控制　确定影像目标的实地位置（三维坐标），解决影像目标在哪儿（Where），这是摄影测量与遥感的主要任务之一。利用DGPS和INS惯性导航系统组成的航空/航天影像传感器的位置与姿态自动测量及稳定装置（POS），可实现定点摄影成像和无地面控制的高精度对地直接定位。在航空摄影条件下，精度可达到分米级，在卫星遥感条件下，精度可达到米级。该技术的推广应用将改变目前摄影测量和遥感的作业流程，从而实现实时测图和实时数据库更新。POS与高精度激光扫描仪集成，可实现实时三维测（LiDAR），自动生成数字表面模型（DSM），并推算数字高程模型（DEM）。法国DORIS系统用来测定SPOT5和Envisat卫星轨道可达到1m精度。直接进行无地面控制的正射相片制作，精度可达到15m，完全可以满足国家安全和西部开发的需求。目前，许多无人机低空摄影测量搭载POS系统能够实现无地面控制的比例尺地形图测绘。

（3）摄影测量与遥感数据的计算机处理更趋自动化和智能化　从影像数据中自动提取地物目标，解决它的属性和语义（What）是摄影测量与遥感的另一大任务。在已取得影像匹配成果的基础上，影像目标的自动识别技术主要集中在影像融合技术，基于统计和基于结构的目标识别与分类，处理的对象既包括高分辨率影像，也更加注意高光谱影像。随着遥感数据量的增大，数据融合和信息融合技术日渐成熟。压缩倍率高、速度快的影像数据压缩方法也已商业化。此外，未来的摄影测量往智能化方向发展的过程中，将与机器视觉密不可分，无论是现有的数字摄影测量技术、即时定位地图构建（Simultaneous Localization And Mapping，SLAM）技术（图4-80）、激光雷达三维成像技术，还是新型成像模式的偏振三维成像与光场三维成像，再到利用深度学习理论进行遥感影像分类识别，摄影测量的发展与机器视觉之间的壁垒将逐渐消融。如何将摄影测量和遥感的发展及人工智能的发展紧密结合，以及如何将两者结合产生的新理论和新手段更好地应用到摄影测量与遥感中，使其更好、更快地进入智能化、自动化、实时化的时代，将是今后的主要任务。

图4-80　SLAM技术构建实时场景

（4）利用多时相影像数据自动发现地表覆盖的变化趋向实时化　利用遥感影像自动进行变化监测关系到我国的经济建设和国防建设。过去人工方法投入大，周期长，随着各类空间数据库的建立和大量的影像数据源的出现,实时自动化检测已成为研究的一个热点。自动变化检测研究包括利用新旧影像(DOM)的对比、新影像与旧数字地图(DLG)的对比来自动发现变化的更新数据库。也有人提出把配准与变化检测同步整体处理,即将影像目标三维重建与变化检测一起进行,实现三维变化检测和自动更新。

(5)摄影测量与遥感在构建"数字地球"和"数字中国"中正在发挥越来越大的作用 "数字地球"概念是在全球信息处理化浪潮推进下形成的。1999年12月在北京成功地召开了第一届国际数字地球大会后,我国正积极推进"数字中国"和"数字省市"的建设。2001年,原国家测绘局完成了构建"数字中国"地理空间基础框架的总体战略研究,在已完成1∶100万和1∶25万全国空间数据库的基础上,全国各省市原测绘局开始1∶5万空间数据库的建库工作。在这个数据量达11TB的巨型数据库中,摄影测量与遥感将用来建设DOM(数字正射影像)、DEM(数字高程模型)、DLG(数字线画图)和CP(控制点影像数据库)。如果建立全国1m分辨率影像数据库,其数据量将达到60TB。如果整个"数字地球"均达到1m分辨率,其数据量之大可想而知。21世纪内可望建成这一分辨率的"数字地球"。

"数字文化遗产"是目前联合国和许多国家关心的一个问题,涉及近景成像、计算机视觉和虚拟现实技术。在近景成像和近景三维量测方面,有室内各种三维激光扫描与成像仪器,还可以直接由视频摄像机的系列图像获取目标场三维重建信息。它们所获取的数据经过计算机自动处理,可以在虚拟现实技术支持下构成文化遗迹的三维仿真,而且可以按照时间序列,将历史文化在时间隧道中再现,对文化遗产保护、复原与研究具有重要意义。

(6)全定量化遥感方法走向实用 从遥感科学的本质讲,通过对地球表层(包括岩石圈、水圈、大气圈和生物圈四大圈层)的遥感,其目的是获得有关地物目标的几何与物理特性,所以需要有全定量化遥感方法进行反演。几何方程是显式表示的数学方程,而物理方程一直是隐式的。目前的遥感解译与目标识别并没有通过物理方程反演,而是采用了基于灰度或加上一定知识的、统计的、结构的、纹理的影像分析方法。但随着对成像机理、地物波谱反射特征、大气模型、气溶胶的研究深入和数据积累,多角度、多传感器、高光谱及雷达卫星遥感技术的成熟,相信在21世纪,顾及几何与物理方程式的全定量化遥感方法将逐步由理论研究走向实用化,遥感基础理论研究将迈上新的台阶。只有实现了遥感定量化,才可能真正实现自动化和实时化。

(7)遥感传感器网络与全球信息网络走向集成 随着遥感的定量化、自动化和实时化,未来的遥感传感器将集数据获取、数据处理与信息提取于一身,而成为智能传感器(Smart Sensor)。各类智能传感器相互集成将成为遥感传感器网络,而且这个网络将与全球信息网格(GIG)相互集成与融洽,在GGG(Great Global Grid)大全格的环境下,充分利用网格计算的资源,实时回答何时、何地、何种目标发生了何种变化(4W)。遥感将不再局限于提供原始数据,而是直接提供信息与服务。

4.6.5　地理信息系统发展趋势

地理信息系统已在某些专业得到应用并进入商品化生产的阶段，计算机技术和通信技术的迅速发展，使 GIS 向多样化和分布式处理迈进。在侧重信息存储、数据库建立、查询检索、统计分析和自动制图等基本功能的基础上，GIS 逐步进入开发分析、评价、预测、决策支持模型以及增加智能化功能的发展阶段。GIS 将各种空间信息与自然、社会、经济及其他要素相结合，用于研究局域和全球性问题。光盘存储技术、可视化技术、多媒体技术在 GIS 中的应用也日益引人注目。GIS、GPS、RS 三系统集成，满足实时、准实时要求的空间信息处理技术的广泛应用，将大大加快空间信息获取、处理与更新的速度，提高测绘生产的质量和效率，为国民经济建设与社会发展以及管理决策提供更广泛、更有效的服务支持。

4.6.6　海洋测绘发展趋势

海洋测绘技术发展的总趋势是向高精度、全覆盖、全过程自动化的方向发展。采用以卫星定位技术为核心的多手段组合定位以及用卡尔曼滤波等方法处理提高测量定位精度；研制高精度条带式测深系统、航空航天遥感测深系统等，实现海洋信息全覆盖测量；继续提高海洋测绘自动化程度，建立与海洋测量外业一体化的海洋测量数据库，与海图自动制图系统衔接，建立海图数据库，最终建立海洋测量信息系统。

CHAPTER FIVE

第 5 章

路桥工程文化

当原始人类徘徊于自然界的山川河流之间，打猎、捕鱼、农耕、采集食物，其惯行的足迹便形成了路。当路的延伸遇到河流和山谷的阻碍，就进一步产生了有跨越功能的桥。随着人类抗争自然的能力不断增强，以及路和桥的不断延伸及迈向远方，人类活动的领域和视野逐渐扩大，又极大地促进了社会的发展和文化的交流。因此，可以说路桥工程的演化历史就是人类发展的历史和文明进步的历史，也是人类认识自然和改造自然的历史。

我国道路和桥梁工程发展具有悠久的历史与文化。逢山开路，遇水架桥，传播文明，造福人类，这是从古至今所有路桥工程建设者肩负的责任和使命。古云："天下商埠之兴衰，是水陆舟车为转移"。当代：要想富，先修路；要快富，修高速；公路通，百业兴。这些老百姓耳熟能详的话语早已深入人心，更是当今社会和各级政府发展经济所凝聚的广泛共识和普遍认同的基本理念。

路是延长的桥，桥是抬高的路；路是穿越时空的隧道，桥是联通文明的跨越；路和桥携手引领我们走向五湖四海和那遥远的未来。

5.1 道路工程

5.1.1 道路的历史发展

道路的历史源远流长，伴随着人类的开始而产生，紧跟社会的进步而发展。中国远古时期的驮运道，战国时期已有的栈道，秦朝时期的驰道，西汉时期的丝绸之路，唐宋时期的茶马古道，清朝时期的官马大道等，都曾有过盛极一时的辉煌。可以说，道路是福音和善举，道路承载着历史和文化发展，道路带你开阔眼界以及走向文明和远方。

5.1.1.1 我国道路的历史发展

（1）中国古代道路　原始的道路是由人践踏而形成的小径。东汉训诂书《释名》解释道路为"道，蹈也，路，露也，人所践蹈而露见也"。

距今4000年前的新石器晚期，中国有记载役使牛马为人类运输而形成驮运道，并出现了原始的临时性的简单桥梁。相传中华民族的始祖黄帝，因看见蓬草随风吹转，而发明了车轮，于是以"横木为轩，直木为辕"制造出车辆，对交通运输做出了伟大贡献，故尊称黄帝为"轩辕氏"。随着车辆的出现产生了车行道，人类陆上交通出现了新局面。

商朝时期（公元前16～前11世纪）人们已经懂得夯土筑路，并利用石灰稳定土壤。从商朝殷墟的发掘，发现有碎陶片和砾石铺筑的路面，并出现了大型的木桥。

周朝时期（公元前11～前5世纪）道路的规模和水平有很大的发展。《诗经·小雅》记载："周道如砥，其直如矢。"说明当时道路坚实平坦如磨石，线形如箭一样直。对道路网的规划、标准、管理、养护、绿化以及沿线的服务性设施方面，也有所创建。首先把道路分为市区和郊区，前者称为"国中"，后者称为"鄙野"，分别由名为"匠人"和"遂人"的官吏管理。可以说是现代城市道路和公路划分的先河。城市道路的规划，分为"经、纬、环、野"四种，南北之道为经，东西之道为纬，都城中有九经九纬，呈棋盘形，围城为环，出城为野。规定有不同的宽度（其单位是轨，每轨宽8周尺，每周尺约合0.2m），经涂、纬涂宽九轨，环涂宽七轨，野涂宽五轨。郊外道路分为路、道、涂、畛、径五个等级，并根据其功能规定不同的宽度，有如现代的技术标准。在路政管理上，朝廷设有"司空"掌管土木建筑及道路，而且规定"司空视涂"，按期视察，及时维护；如"雨毕而除道，水涸而成梁"；并"列树以表道，立鄙食以守路"，是以后养路、绿化和标志的萌芽。而且"凡国野之道，十里有庐，庐有饮食；三十里有宿，宿有路室，路室有委；五十里有市，市名侯馆，侯馆有积"；其道路服务性设施的齐备程度，可想而知。以上情况，足见中国周朝的道路，已臻相当完善的程度。

战国时期（公元前475～前221年）车战频仍，交往繁忙，道路的作用显得日益重要，甚至一国道路的好坏，为其兴亡的征兆。《国语》载有东周单子经过陈国时，看见道路失修，河川无桥梁，旅舍无人管理，预言其国必亡，后来果然应验。当时在山势险峻之处凿石成孔，插木为梁，上铺木板，旁置栏杆，称为栈道，是中国古代道路建设的一大特色。

秦朝时期（公元前221～前206年）修筑的驰道可与罗马的道路网媲美。秦始皇统一中国后即开始修建以首都咸阳为中心、通向全国的驰道网（图5-1）。据《汉书·贾山传》："为驰道于天下，东穷齐、燕，南极吴、楚，江湖之上，濒海之观毕至。道广五十步，三丈而树，厚筑其外，隐以金椎，树以青松"；《史记》记载了秦始皇于公元前220～公元前210年的11年间，曾巡视全国，东至山东，东北至河北海滨，南至湖南，东南至浙江，西至甘肃，北至内蒙古，大部分是

图5-1 秦朝开辟的驰道示意图

乘车，足见其路网范围之广。道路路基土壤采用金属椎夯实，以增加其密实度；路旁种以四季常绿的青松。定线的原则是尽量取直。

公元前212年，秦始皇使蒙恬由咸阳修向北延伸的直道（图5-2），全部用黄土夯筑，全长约700km，最宽的地方达60m，最窄的地方也有20m，堪称古代版的高速公路。由于道路大体南北相直，故称"直道"。直道仅用了两年半的时间修通，"堑山堙谷"（逢山劈石，遇谷填高），其工程之巨，时间之短，可称奇迹，今陕西省富县境内尚依稀可见其路形。历史上，秦直道贯通中原和北方，不仅是运送辎重补给的军事要道，而且加强了中原与北疆边陲的联系，巩固了国家边境。同时，作为地区间经济文化交流的重要通道，秦直道促进了南北商贾贸易、民族融合和文化交流。

图5-2　秦直道

除了驰道、直道而外，还在西南山区修筑了"五尺道"以及在今湖南、江西等地区修筑了所谓"新道"。这些不同等级、各有特征的道路，构成了以咸阳为中心，通达全国的道路网。秦始皇还统一了车轨距的宽度（宽6秦尺，折合1.38m），使车辆制造和道路建设有了法度。除修筑城外的道路外，对于城市道路的建设也有突出之处，如在阿房宫的建筑中，采用高架道的形式筑成"阁道"，自殿下直抵南面的终南山，形成"复道行空，不霁何虹"的壮观。

汉朝时期（公元前206～公元220年）继承了秦朝的制度，在邮驿与管理制度上，更加完善，驿站按其大小，分为邮、亭、驿、传四类，大致上五里设邮，十里设亭，三十里设驿或传，约一天的路程。据《汉书·百官公卿表》载，西汉时全国共有亭29635个，如此则估计当时共有干道近15万千米。沟通欧亚大陆的世界著名的丝绸之路，在公元前1世纪起已经形成商业之途，并将中国的丝绸穿逾沙漠，输送到欧洲而得名，但主要是在公元前138～前115年，由西汉王朝派张骞两次出使西域，远抵大夏国（即今阿富汗北部）而载之于史册。丝绸之路主要路线，起自长安（今西安），沿河西走廊，到达敦煌，由此分成经塔里木河南北两通道，均西行至木鹿城（今苏联境内）。然后横越安息（在今伊朗）全境，到达安都城（今土耳其安塔基亚）。又分两路，一路至地中海东岸，转达罗马各地；一路到达地中海东岸的西顿（今黎巴嫩）出地中海。3世纪时，又有取道天山北面的较短路线，沿伊犁河西行到达黑海附近。丝绸之路不但在经济方面，而且在文化各方面，沟通了中国和中东与欧洲各国。后汉时期，在今陕西褒城鸡头关下修栈道时，经过横亘在褒河南岸耸立的石壁，名为"褒屏"，曾用火煅石法开通了长14m、宽3.95～4.25m、高4～4.75m的隧洞，就是著名的石门，内有石刻《石门颂》《石门铭》记其事。火煅石法：先用柴烧炙岩石，然后泼以浓醋，使之粉碎，再用工具铲除，逐渐挖成山洞。

隋朝时期（581～618年）匠人李春等在赵郡（今河北省赵县）河上修建了著名的赵州桥——首创圆弧形空腹石拱桥，是建桥技术上的卓越成就。在道路建设中较巨大的工程有长数千里的御道，《资治通鉴·隋记》："发榆林北境至其牙，东达于蓟，长三千里，广百步，举国就役，开为御道"，可见规模之大。

唐朝时期（618～907年）是中国封建王朝的鼎盛时期，重视道路建设。唐太宗即位不久就曾下诏书，在全国范围内要保持道路的畅通无阻，对道路的保养也有明文规定，不准任意破坏，不准侵占道路用地，不准乱伐行道树，并随时注意保养。唐朝重视驿站管理，传递信息迅速，紧急时，驿马每昼夜可行500里以上。唐朝时已出现了沿路设置土堆，名为堠，以记里程，即今天的里程碑的滥觞。唐朝不但郊外的道路畅通，而且城市道路建设也很突出。首都长安是古代著名的城市，东西长9721m，南北长8651m，道路网是棋盘式，南北向14条街，东西向11条街，位于中轴线的朱雀大街宽达150m，街中80m宽，路面用砖铺成，道路两侧有排水沟和行道树，布置井然，气度宏伟，不但为中国以后的城市道路建设树立了榜样，而且影响远及日本。

宋朝、元朝、明朝时期（960～1644年）均在过去的道路建设基础上有所提高，尤其是元朝地域辽阔，自大都（今北京）通往全国有7条主干道，形成一个宏大的道路网。

清朝时期（1644～1911年）利用原有驿道修建了长达约15万千米的"邮差路线"。在筑路及养路方面也有新的提高，规定得很具体。在低洼地段，出现高路基的"叠道"，在软土地区用秫秸铺底筑路法，有如今天的土工织物（见预压法），对道路建设有不少新贡献。清朝的驿路分为三等：一是"官马大道"；二是"大路"；三是"小路"。清朝的茶叶之路，以山西、河北为枢纽，北越长城，贯穿蒙古，经西伯利亚通往欧洲腹地，是丝绸之路衰落之后在清朝兴起的又一条陆上国际商路。它始于汉唐时代，鼎盛于清道光时期。

（2）中国近代道路　中国的道路建设发展至清朝末年，已是驿道时代的尾声，代之而起者是汽车公路的逐渐兴起。

1902年，中国开始有了两辆汽车，但只供统治者玩赏之用。北洋政府时期（1912～1927年）公路建设处于萌芽状态，城市道路受到外来影响，有了现代化设施的雏形。而"公路"一词的出现，有据可考者，是1920年广东省成立"公路处"开始；以后各地沿用，遂普遍应用于国内。其词的来源是由英文"publicroad"翻译而来。在北洋政府时期军阀割据，各自为政，道路建设也是支离破碎，最早的公路如湖南省长沙至湘潭的公路长50km，1912年通车；广西省内的邕武路（即今的南宁至武鸣）长42km，1919年通车；广东省内的惠山至平山路长36km，1921年通车；在北方以张库公路为最长，自河北省张家口至库伦（现为蒙古人民共和国首都——乌兰巴托），全长965km，是沿着原有的"茶叶之路"加以修整而成，在当时是交通最繁重的一条公路。其他商营公路、兵工筑路和以工代赈所修的道路，出现于沿海、华北、华东一带，也促进了当时道路建设的发展，并且开始认识到道路建设的重要性，特别是中华民国的肇创者孙中山先生倡言："道路是文明之母和财富之脉"，并有百万英里碎石公路的设想。虽未能实现，但倡导之功，不可泯灭。到北洋政府末年（1926年），全国公路里程为26110km，大都是晴通雨阻的低级道路。20世纪20年代，上海、天津等城市开始出现了沥青和水泥混凝土路面，并有沥青拌和厂及压路机等筑路机械，对于中国道路建设的现代化有了一定的影响。1927～1949年，修建各省联络公路，逐渐走向统一化和正规化，初步形成公路网。全国经济委员会于1932年成立后，首先制定了联络公路的规划，先由江苏、浙江、安徽三省开始，于1932年修通了沪杭（上海至杭州）公路；继之以杭徽（杭州至安徽歙县）公路，从此打破了公路分割的局面。后又扩充为七省联络公路，即除原三省而外，又加上河南、江西、湖南、湖北四省，并逐步扩大到全国。1934年公布《公路工程准则》24条，对于几何设计、路面、桥涵等都有规定，统一了公路工程的技术标准。为了鼓励各省按规划和标准筑路，建立了补助基金和分区督察的制度。除了各省修建外，经委会为了示范作用，直接修建西北的西安至兰州和西安至汉中两条路。1937年抗日战争开始，前方公路随军事失败而有始无终，乃集中力量打通西北的"羊毛车路线"（由西安经兰州、乌鲁木齐至霍城，在苏联境内接阿拉木图，是进口抗战物资的重要路线之一，西北出产的羊毛由此线出口，故有此称）和西南通往缅甸的滇缅公路（抗战期间日本切断香港、越南到中国的交通，滇缅公路建成后，进口的抗战物资较多，成了重要的西南国际路线）。此外，还在后方西北、西南一带修筑若干联络干线，如川康、康青、南疆、乐西、汉白、华双、西祥等路，截至1945年抗战胜利，全国公路总里程为123720km。但1949年能通车的不过75000km。关于科研方面，1933～1941年间，曾在南京修建两条试验路：一条主要试验国产材料的筑路技术；一条主要用进口的沥青材料试验表面处理。1937年在西兰公路上咸阳市附近，试验水泥稳定土壤路面。1940年在乐西公路乐山附近修建了级配路面试验路。至于试验研究机构，虽有所创建，但因时局的动荡不安，未得巩固发展。1932年间，在上海曾试用冷拌沥青碎石路，获得成功。1941年滇缅公路，修建了沥青表面处治路面155km，采用筑路机械200余部，是中国公路机械化施工的开端。一般公路大多采用就地取材、造价低廉的泥结碎石路面。

（3）中华人民共和国的道路建设　1949年新中国建立后，我国公路建设大至经历了"通达工程"建设期（1950～1978年）、"提高等级"建设期（1979～1997年）和"完善路网"建设期（1998年至今）。

"通达工程"建设期(1950～1978年)。这一阶段,我国的国民经济建设全面展开,百废待兴,国民经济基础十分薄弱,国家对公路交通的基础性和先导性作用认识不清,导致投资严重不足,公路建设资金十分匮乏。这一时期的公路建设任务是以通为主,公路建造技术和工艺水平相对落后,公路建设标准多为三、四级公路。但是通车里程增长迅速,截至1976年,全国公路通车里程达到82.3万公里。

"提高等级"建设期(1979～1997年)。这个时期,我国经济开始持续、快速、健康发展的轨道,综合实力日趋增强,公路基础设施建设发生历史性转变,主要表现在:公路建设得到中央和地方各级政府的重视,公路建设的重要性逐步为全社会所认识;在统一规划的基础上,开始有计划地进行全国公路基础设施建设,明确了全国干线公路网布局;公路建设在扩大总规模的同时,重点提高了质量,高等级公路迅速发展,公路基础设施的总体技术水平得到提高;公路建设资金来源趋于多元化,提高了养路费征收标准,开征车辆购置附加费,允许高等级公路收费还贷等政策的出台,保证了公路建设资金的来源。这一时期,公路建设由以前的"以通为主"向"提高公路的快速性"转变,主要任务是提高公路等级、质量和通行能力,以满足国民经济对公路交通的需求。截至1996年底,我国的公路里程超过118万公里,高速公路和一级公路超过15万公里,路网等级全面提高。

"完善路网"建设期(1998年至今)。这个时期,国家采取了扩大内需的积极财政政策,以推动国民经济快速、稳步的增长。扩大内需行之有效的措施是大规模启动基础建设项目,这给公路建设带来前所未有的发展机遇,加之交通增长对公路建设的强烈需求,修建高速公路和进行农村公路建设成为两个重要方向。截至2020年底,我国公路通车里程达到510万公里,其中高速公路达到16万公里,路网日趋完善。

总的来看,经过70多年的发展,我国的公路建设取得了巨大成就:一是路网密度大大提高;二是农村公路建设成就显著;三是公路、桥梁、隧道建造技术赶上甚至超越国际先进水平,建造了一批标志性工程,如港珠澳大桥、杭州湾大桥、秦岭特长隧道、最长的沙漠公路等;四是高速公路建设成就突出,总里程位居世界第一。

5.1.1.2 西方道路的历史发展

(1) 西方古代道路 公元前1900年前,亚述帝国曾修筑了从巴比伦辐射出的道路;今天在巴格达和伊斯法罕之间,仍留有遗迹。传说非洲古国迦太基人(公元前600～前146年)曾首先修筑有路面的道路,后来为罗马所沿用。罗马帝国大修道路,对维护帝国的兴盛起着很大的作用,从首都罗马用道路把意大利、英国、法国、西班牙、德国、小亚细亚部分地区、阿拉伯以及非洲北部连成整体,以维持在该广大地区的统治地位,并把这些区域分成13个省,有322条联络干道,总长度达78000km(52964罗马里)。罗马大道网,以29条主干道为主,其中最著名的一条是由罗马东南方向越过亚平宁山脉通往布林迪西的阿庇乌大道,全长约660km,开始兴建于公元前

400年前后,用了68年的时间,完成后起了沟通罗马与非洲北部和远东地区的作用。罗马大道的主要特征有两个:一是路面高于地面,主要干道平均高出2m左右,以利瞭望,保障行车安全,因此,成为现代英语所袭用的"highway"一词的来源;二是两点之间常常不顾地形的艰险,恒以直线相连,工程浩大,至今尚留有隧道、桥梁、挡土墙的遗迹。其中若干主要军用大道宽达11~12m,中间部分宽3.7~4.9m,用硬质材料铺砌成路面,以供步兵使用,两边填筑了高于路面的宽约0.6m的堤道,可能是为军官指挥之用,外侧每边尚有2.4m宽的骑兵道。其施工方法是先开挖路槽,然后分四层用不同大小的石料并用泥浆或灰浆砌筑,总厚达1m。路面的式样也不尽相同,较高级的阿庇乌大道,曾用远自160km以外运来的边长1~1.5m的不整齐石板,镶砌于灰浆之中。有些道路上是用大理石方块或用厚约18cm的琢石铺砌。罗马帝国的道路建设之所以有如此辉煌的成就,主要原因之一在于统治者的重视,道路的主持者是高级官吏,道路的最高监督有至高的权威和荣誉,如恺撒(公元前102或前100~前44年)是第一个任斯职者,从此以后只有执政官级才有资格充当。正因为道路建设对罗马帝国的兴盛起着很大的作用,罗马人修建了凯旋门,纪念诸如恺撒、图拉真等的筑路功绩。随着罗马帝国的衰亡,道路也随之败坏。可以说,国家的兴衰和道路的状况有着密切的联系。

(2)西方近代道路 应该说,近代道路的发展史,主要在西方。

首先用科学方法改善道路施工的,是拿破仑时代法国工程师P.M.J.特雷萨盖,由于他的努力,筑路技术向科学化和近代化迈出了第一步。他曾于1764年发明了新的筑路方法,10年后在法国获得普遍采用,主要特点是减薄了路面的厚度,底层用较大的石料竖向铺筑,用重夯夯实;其上同样铺成第二层后,再用重夯夯击并将小石块填满大孔隙中;最上层撒铺坚硬的碎石,罩面形成有拱度的厚约7.5cm的面层。他重视养护,被认为是首先主张建立道路养护系统的人。在他的影响下,法国的筑路精神重新受到了鼓舞,在拿破仑当政期间(1804~1814年)建成了著名的法国道路网。因而当时法国尊称特雷萨盖为现代道路建设之父。英国的苏格兰工程师T.特尔福德于1815年建筑道路时,采用一层式大石块基础的路面结构,用平均高约18cm的大石块铺砌在中间,两边用较小的石块以形成路拱,用石屑嵌缝后,再分层摊铺10cm和5cm的碎石,以后借助交通压实。其要求较特雷萨盖更为严格。以后将这种大块石基础称为特尔福德基层。1816年,英国另一位苏格兰的工程师J.L.马克当对碎石路面做了认真的研究,认为路面损坏的原因主要是选用材料不良,准备工作不够,铺筑工艺欠精,以及设计不合理等。他主张取消特尔福德所发明的笨重的大石块基础而代之以小尺寸的碎石材料,用两层10cm厚的7.5cm大小的碎石,上铺一层2.5cm的碎石作为面层获得了成功,因而目前仍将这种碎石路面称为马克当路面。他首先科学地阐述了路面结构的两个基本原则,至今尤为道路工作者所肯定:一是道路承受交通荷载的能力,主要依靠天然土基,并强调土路基要具备良好的排水功能,当它经常处于干燥状态下,才能承受重载而不致发生沉降;二是用有棱角的碎石互相咬紧锁结成为整体,形成坚固的路面。根据当时的交通情况，路面的厚度一般小于25cm即可适应。与罗马时代的路面厚度相较，减薄了3/4，节约了大量的人力和材料。路面施工的压实，主要依靠车辆，并经常用工具整平，直到路面坚实为止。因此，路面的成形旷费时日，而敲碎石料更是费工。1858年发明了轧石机后，促进了碎石路面的发展，后来又用马拉的辊筒进行压实工作。1860年在法国出现了蒸汽压路机，进一步促进并改善了碎石路面的施工技术和质量，加快了进度。在20世纪初，世界上公认碎石路面是当时最优良的路面而推广于全球。马克当还为汽车时代交通与道路的关系提出了正确的见解。他认为：道路的建设应该适应交通的发展，而不应该为了维持落后的道路而限制交通，这个主张为以后公路发展起了很大的作用。1883年G.W.戴姆勒和1885年C.F.本茨分别发明了汽车，1888年J.B.邓洛普发明了充气轮胎，加上马克当的碎石路面，成为近代道路交通的三大支柱。与此同时，特尔福德以道路工程师的身份首先创办了土木工程师学会，并担任了终身的主席，发展成为国际上群众性学术团体。从上可见，道路工程的改革是自路面开始的。如碎石路面的结构，在当时虽然新颖，但只是原始的。自古以来，在道路建设上也已经知道外加结合料的重要性，过去是石灰、沥青，后来是水泥。由于所用材料的不同，其结构性能表现也各异，因而将路面分为柔性和刚性两大类。近来，由于缓凝性质材料（主要是工业废料）的采用，又有半刚性路面之分。汽车发明后，性能不断改善，在速度、安全和舒适方面有很大的提高，原来的道路条件已不能适应，因而有了高速公路的出现，在英国称"motorway"，美国称"freeway"，德国称"autobahn"，日本称"高速道路"。自第二次世界大战以后，各国也有相应的发展，高速公路已成为公路现代化的标志。

5.1.2 道路结构与材料的历史演进

历史上，道路的质量、寿命及其使用功能的不断变化和升级主要反映在道路的结构组成、材料发展和创新应用上，这是道路历史发展进程中一个非常突出的文化现象。下面就顺着这条脉络进行探寻和梳理。

5.1.2.1 土路

原始的道路是由人践踏而形成的小径。东汉训诂书《释名》解释道路为"道，蹈也，路，露也，人所践蹈而露见也"。

鲁迅先生在他的《故乡》一文中写道："其实地上本没有路，走的人多了，也便成了路"。这句话虽然是表达鲁迅先生以"路"的形成方式描述对人生的思考和探索，但也同时准确、科学地描述了路的起源以及原始的形成规律和特点。原始人徘徊于自然界的山川与河流之间，打猎、捕鱼、采集食物，其惯性的足迹便形成了路，直至今日，很多乡间小路也是由此而形成的。

这种土路的特点是，由人的自然踩踏而形成的表面坚实、可重复行走和便于记忆遵循的痕迹，没有任何的人工路面结构和工艺技术可言，属于人类基于目的需要自然而然形成的道路，虽然用目前的标准看来承载能力很低、通行能力很小以及实际里程也很短，但却很好地适应了原始人类基于行走和生活生存的需要。由此，他们可以由近及远，不断探索自然世界，活动的领地范围不断扩大，适应环境的能力不断增强，获得的食物来源也不断增多和丰富。这是人类历史长河中所走出的最为坚实的一步、关键的一步和不同寻常的一步，人类自此踏上了漫漫征程，走向了诗意的人生和远方。

可是，原始的土路承载能力毕竟有限，除了能走路，几乎没有什么优点可言，难以适应人类车马行军以及物资运输的需要。于是，我国古代很早就发明并开始使用石灰等胶凝材料来促进和改善土的强度及稳定性，这一筑路技术的应用和发展，极大地提高了道路的承载能力和使用寿命，并在古代相当漫长的历史时期一直延续使用和经久不衰。直至今天，我们仍然可见其应用于现代道路的设计与施工中，继续发挥着光和热。

因此，可以说道路的演化历史就是人类发展的历史。人类的社会、经济生活创造了道路，道路的产生和发展反过来又促进社会发展和人类进步。人类转为定居生活以后，以住地为中心的道路交通历史便开始了。随着经济的发展、生产力的进步，人们从自给自足的生活状态发展到物质交换的商品经济时代，更进一步推进了道路建设活动的发展。

即使人类已经发展到今天的现代公路乃至高速公路，但自然界中的岩土依然是修建道路路基路面的基本材料和大宗材料，也许这就是道路的历史根基和本源吧，它永远铺筑和依附在广袤的大地上，尽管蜿蜒而崎岖，但却能翻山越岭、横跨江河、直达九州。

5.1.2.2 石路

秦始皇统一中国以后，实现了"车同轨"。修筑了以驰道为主的全国交通干线，以京师咸阳为中心，向四周辐射，将全国各郡和重要城市全部连通。丝绸之路是自汉朝开始开辟的一条横穿亚洲的陆路交通干线，是中国通往印度、古希腊、罗马及埃及等国家进行经济和文化交流的重要通道。该路始于中国西安，经现在的陕西、甘肃、新疆等省，越过帕米尔高原，再经中亚、西亚，到达地中海东岸的罗马，里程达数万千米。唐朝首都长安道路建设不但为中国以后的城市道路建设树立了榜样，而且影响远及日本。宋朝、元朝和明朝均在过去道路建设的基础上有所提高。清朝（1644～1911年）把驿路分为三等：一是"官马大道"；二是"大路"；三是"小路"。

在国外，首先采用科学方法改善道路施工的是拿破仑时代法国工程师特雷萨盖，通过他的努力，筑路技术向科学化和现代化迈出了第一步。他的努力使得法国在拿破仑执政期间（1804～1814年）建成了著名的法国道路网，因而当时法国尊称特雷萨盖为现代道路建设之父。英国的苏格兰工程师特尔福德于1815年修建道路时，采用一层式大块石基础的路面结构（图5-3）。1816年英国另一位苏格兰工程师马卡丹对碎石路面破坏机理做了认真研究，主张取消特尔福德所发明的笨重的大石块基础而代之以小尺寸的碎石材料，这种碎石路面后来被称为马卡丹路面（图5-4）。

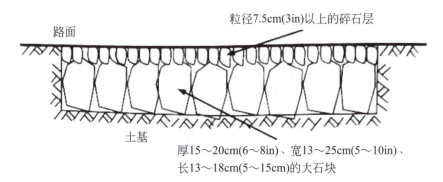

图5-3 特尔福德路面结构形式示意

1858年发明了轧石机后，促进了碎石路面的发展，后来用马拉的辊筒进行压实路面。1860年法国出现了蒸汽压路机，进一步推进路面施工技术发展。在开展道路工程教育方面，法国是最早的国家，1747年，法国巴黎创立了第一所专门的道路桥梁学校，这所学校是世界上第一所培养道路和桥梁技术人才的专门学校，为社会输送了大批道路技术人员和工程师。1888年英国特尔福德以道路工程师的身份首先创办了土木工程师学会，并终身担任主席，该学会发展成为国际上群众性学术团体。

5.1.2.3 马路

现今人们说起马路，往往是指城市或近郊供车马行走的宽阔平坦的道路。"马路"最早是由碎石铺设的，路中央略高而且光滑平坦，这样利于雨水流淌到路边，不影响正常交通。后来，人们用沥青铺涂在上面，称为"柏油路"，但大多数人还是习惯叫"马路"。

一提起"马路"，很多人都会自然而然地想到，马路不就是"马走的路"或"马车走的路"吗？这是一个非常普遍的错误。其实，"马路"与"马"或"马车"都没有关系，而是"马卡丹路"（Macadam Road）的简称。"马卡丹路"一词源自现代道路建筑之父、碎石筑路法的发明者、苏格兰的建筑工程师马卡丹（John Loudon McAdam）的姓氏。

事情的起源还要追溯到工业革命时期的英国。在工业革命之前，欧洲的道路要么是简易的土路，要么是伦敦、巴黎、布鲁塞尔这类欧洲大城市中最好的道路——用大块石头铺成的石头路，当时还没有用复杂技术修建的道路。18世纪末，英国正处于工业革命的热潮之中，工业的发展对交通运输的要求越来越高，昔日那种"人走出来的路"，再也不能适应人们的需要了。在这种背景下，马卡丹潜心钻研，于1816年发明了一种新型的筑路法。他不使用大块岩石作为道路的基础，而是使用三种不同大小的碎石，分层铺设并压实嵌入泥土中，具有路中偏高，便于排水，路面平坦宽阔的特点。这种筑路法仅仅需要碎石和泥土等材料，造价低廉，铺出的路面坚实而平整，因此很快得到了广泛应用。为了纪念他，采用这种方法建筑的道路就被称为马卡丹路（图5-4）。

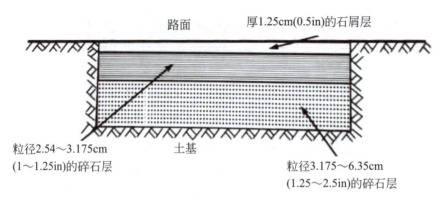

图 5-4　马卡丹路面结构形式示意

19世纪末，中国的上海、广州、福州等沿海港口开埠，欧美列强在华兴建租界，把西方的碎石筑路法带到了中国，在中国修筑了一些Macadam Road。当时中国人将这种道路音译为"马卡丹路"，简称"马路"。

柏油马路是马卡丹路的升级，是在马卡丹路面上加入柏油（Tar）。这种道路在英语中被称为Tarmac，由Tar（柏油）+Macadam组合而成。由于柏油对人体健康有害，现在人们已经普遍使用沥青（Pitch）代替了柏油。

新中国建立后，曾有一位美国记者采访周恩来总理，并用中文故意刁难周总理："为什么你们中国的路叫马路？难道是因为专门给马走的吗？"周总理从容不迫，面带微笑地说："因为我们中国走的是马克思主义道路，所以叫马路。"那位美国记者当场脸红，羞愧不如。

5.1.2.4　公路

随着近代汽车的出现和工业化发展，公路和高速公路应运而生并得到了空前的发展，陆路交通变得更加迅捷和便利，人类经济社会发展也由此步入了快车道和新时期，呈现出一派生机盎然和欣欣向荣的美好景象。

公路的名称和叫法源于汽车的产生和应用，这是一次具有里程碑式的跨越和发展。1876年欧洲出现了世界上首辆汽车，1902年中国开始有了汽车，由此公路应运而生。1919年德国出现了世界上第一条高速公路，名为AVUS高速公路，

公路是指连接城市之间、城乡之间、乡村与乡村之间，和工矿基地之间按照国家技术标准修建的，由公路主管部门验收认可的道路，按技术等级划分为：高速公路、一级公路、二级公路、三级公路、四级公路，但不包括田间或农村自然形成的小道。

主要供汽车行驶并具备一定的技术标准和设施。按行政等级划分为：国道、省道、县道、乡道、村道。主要反映的是按照我国不同的行政级别来进行道路的管理。

公路的字面含义是公用之路、公众交通之路，汽车、自行车、人力车、马车等众多交通工具及行人都可以走，当然不同公路限制不同。早期的公路没有限制，大多是简易公路，后来不同公路有不同限制；由于交通日益发达，限制性使用的公路越来越多，特别是一些公路专供汽车使用了（有的城市公路从禁止自行车和禁止摩托车），而且发展出高速公路这种类型，专供汽车全程封闭式使用。

公路路面的变化和发展是最为直观和显现的，往往具有引领性、标志性与核心地位，这是看待公路技术发展的一个重要视角。就路面结构发展看，功能和作用更加明确与细化（图5-5）。就路面结构及材料发展看，大致经历了如下几个阶段。

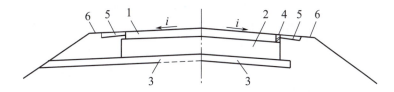

图 5-5　公路路面结构层次划分示意

1—面层；2—基层；3—功能层；4—路缘石；5—加固路肩；6—土路肩；i—路拱横坡度

20世纪60年代以前——砂石路面。 砂石和黏土是筑路最基本的材料，黏土作为结合料，砂石作为骨料，两者发挥各自的优点和作用，经拌和、摊铺和碾压形成具有一定强度的路面结构。但砂石路面缺点明显：晴天扬尘、雨天泥泞，不能全天候行车。

20世纪60～70年代——渣油路面。 随着大庆油田的开发，道路渣油这种不合格的沥青材料登上了历史舞台。在这个阶段，渣油表处加石灰土基层成了最主要的路面结构。

20世纪70年代——普通（低等级）路面。 随着胜利油田923原油和孤岛原油的开发，使胜利炼油厂开始生产符合一定规格的沥青。这种沥青蜡含量很高，质量很差。胜利炼油厂生产的沥青铺筑到天安门广场四周道路上，获得优质产品银奖。与此同时，沥青碎石结构、贯入式路面或上拌下贯式沥青路面得到了发展，基层的石灰土已经考虑掺加了碎石，成为这个时期公路干线的主要形式。

20世纪80年代后期——高速公路沥青路面。 以京津冀高速公路建设为契机，我国进入了高等级公路建设的新时期。交通部制定了"重交通道路沥青标准"，开始大量进口国外高质量沥青。石化部门也开始研制生产重交通沥青。沥青混凝土路面成为高等级公路的主要结构形式，基层也采用了水泥、石灰稳定碎石等形式。由此，我国高等级公路特别是高速公路发展进入了快车道。

截至2020年年底，我国公路总里程为510万千米，高速公路总里程达16万千米，均位居世界第一位。

5.1.3 道路的设计与修筑

5.1.3.1 道路的规划

(1) 道路规划的意义 道路规划的主要任务是:通过社会、经济、交通等深入调查和系统科学的定性定量分析,评价现有道路网状况,揭示其内在矛盾,找准客货流分布特点、发展趋势及运输量、交通量的变化特征,确定规划期道路发展的总目标和整体布局;根据不同线路的性质和功能,提出技术等级方案,并在科学评价的基础上排出备选方案的优劣次序,选出实施方案;拟定主要线路的走向和主要控制点,列出分期实施的建设序列,并提出确保规划实施的政策和资金筹措办法等。

道路网规划的目的就是从科学和实事求是的原则出发,分析模拟区域客货运输的交通状况,剖析道路网建议发展存在的问题及其很源,预测整个国家或地区社会经济发展趋势和交通需求,制定合理可行的道路网规划方案和建设时序,为区域道路近期和长期发展建设提供决策依据。道路网规划的目标就是:节省车辆行驶时间、降低运输成本,实现道路运输效益最大化;保障国民经济、产业结构和各行业健康持续发展;促进区域经济平衡协调发展,实现经济效益最大化;促进道路运输与其他运输方式协调发展,实现交通运输综合效益最大化;合理投入和使用道路建设资金,最优使用有限资金;合理、有效地利用土地资源,保护生态自然环境。

道路网规划是规划期内区域道路建设目标的策划活动,是道路工程建设活动的第一环节,是一项工序十分复杂、涉及面极为广泛的系统工程,涉及政治、经济、文化、社会、自然、地理、环境、技术、军事等多学科相关内容。因此具有多维目标和价值特性,在分析方法上必须坚持以系统科学分析方法为主线。如图5-6所示为《山东省高速公路网中长期规划(2014 ~ 2030年)》布局方案。

图 5-6 《山东省高速公路网中长期规划(2014 ~ 2030 年)》布局方案

(2) 道路规划的指导思想

① 秉承交通运输系统整体性。现代化交通运输方式主要有公路、铁路、水路、航

空和管道五种运输方式，各种运输方式具有各自的优点和缺点。公路网运输系统是交通运输系统的子系统，在区域公路网布局规划时，要充分认识交通运输总系统、各个子系统的发展现状、发展规模以及时空关系，并以此作为公路网规划的基本依据之一。各种运输系统之间应相互协调、相互配合、取长补短，共同完成区域运输任务，实现无缝对接和零距离接运。公路网运输只有在与其他运输方式协调配合中才能体现和发挥其优越性。

② 坚持一切从实际出发。我国幅员辽阔，人口众多，区域差异较大，经济发展不平衡，尚属于发展中国家。高速公路建设必须从自身实际情况出发，无论从宏观还是微观层面上讲，区域公路网布局规划均涉及许多复杂的因素和条件，且区域公路网规划处于动态发展的过程中。因此，公路网规划必须遵循从实际条件出发的原则，"一次规划、分期实施"，既是保证公路建设适应区域交通运输的需要，同时也切实可行。公路网布局规划要结合地形地貌、地质、河流、气候等自然环境情况，政治和经济带布局和格局，产业规划和结构，因地制宜地进行；尽量选择地质地貌、气候环境较好的走向，减少与大江、大河的交叉。杜绝将公路建设工程做成"形象工程""政绩工程"，杜绝不同区域之间不切实际的盲目攀比，而要从实际情况出发，做好自身道路建设活动，适合才是最好的。

③ 坚持可持续发展观。可持续发展基本定义可以表述为"既满足当代人的需求，又不危及后代人满足其需求的发展"。公路运输的目标是满足区域社会经济发展的需要，完成客货运输任务，促使区域社会经济可持续发展。高速公路网建设对生态环境的影响，特别是对自然保护区、森林公园、风景名胜区、饮用水源地、基本农田、地质保护地等的影响是不可忽略的。道路网对生态系统的作用是巨大的，就影响环境面积而言，全国国土面积都不同程度地受到道路网的影响。所有道路切割生态系统及其生态环境之后，产生了非常严重破碎化现象。因此，公路网规划应该考虑能否保护环境和资源，发扬区域文化生态特性，保证规划路网达到最佳综合效益，实现社会的可持续发展。存在于自然、生存于社会的公路规划及道路建设活动，面对自然遵循"急来缓受"的"顺其自然"原则，实现公路网"随遇而安"于自然环境。

④ 坚持系统分析方法。在公路网布局规划中，必须坚持使用系统分析方法处理多维复杂问题。比如在农村公路建设中，若能有充足的资金来源做保障，增加路网规划总体规模，提供公路技术等级，势必收到相应的社会经济效益。然而并非规模越大其效果就越佳。规模在达到一定限度后，超限规模增加越多，效果不但不会提高，反而还会下降，所以要处理好投入资金和社会经济效益的平衡关系。因此，在系统分析方法宏观指导下，出现许多公路网布局的多目标优化模型。

⑤ 处理好近期与远期关系。一个合理的公路交通系统建设规划应包括近期项目建设计划、中期项目建设规划、远期发展战略规划三个层次，并满足"近期宜细，中期有准备，远期可粗、有设想"的要求。公路网建设的长期性决定了公路网规划必须具有"规划滚动"的可操作性，规划的滚动以规划的近远期相结合为前提。

⑥ 坚持理论与实践相结合。道路网布局规划活动必须建立在科学理论基础之上，如公路网规划理论有四阶段法、总量控制法、交浦区位法、分形几何理论和马尔科夫残差修正灰色模型等，但目前公路网规划在整体规划依据与各方法体系的细节上存在着一定的缺陷。因此，公路网布局规划也离不开规划技术人员的实践经验与知识。

⑦ 正确处理好局部与整体的关系。公路网布局规划应分层次，并由上到下进行，局部服从整体。省道网应以国道网为基础，县道网应以省道网、国道网为基础，地方道路网要以县道网、省道网和国道网为基础。目前公路在跨区的断头线多，不利于发展横向经济联系，规划新网时要切实加强区域之间的公路建设。继续实现以地方为主、国家为辅的方针，充分发挥中央和地方两个积极性，同时要加强中央宏观调控能力，正确处理好局部和整体的利益关系。

5.1.3.2 道路的选线

道路选线是根据道路的使用任务、性质、等级、起讫点和控制点，以及沿线地形、地貌、地质、气候、水文、土壤等条件，通过技术、经济、环保、社会、政治、军事、文化等方面的综合分析研究和比选论证而确定的道路中线具体空间位置的过程。

道路选线必须经过多方案论证和比选，要综合考虑拟建项目的功能和定位、在综合交通运输体系中地位和作用、路网规划、沿线自然条件；同时也要考虑文化和社会因素，包括驾驶者的安全与舒适、与环境景观相协调、保护原有的自然生态环境和重要的历史文物遗址，尽量减少对周边人们生产和生活的影响等。遵循并坚持"景观选线、环保选线、地质选线、安全选线"相结合的设计理念，按照技术上可行，经济上合理，又能符合环保和使用要求，才能定出最合理的选线设计方案（图5-7）。

道路选线工作贯穿于可行性研究以及初步设计、技术设计和施工图设计的各个阶段，并随着设计阶段的进展实现由面到带、由带到线、由线到点，逐步加深。

地形条件及变化是影响道路选线的主导因素，不同的地形类别往往也具有不同的地质和水文条件，并体现出不同的选线要求和特点。下面着重从平原区道路选线、山岭区道路选线和丘陵区选线进行分析与阐述。

（1）平原区选线　平原区选线，因地形限制不大，布线应在基本符合路线走向前提下，着重考虑政治、经济因素，正确处理对地物、地质的避让与趋就，找出一条理想的路来。综合平原地区的特点，布线应注意如下要点。

① 正确处理道路与农业的关系。平原区农田成片，渠道纵横交错，布线应从支援

图5-7　昆明机场至双龙高速公路选线方案比选

农业着眼，处理好以下问题：平原区新建公路要尽量少占或不占高产田；路线应与农田水利建设相配合；当路线靠近河边低洼的村庄或田地时，应争取靠河岸布线，利用公路的防护措施，兼作保村保田之用。

② 合理考虑路线与城镇的联系。平原区有较多的城镇村庄、工业及其他设施，布线应分不同情况，正确处理穿越和绕避问题：过境公路——靠村不进村，利民不扰民；连接公路——选择适当位置与城市道路连接或穿越城镇。

③ 处理好路线与桥位的关系。指定的特大桥是路线基本走向的控制点；大桥原则是应服从路线基本走向，一般作为路线走向的控制点；中小桥涵的位置应服从路线走向；一般情况下，桥位中线应尽可能与洪水的主流流向正交，桥梁和引道最好都在直线上。

④ 注意土壤水文条件。平原区的土壤水文条件较差，特别是河网湖区，地势低平，地下水位高，使路基稳定性差，因此应尽可能沿接近分水岭的地势较高处布线。当路线遇到面积较大的湖塘、泥沼和洼地时，一般应绕避；如需要穿越时，应选择最窄最浅和基底坡面较平缓的地方通过，并采取有效措施，保证路基的确定。

⑤ 正确处理新旧路的关系。平原地区通常有较宽或等级较高的公路，应注意分别情况处理好新旧路的关系。现有一般二级公路由于交通量很大，需建二级公路时，宜利用、改造原路，并另建辅道供非汽车交通行驶。现有公路等级低于一般二级标准，宜新建汽车专用路，原有公路可留作辅道。

⑥ 尽量靠近建筑材料产地。平原地区一般缺乏砂石建筑材料，路线应尽可能靠近建筑材料产地，以减少施工和养护材料运输费用。

（2）山岭区选线。山岭区道路的定线步骤如下。

① 全面布局。首先广泛勘察山形、地质情况，撇开不良地带，逐步缩小路线活动范围，然后进一步上下反复勘察，确定控制点（如山脊垭口）和延展路线的地段，做好整体布局。

② 逐段安排路线。按全面布局所定控制点分段安排路线，安排好一段，定好一段线位。

③ 定线。沿着已安排好的路线轮廓确定路线位置。山坡上的线位放上或放下，决定填挖工程的大小，必须在路线的横向详细研究后确定。

山岭区选线按照路线行经地区的地形地貌特征，主要有越岭线、沿河（溪）线、山脊线三类。选线应考虑的关键问题，依类型特性而不同。

① 越岭线多半以纵坡控制，主要为垭口选择、过岭标高的确定以及垭口两侧的展线等问题的解决。

② 沿河线和山脊线多半以方向控制，沿河线主要为路线沿哪一岸行进，线位高度的确定，以及跨河地点的选择。山脊线主要为上山脊路线是否够长，垭口选择以及在分水岭哪一侧布线。

③ 介于山脊线与沿河线之间的山腰（坡）线，则特别注意避免同一山坡上回头曲

线的重叠。

（3）丘陵区选线　丘陵区的地貌特点是：山丘连绵，岗坳交错，此起彼伏，山形迂回曲折，岭低脊宽，山坡较缓，丘谷相对高差不大。重丘区与山区无明显界限，微丘区与平原区也难以区别。

丘陵区的选线特点是：局部方案多，且为充分适应地形，路线纵断面有起伏，平面线形以曲线为主。选线时应特别注意横向土石方的平衡，结合地形兼顾平面及纵断面，以平面曲线设计为主。

丘陵区布线方法应随路线行经地带的具体地形而有所不同，可概括为三种布线方式。即：平坦地带——走直线；较陡横坡地带——走匀坡线；起伏地带——走直连线和匀坡线之间。

路线线形不仅要满足汽车行驶的动力要求，保证行车的迅速通畅，还要满足驾驶员的视觉与心理反应要求，保持线形有连续顺适的外观，与周围景观的协调。这就要求选线时注意线形各项标准的选用及其配合。如长直线或长陡坡下应避免设置小半径的平曲线；直线与曲线要彼此协调而有比例地交替；再如平纵线形组合时，平竖曲线重合且平曲线包竖曲线可得到理想的平滑舒顺的线形。路线要与周围景物协调一致，可增加自然风光的优美。

5.1.3.3　道路的设计

道路是一种线性带状的空间三维结构，一般包括路基、路面、桥涵、隧道等工程实体。从专业角度看，道路设计可以分为几何设计和结构设计两大部分。

道路几何设计的主要任务是在研究汽车行驶与道路各个几何要素关系的基础上，在保证设计速度、规划交通量的情况下，确定出适应地形和其他自然条件的主要技术标准、道路的空间位置和几何形状及尺寸，其他结构物的位置，并处理好道路与周围环境的关系等。道路几何设计本质上就是人、车、路、环境的关系协调问题，驾驶员的心理和视觉特性、景观、交通与环境的相互关系、交通安全、汽车行驶特性和动力特性以及交通流量和交通特性都与道路的几何设计有直接关系。对于空间三维实体的道路而言，设计时自然应作为整体性考虑，但是从研究的化繁为简的便利角度出发，则是把它抽象地剖解为道路的平面、纵断面和许多横断面而分别加以研究及降维处理，在明确平、纵、横这三个基本几何组成各自要求的基础上，再结合安全、经济、环保、美观以及地形和其他自然条件等做综合考虑。这在设计上显然是一种非常有效的方法。

道路的结构设计，主要包括结构物的位置与尺寸确定，材料选择，特别是结构的承载力、稳定性、耐久性以及可靠性设计，反映的是结构物的内在品质和质量要求。一般可分为路基工程设计、路面工程设计、桥涵工程设计、隧道工程设计等学科或专业知识内容。

随着我国改革开放以及公路建设的快速发展，对公路交通的要求开始向"快速、方便、舒适、安全"方面转变，公路建设从改革开放初期以量的扩张为主，开始转向质的发展提高阶段。同时，在不断摸索的公路建设跨越式前进过程中，遇到了诸如经济制约与发展需求、病害治理与灾害预防、工程建设与环境保护等一系列问题。20世纪90年代末期随着道路设计标准的逐步提高，地形、地质条件的逐渐复杂，这些问题更加突出。这就亟待从工程设计源头分析症结所在，转变现有观念，研究关键技术，促进建设发展，以满足不断增长的安全、经济和环保需求。

  从21世纪初至现在，是公路的快速建设期。在这一阶段初期，道路设计标准逐渐提高，地形地质条件更加复杂，由于对环境危害的认识不足，公路设计理念仍保持了"经济思维"的惯性，未能随着建设条件的改变及时进行调整。这样，公路建设对生态环境的不利影响便逐渐显现：高填、深挖常常诱发地质病害，防护加固、地基处理反而加大了工程费用，被破坏的原有植被与水系，又进一步造成水土流失等，以往"经济为主"的设计指导思想不利于公路交通的持续、快速发展，导致公路建设成套技术的发展相对滞后，在总体方案设计、地质病害防治、生态环境保护等方面出现了一定的偏差。因此，在高速公路的快速建设期的后半段，这种现象已引起一定的重视，东部经济发达省份如江苏省和建设高速公路较早的陕西省，都提出建设高速公路要把环境保护放在首位的指导思想，提出建设生态路、环保路等基本概念。但由于"经济制约"的影响，在大部分省份和地区仍然沿袭传统的建设指导思想，"环保优先"的指导思想只是在少数地区被接受。

  随着党的十六届三中全会提出"坚持以人为本，树立全面、协调、可持续的发展观，促进经济社会和人的全面发展"的科学发展观，公路设计工作从历史的成败教训、借鉴吸收国外先进经验以及结合我国现实发展的需要中，逐步凝练并总结出了如下"六个坚持，六个树立"的新理念。

  ① 坚持以人为本，树立安全至上的理念。在公路设计中体现"以人为本"的要求，就要改变"建设就是发展"的传统观点，坚持把"用户需求置于公路工作的核心"，树立"用户第一，行者为本"的新设计理念，把不断满足人们的出行需求和促进人的全面发展作为最终目的和工作着力点，要把满足人的出行需要作为根本，在工程本身的细微之处，体现对人的关注，体现人性化的要求，注重公路安全性、方便性、舒适性、愉悦性的和谐统一，提供最大限度的出行方便。

  ② 坚持人与自然相和谐，树立尊重自然、保护环境的设计理念。随着公路建设向山区的发展，暴露了植被破坏、环境污染、水土流失等一系列问题，出现了较多的环境地质灾害。大量的建设、传统的思想，更加剧了工程建设与环境保护之间的矛盾。而研究表明，即使在气候温和的亚热带地区公路环境下，植被自然恢复到原有状态竟然至少需要20年！

  公路建设离不开环境与资源的支撑，也对自然环境产生一定的负面影响。因此，在公路设计过程中，一定要尊重自然规律，建立和维护人与自然相对平衡的关系，倍加爱护和保护自然。要树立"不破坏就是最大的保护"的理念，坚持最大限度地保护、最小程度地破坏、最强力度地恢复，使工程建设顺应自然、融入自然。要把工程防护与生态防护结合起来，把设计作为改善环境的促进因素，摒弃先破坏、后恢复的陋习，实现环境保护与公路建设并举、公路发展与自然环境相和谐，努力建成环保之路、景观之路、生态之路。

坚持"环保优先"的设计思想，符会我国环境保护的基本国策。增加环保工程，可能加大建设成本，但带来的长远利益，是很难用经济指标衡量的。过去，当建设资金受限时往往压缩环保投入。从可持续发展观看，这是不妥当的。要汲取过去的经验教训，就要树立"绿色公路"的设计理念，实现公路建设与环境保护双赢。

③ 坚持可持续发展，树立节约资源的理念。公路建设是线性工程，规模巨大，对土地资源有很强的依赖性。因此，在设计环节，就要坚持"统筹规划、合理布局、远近结合、综合利用"的原则，正确处理适当超前与可承受能力的关系，做到"三个合理"：一是合理利用线位资源，确定合理的路线方案，避免重复建设或工程衔接不合理造成的资源浪费；二是合理确定建设规模，以满足功能为主要目标，不片面追求不符合实际需要和经济能力的高标准，不建盲目追求政绩的形象工程，不搞不切实际的贪大求洋；三是合理确定建设方案，能利用老路进行改扩建的不要新建，确需新建的要尽量避免占用耕地良田。在满足功能要求的前提下，合理采用技术指标。

④ 坚持质量第一，树立让公众满意的理念。质量是工程的生命，更是行业的生命。高品质的公路工程项目，不仅是实体质量、功能质量、外观质量的完美结合，是结构安全、经久耐用、外表美观的优质工程，还应当是公众满意、使用方便、有高水平服务质量的社会产品。所以，不仅要站在交通行业自身的角度去进行工程设计，体现公路特有的线形美和工程结构物的建筑美，体现精细的工程质量要求，更应站在行车使用者的角度去设计公路，尽可能体现绝大多数人民群众的利益要求。

大力倡导和推进公众参与，增加建设项目前期工作透明度，是减少工作后遗症、提高社会认可度的重要措施。在公路建设前期工作中，要注意听取社会公众的意见，特别要注意听取沿线群众的意见，使公路设计方案贴近大众需求，满足社会公众需要。这有益于完善设计方案，有益于保证后期建设的顺利实施。

⑤ 坚持合理选用技术指标，树立设计创作的理念。我国地域广阔，各地自然条件不同，经济社会发展水平各异。但要正确理解和执行标准、规范，切忌不分强制性标准还是推荐性标准，照抄照搬。要加强总体设计工作，充分考虑地区之间、不同地理条件之间的发展差别和不同情况，坚持针对工程项目所处的自然、地理、地质条件的特点，尊重每一个区域的特殊性和差异性，在满足安全性、功能性条件下，通过对技术经济方案比选，科学确定技术标准，合理运用技术指标。

要树立设计创作理念。要大胆创新，合理、灵活地运用技术指标，抓住重点，突出功能实效，以"更安全、更环保、更经济"为目标，在"精、细、美"上多下功夫，高度重视线形、结构以及每个局部、细节的技术处理。

同时，要以追求自然、朴实为导向，强化景观设计。公路设计要充分考虑与当地自然及文化景观相协调，追求自然，突出自然，使公路建设与自然景观达到完美的结合。公路景观设计应力争使自然景观、人文景观与公路工程结构物达到高度的协调，营造出"车在路上行，人在画中游"的优美环境。

⑥ 坚持系统论的思想，树立全寿命周期成本的理念。公路设计工作要统筹考虑规划、建设、养护、运营的全过程，系统解决工程结构的耐久性、抗疲劳性，人车行驶的安全性，养护维修的可行性，防灾减灾的有效性，以及环境景观的协调性等问题，实现公路使用寿命更长、环境更美、行车更舒适、投资更省的总体目标。

过去，由于建设资金严重不足，设计阶段对控制工程造价、节约建设资金考虑过多，忽视了由于先期投入不足，增加了运营期间的养护费用；忽视了由于养护设施设置不当，不能应对突发性公路灾毁和保证施工作业的不阻断、不拥堵，降低了公路服务水平，并由此造成不良社会影响。由于先期投入不足，造成工程使用寿命缩短，大修提早到来的例子屡见不鲜。比如，有的项目该建桥的以路堤代替，尤其是软基该处理的不处理，或因压缩工期而处理不到位，造成先天不足，导致路堤施工后沉降处理费用增加，平整度下降，服务水平降低。又如，有的项目该设隧道的却采用明挖，由于开挖边坡太高，增大了防护工程量，影响到环保景观，甚至诱发地质病害，增加了后期维护费用。这些教训和不足，使我们承受了很多不该有的非议。因此，要树立全寿命周期成本的理念，在可能的条件下，宁可先期投入大一些，也要减少后期养护费用，延长使用寿命，从而减少交通干扰，提高综合服务能力。另外，也要坚持从国情出发，从实际需要出发，不盲目追求和攀比我们力所不能及的高指标、高要求，继续倡导科学合理、经济的设计理念，用好每一分建设资金。要增加成本意识，采用合理的工程规模、技术标准和建设方案，努力降低工程造价，节约工程投资。还要积极采用新材料、新工艺、新技术、新设备，通过提高科技含量，取得最佳的技术经济效益。

5.1.3.4 道路的修筑

现代道路的修筑是依据设计图纸和相关规范标准的要求进行的造物活动，主要涉及三个方面的问题，即：资源运用、工艺方法和组织管理。

道路修筑涉及人员、材料、设备、技术、资金等资源的调配、运用和集成物化的过程，因此施工的组织和管理工作至关重要，特别是修筑前的准备工作和施工过程中的质量要求。所有这一切，无疑人是决定性因素和主导力量，其技术水平以及组织管理能力是决定成败的关键。

道路的修筑自古以来就遵循着"分层填筑""分层碾压"的工艺方法，并一直沿用到今天。这一方面能够很好地适应道路自上而下逐步递减的应力分布规律，以便采用不同的材料来达到经济上的合理；另一方面也有利于道路碾压工作的质量，进而增强道路填筑材料的密实性，以及提高道路的承载力、稳定性和耐久性，用今天的眼光看，其科学性是显而易见的。所不同的，只是道路填筑和碾压的工具及方法的不断改进与创新，以及修建速度和效率的不断提升，从古代的人挑肩扛、尺量目测、经验为主，到今天的机械化施工、精密仪器检测、科技支撑保障，已然发生了翻天覆地的变化。

这是一个经历了由小到大、从简单到复杂以及分工越来越细和质量不断提升的漫长历史的积淀过程。

目前的道路工程修建，更加依赖于机械化的施工效率以及科学化的组织管理工作，而且涉及的学科和领域也越来越广，特别是高速公路、山区高速公路的规模体量以及施工难度越来越大，复杂性越来越高，对周边环境的影响也越来越显著。

由于我国幅员辽阔，各地自然条件对道路修建的影响很大，例如黑龙江省的哈尔滨为温润季冻区，而福建省的厦门为东南湿热区，这两个地方在修筑公路时会有明显的不同。为此将自然条件大致相近者划分为区，这就是公路自然区划。我国现行《公路自然区划标准》（JTJ 003），为区分不同地理区域自然条件对公路工程影响的差异性，指导各地区公路修建采取适当的技术措施和选择合理的技术参数提供了标准与依据。

公路项目的施工是有明确目标任务的，施工单位需要根据施工图纸、项目的规模和工程量、采用的施工工艺方法、当地的自然条件以及人员、材料、设备的配备等来具体制定质量、进度、成本、安全、环保等目标任务，编制项目的施工组织设计文件，并据此来安排和指导项目的施工。

每修筑一条道路，都需要工程师和建设者团结协作共同完成。2008年4月，黑龙江省开始进行公路建设三年决战，历经1200多个日日夜夜，铺筑了四通八达的3000km路网，从根本上改变了全省公路基础设施的落后面貌。在这场规模宏大的决战中，有一支奋勇当先的黄浦"路"军。他们当中既有行业领军者、项目指挥、项目经理，也有设计师、建造师、监理工程师。尽管岗位不同，但他们都有一个共同的特点：都是黑龙江工程学院路桥专业的毕业生，近5000人，充分发扬了"特别能承重、特别能吃苦、特别能战斗、特别能奉献"的龙江交通精神，在"三年决战"中发挥了至关重要的核心、骨干作用。

5.1.4 天路是什么路

我们每个人都应该熟悉那首著名歌曲《天路》，那优美、奔放、抒情的旋律，能深深抓住并打动我们的内心。

这首歌曲充满真情实感地反映了广大西藏人民群众渴望开通青藏铁路的愿望，讴歌和赞扬了我国铁路建设者克服重重困难，最终让西藏人民拥有通向祖国各地的铁路线，圆了西藏人民的梦想，并形象地把雪域高原上的青藏铁路称之为"天路"（图5-8）。

1300年前，文成公主带着大唐王朝交付的重任，翻山越岭，穿过茫茫草原，抵达拉萨，成就了唐蕃和亲的历史使命，她进藏走的那条唐蕃古道恰好是今天穿越青藏高原的交通大动脉——青藏铁路。缔造这一奇迹的，是众多技术卓绝、甘于奉献的中国铁路设计师和建设者，他们克服人类生理极限的挑战和诸多世界性难题，历时5年，终于把铁轨铺上了"世界屋脊"。中国民主革命的伟大先驱孙中山先生一生曾有两大愿

图 5-8 修建在世界屋脊上的天路

望：一是修建三峡工程；二是修筑青藏铁路。如今，这两个愿望都已经由我们这代人实现。

青藏铁路是一条连接青海省西宁市至西藏自治区拉萨市的国铁Ⅰ级铁路，是中国新世纪四大工程之一，是通往西藏腹地的第一条铁路，也是世界上海拔最高、线路最长的高原铁路。

青藏铁路全长1956km，分两期建成。一期工程东起青海省西宁市，西至格尔木市，全长814km，于1958年开工建设，1984年5月建成通车；二期工程，东起青海省格尔木市，西至西藏自治区拉萨市，全长1142km（图5-9），于2001年6月29日开工，2006年7月1日全线通车。

青藏铁路是世界海拔最高的高原铁路：铁路穿越海拔4000m以上地段达960km，最高点为海拔5072m。青藏铁路也是世界最长的高原铁路：青藏铁路格尔木至拉萨段，穿越戈壁荒漠、沼泽湿地和雪山草原，全线总里程达1142km。青藏铁路还是世界上穿越冻土里程最长的高原铁路：铁路穿越多年连续冻土里程达550km；海拔5068m的唐古拉山车站，是世界海拔最高的铁路车站；海拔4905m的风火山隧道，是世界海拔最高的冻土隧道；全长1686m的昆仑山隧道，是

图 5-9 青藏铁路平面示意

第5章 路桥工程文化 235

世界最长的高原冻土隧道；海拔4704m的安多铺架基地，是世界海拔最高的铺架基地；全长11.7km的清水河特大桥，是世界最长的高原冻土铁路桥。

青藏铁路大部分线路处于高海拔地区和"生命禁区"，自然条件极其恶劣，因此青藏铁路建设面临着三大世界铁路建设难题：千里多年冻土的地质构造、高寒缺氧的环境和脆弱的生态。而三大世界难题叠加到一起，就更加难上加难，是世界铁路建设史上最具挑战性的工程项目。

5.1.4.1 多年冻土

在青藏铁路线上，西藏自治区的安多是一个重要的地理分界点，由此往北上溯550km，是青藏高原的连续多年冻土地带。多年冻土是建设高原铁路的一项世界性难题，冻土随着季节交替不断地冻结、融化，会造成路基冻胀、下沉，严重影响铁路通车。

世界上在冻土区修筑铁路已有近百年历史，但因难度大，很多问题尚未解决。在俄罗斯，20世纪70年代建成的第二条西伯利亚铁路1994年调查的线路病害率达27.5%，运营近百年的第一条西伯利亚铁路1996年调查的线路病害率为45%。在我国，青藏公路1990年调查的病害率为31.7%，东北地区多年冻土区铁路病害率达40%。

青藏铁路要穿越连续多年冻土区550km，不连续多年冻土区82km，其中平均地温高于–1.0℃的多年冻土区275km，高含冰量多年冻土区221km，高温高含冰重叠路段约134km。在这一地区施工，至少要考虑两个因素：一方面，全球变暖带来的气温升高，会使冻土消融；另一方面，人类工程活动会改变冻土相对稳定的水热环境，使地下水位下降，土壤水分减少，导致植被死亡等，将涉及更大面积的冻土消融。

青藏铁路建设成败的关键在路基，路基成败的关键在冻土，冻土的关键问题在融沉。这是中国冻土研究专家们的一致共识。

（1）**主动冷却路基积极保护多年冻土**　只有保护冻土不化，才能保证路基稳定。以往的办法是增加土体热阻，减少进入路基下部的热量，从而延缓多年冻土退化，在一定时间内起到保护冻土的作用。在全球气候变暖和工程扰动的大背景下，以中国科学院院士程国栋为代表的青藏铁路冻土攻关的科研工作者根据多年研究的成果，创造性地提出了主动冷却路基的思路，减少传入地基土的热量，保证多年冻土的热稳定性，从而保证修筑在上面的工程质量的稳定性，并据此设计了多种工程技术措施保护多年冻土。随着冻土路基、冻土区桥梁、涵洞、隧道、房建、管线等工程的顺利完成，青藏铁路也因此被誉为"世界冻土工程博物馆"。

在青藏铁路线上，我们能够看到很多路段采用的是块石路基和块石、碎石护坡路堤，这是保护冻土较为经济、方便、有效的方法。采用块石路基，块、碎石护坡，主要利用块石、碎石孔隙较大的特点，使它们在夏季产生热屏蔽作用，冬季产生空气对流，改变路基和路基边坡土体与大气的热交换过程，起到较好的保护多年冻土的作用。按照设计，全线有117km路段采用块石路基，31km路段采用块石、碎石护坡路堤（图5-10）。

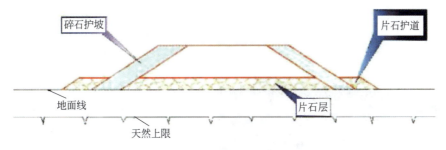

图 5-10　片石路堤与碎石护坡

此外，在路基两旁埋设高效导热的热棒（图 5-11），可以将热量导出，同时吸收冷量并有效地传递，储存于地下。在路基中铺设通风管（图 5-12），可使土体温度明显降低，在通风管的一端设计、安装了自动温控风门，当温度较高时，风门会自动关闭；温度较低时，风门自动打开，这样可以避免夏季热量进入通风管。在路基顶部和路基边坡铺设遮阳棚、遮阳板（图 5-13），可以有效地减少太阳辐射，降低地表温度。这些措施在建设中也得到不同程度的运用。

路基中铺设保温材料（图 5-14），可以减缓路基下部多年冻土融化和升温作用，但它不能从根本上保护多年冻土，只能在冻土温度较低的路段适当采用。还有一种办法，

图 5-11　热棒冷却路基

图 5-12　通风管冷却路基

图 5-13　路基遮阳板

图 5-14　路基保温材料

第 5 章　路桥工程文化　237

图5-15 清水河大桥

就是直接在冻土上建桥，称为旱桥，也就是"以桥代路"的办法，可以做到铺架铁轨不惊扰冻土。穿越可可西里冻土区的清水河大桥（图5-15），就是典型的旱桥，长达11.7km，气势恢宏，同时该桥下的净空也成为藏羚羊的迁徙通道，起到保护雪域高原的生态的作用，可谓一举两得。

（2）实地多项试验技术参数科学准确 从格尔木出发，沿青藏公路驱车320km，爬上海拔4600多米的北麓河，山包上矗立的那幢红顶蓝墙的塑钢建筑，在蓝天、白云、绿草的映衬下格外醒目、漂亮，这就是中科院冻土工程国家重点实验室青藏高原研究基地，西边不远处便是青藏铁路。

1998年，冻土工程国家重点实验室的科研人员积极配合铁道部进行青藏铁路可行性研究，参与了《青藏铁路多年冻土区工程勘察暂行规定》和《青藏铁路多年冻土区工程设计暂行规定》的编制工作。2001年，他们开始从事"青藏铁路工程与多年冻土相互作用及其环境效应"研究，程国栋为项目主管，马巍、吴青柏两位研究员为首席科学家。2002年在铁道部支持下建起了这个研究基地，并在青藏铁路线建设了14km的冻土工程试验示范段。

青藏铁路全线有5个冻土工程试验段，北麓河试验段冻土条件最复杂、地下含冰量最高、温度场变化最大。这一试验段涵盖了除旱桥以外青藏铁路冻土施工的全部15项试验，有各种不同工程措施下多年冻土温度、变形监测断面约40个，温度监测全部采用自动化方式，随时可以获取第一手材料，据此验证分析所使用的各种工程结构和工程设计的合理性，提出拟在全线推广的典型工程结构、措施、技术，以及典型有效的路基结构形式。

试验段的各个断面内有关变形、地温、水分、沉降等内容的观测点达9000多个，需进行全年不间断高精度的观测、分析，加上其他科研工作，一年四季至少有七八个人得常住在基地，自然环境条件异常艰苦。

（3）难题仍在破解，动态监测任重道远 在北麓河试验段，记者看到工人们正在修筑一段与铁路平行的路基。吴青柏说，已建成的试验路段主要是验证冻土工程措施的可行性，而在建的这段240m长的对比路基，是为了弄清楚各种工程措施以及冻土变化的科学机理。

青藏高原多年冻土具有地温高、厚度薄等特点，其复杂性和独特性举世无双，加之全球气候变暖、工程扰动因素，势必对冻土产生长远影响。40多年前，中科院的科学家就开始研究这里的冻土，但在铁路线上全方位地开展研究和试验，时间却不是很长，这是一项涉及面很广的系统工程，除了研究冻土工程结构稳定性之外，还要研究路基冻融病害形成机理及防治对策、沿线气候与多年冻土间的相互作用、铁路工程与多年冻土间的相互作用等问题,还需要破解许多难题。

如何保证铁路工程的稳定性呢?在青藏铁路上马之前,科学家们在青藏公路和青康公路(西宁至康定)沿线建立了多年冻土地温监测网,青藏铁路开工以后,他们以青康公路沿线多年冻土现状来分析青藏铁路沿线工程和气候变化下多年冻土变化趋势,提出了解决冻土问题的基本思路,达到了"以空间换时间"的效果。然后,又在青藏铁路沿线系统地布设了29个监测断面和3个不同多年冻土温度区的块石路基监测场地,设立了10个多年冻土深孔监测点和13个活动层监测场地,构建了青藏铁路工程动态监测平台。

通过动态监测和数据、模型平台的科学分析和预测,把青藏铁路试验段的工作和不断深入的科学研究结合起来,在逐步认识冻土的基础上修改,完善设计,为决策层提供科学建议、补强并丰富工程技术措施,才能有效保证青藏铁路工程的长期稳定。

5.1.4.2 高寒缺氧

从格尔木出发,翻昆仑山,越唐古拉山入藏,经安多、那曲、当雄,抵达拉萨。沿途风光绮丽壮美,天高云淡;充分供氧的车厢内,游客可以自由呼吸,一路领略着雪域高原的奇美景象,使得高原探险之旅变成了享受。

青藏铁路格尔木至拉萨段是世界上海拔最高和跨越高原多年冻土里程最长的铁路,海拔4000m以上的地段占全线85%左右,沿线自然条件极其恶劣,大部分地区空气含氧量只有内地的50%~60%,年平均气温在0℃以下。高寒缺氧、风沙肆虐、强紫外线辐射、饮用水短缺、自然疫源多,被称为人类生存极限的"禁区"。

(1) 恶劣环境给青藏铁路建设带来的困难　独特而严酷的高原环境对铁路建设者的身体健康、生命安全和劳动能力构成了极大的威胁。在高原地区施工,由于氧分压低,会导致人体机能下降,如果缺氧严重,会引发肺水肿和脑水肿等危及生命的急性高原病。与平原地区相比,人的劳动能力在海拔3000m处会下降29.2%,在海拔4000m处会下降39.7%。

此外,高原缺氧还会造成对机械效率和设备性能的不利影响。在海拔4000m以上施工的各类机械,发动机功率、牵引特性、加速及爬坡性能、小时作业率等会下降很多,并存在燃烧不充分而产生积炭、加速磨损、排放严重超标等隐患。青藏高原的特殊环境会引起设备性能改变,使得机械设备金属材料的冷脆性增加,密封件及橡胶管件的耐久性、抗破损性降低,传动油和润滑油的黏性增加;电气产品适应性降低,电量和电压减小,外绝缘强度降低;产品散热能力下降;以自由空气为灭弧介质的电气开关产品通断能力和电气寿命受到一定的影响。由于昼夜温差大,可能引起密封件加速老化及机械结构变形或开裂;紫外线辐射强度大易引起室外电气产品的温度增高,致使有机绝缘材料和涂料等加速老化而缩短使用寿命。还要克服和解决低温启动及对液压系统、冷却系统、制动系统、电力系统的影响等。

图 5-16　风火山制氧站

图 5-17　高压氧舱

图 5-18　施工人员背着氧气瓶吸氧施工

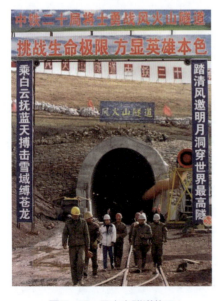

图 5-19　风火山隧道施工

（2）采取的应对举措　为确保建设者的生命健康和安全，铁路部门贯彻"以人为本，卫生保障先行"的指导思想和"预防为主，防治结合"的原则，在建设过程中确立了严格的卫生保障制度和科学的卫生保障体系。铁道部在格尔木建立了全路第一个高原病防治中心，在全线建立起三级医疗保障体系。在施工高峰年，共建立三级医疗机构 144 个，配备常规医疗设备 3900 多台，设置大型制氧站 17 个，购置高压氧舱 25 台，全线形成能够快速有效救治危重病人的完备的医疗网络（图 5-16 和图 5-17）。

青藏铁路开工以来，全线共接诊病人 53 万多人次，其中 470 例高原性脑水肿、931 例肺水肿患者全部得到有效救治，实现了"高原病零死亡"的目标。

在海拔 4600 多米的昆仑山隧道施工时，施工人员背着 5kg 重的氧气瓶，边吸氧边工作（图 5-18），在一年的施工中，共消耗 5kg 瓶装氧气 12 万瓶。在海拔 4905m 的风火山隧道施工中（图 5-19），中铁二十局指挥长况成明突发奇想：能不能研制出一个巨大的制氧站，像锅炉供应蒸汽一样源源不断地向施工现场和宿舍输送氧气？按照这一思路，中铁二十局和北京科技大学合作，创造性地提出了有压吸附，高原低气压直接解吸的变压吸附制氧工艺，建成了 3 座大型制氧站（图 5-16），每小时可制氧 42m^3，源源不断的氧气通过钢管输向施工隧道的掌子面，使洞内氧气含量达到 80% 左右，相当于将工地海拔下降了 1000 多米。这项"青藏铁路风火山隧道制氧、供氧系统研制与应用"的科技成果，填补了世界高海拔制氧技术的空白，并很快在建设全线推广使用。在海拔最高（5072m）的唐古拉山越岭地段，施工难度为全线之最（图 5-20）。这里严酷的高寒、缺氧、气压低、紫外线强烈，恶劣的气候条件给参建人员的身体健康和劳动能力带来很大的影响。中铁十七局为了确保职工生命安全和健康，特别注重卫生工作，建立了三级医疗机构，配备了制氧站、高压氧舱（图5-17）、救护车等多种大型医疗设备，在工地宿舍内安装了供氧管道，只要打开阀门，随时可以吸氧，并强制职工每天吸氧不少于7h。

5.1.4.3 生态脆弱

青藏高原素有"世界屋脊""世界第三极"之称，是黄河、长江、澜沧江、

图5-20　康古拉山战天斗地

怒江、雅鲁藏布江五大水系的发源地，又是藏羚羊、藏野驴等国家珍稀动物的栖息地，一半以上地处无人区或人类生存极限的"生命禁区"。这里生态环境原始、独特、敏感，常年低温低气压，高寒缺氧干燥，生态极其脆弱，植被破坏后很难恢复。独特的生态环境和珍贵的生物物种，使青藏高原的生态环境问题一直为国内外所关注，特别是穿越965km的4000m以上高海拔地区和550km多年冻土地带的青藏铁路，在为这片"生命禁区"带来生机的同时，环境保护问题尤其显得突出。

为了最大限度地减少对生态环境的影响，青藏铁路建设提出了"质量环保双优"的工作方针，把环境保护与工程质量放在同等重要的地位，确定了"预防为主，保护优先，开发与保护并重"的环境保护原则，努力把工程设计和施工对环境的影响减小到最低限度，确保冻土环境保持稳定、江河水质不受污染、水土流失保护得力、高原植被有效保护、野生动物迁徙自由、铁路沿线景观不受破坏，把青藏铁路建设成一条高起点、高标准、高质量的世界一流高原环保铁路。

爱惜青藏高原的一山一水，呵护青藏高原的一草一木。青藏铁路开工建设之前，国家有关部门和研究机构就对青藏高原的环境、物种、生态等进行专题研究，并编制了《青藏铁路环境影响报告书》，以生态环境的评价结果指导设计、施工和环境管理，有效保护铁路经过自然保护区生态系统的完整。

青藏铁路在中国铁路建设史上首次设立环保监理制度，建立了由青藏铁路建设总指挥部统一领导、施工单位具体落实并承担责任、工程监理单位负责施工环保工作日常监理、专职环保监理实施全面监控"四位一体"的环保管理体系，对青藏铁路环境保护进行全过程监控，把生态功能保护、冻土保护、植被保护、水土保持、野生动物保护等各项环保措施细化到了各参建单位和建设工点。

为了切实保护施工区段的高原植被，铁路施工中合理规划施工便道、施工场地、取弃土场和施工营地，对施工范围内的地表植被进行草皮移植和再造植被（图5-21）。铁路建设者在沱沱河、安多、当雄等海拔4500m以上地段进行了大面积的路基边坡植草试验和植被恢复试验，均获成功，开创了世界高原、高寒地区人工植草试验成功的

先例。而今，唐古拉山以南安多至拉萨间已有300多千米路基披上绿装，成为高原上美丽的"绿色长廊"。

图 5-21　草皮移植

图 5-22　以桥代路保护高原生态

湿地被称为陆地上的"天然蓄水库""地球之肾""生命的摇篮"和"物种基因库"。为保护高原湿地，青藏铁路设计采取了尽量绕避的措施，必须经过湿地时，一般采取"以桥代路"（图5-22）、多设涵洞、路基基地抛填片石等措施，避免路基下的地下径流被切割，防止湿地萎缩。这类环保桥梁在青藏铁路格拉段有几十千米。位于羌塘草原的古露湿地面积约15平方千米，是藏北草原水草最丰美的地区。为保护湿地，建设者先在原湿地旁边的植被稀疏处挖出与湿地登高的洼地，将湿地原水引入，营造出人工湿地的环境，然后再将车站用地上的牧草连根挖出半米深，一块块植入人工湿地内。目前，移植的8万平方米湿地草皮与原湿地草皮连成一片，人工湿地也与自然湿地浑然一体，植被恢复完好。

青藏铁路沿线，栖息有藏羚羊、野牦牛、藏野驴等珍稀野生动物。据统计，西藏有哺乳动物142种、鸟类488种、爬行动物55种、两栖动物45种、鱼类68种、昆虫2300多种，其中包括国家一级保护动物41种，二级保护动物84种。"给野生动物留条路""使野生动物沿着惯有的线路穿越"，对此，广大建设者和维护者付出了极大的努力。铁路选线尽量避开野生动物栖息、活动的重点区域，为此西藏段工程绕避了林周彭波黑颈鹤保护区，对必须经过野生动物活动区域的路段，如可可西里、楚玛尔河、索加等自然保护区的线路区段，专门组织专家研究野生动物保护问题，掌握沿线野生动物分布习性和迁徙规律，尽量减少对它们的干扰。

为野生动物修建迁徙通道，被认为是青藏铁路生态和环境保护的头等问题。根据不同动物的迁徙习性，青藏铁路沿线共设置了33处野生动物通道，通道被设计为桥梁下方、隧道上方及缓坡平交三种形式，藏羚羊等中小型动物通道，桥下通道部位净高大于3m；藏野驴、野牦牛等大型动物的通道，桥下通道部位净高大于4m。沿线还设有大量的桥梁、低路堤及家畜通道，也可供野生动物通过。中科院动物研究所等单位对藏羚羊迁徙情况进行监测的结果表明，野生动物已逐步适应了青藏铁路沿线环境，青藏铁路真正成了人与动物、自然的和谐之路。

阳光映照可可西里草原，一列青藏铁路列车缓缓跨上清水河大桥，成群结队的藏羚羊在大桥两边自由地活动，它们或三五成群地埋头吃草，或抬头凝望，或悠闲地从大桥下穿越……

5.2 桥梁工程

当江河、深谷阻断了陆路交通时，人类发明了桥梁。这种采用跨越式构筑连接两岸的方式使交通得以延续，使出行变得顺畅。桥梁正是人类利用工程改造自然、使之适应自身生存的典型实例。从简单原始的独木桥到气势恢宏的斜拉索大桥，通过桥梁工程所经历的变化，我们不仅能看到技术与工艺的发展，也能看到桥梁工程所凸现的惊人美感和文化意蕴。

我国历史文化悠久，是世界上四大文明古国之一。我们的祖先也在世界桥梁建筑史上写下了不少光辉的篇章。我国幅员辽阔，山河众多，自然条件错综复杂，有著名的长江、黄河和珠江等流域，这里孕育了中华民族，创造了灿烂的华夏文化。在历史的长河中，中华民族建造了数以千万计的桥梁，成为华夏文化的重要组成部分。

桥是一种用来跨越障碍的构造物。若从其最早或者最主要的功用来说，桥应该是专指跨水行空的道路。故说文解字中段玉裁的注释为："梁之字，用木跨水，今之桥也。"说明桥的最初含义是指架木于水面上的通道，以后才有引申为架于悬崖峭壁上的"栈道"和架于楼阁宫殿间的"飞阁"等天桥形式。

现代的桥又在公路、铁路以及城市交通中发挥着重要作用，平地起桥（立交桥），贯通东西南北，不仅有助于缓解交通堵塞，还成为现代化城市一道亮丽的风景。建一座桥，惠泽一方水土，成就一个地方的经济社会发展和文化繁荣交流。中国是桥的故乡，自古就有"桥的国度"之称，文化积淀深厚。

桥梁工程文化历史悠久，蕴含丰富的文化内涵。从桥梁的建筑设计就能折射出人类的价值理念以及情感意识。一座桥梁建筑犹似一座大型公共雕塑，建成以后，就立刻融入了周边的环境和社会发展中。桥梁本身承载着历史背景和岁月变迁，使我们可以看到民族风情、宗教信仰、审美情趣等文化的沉淀。

5.2.1 跨水越谷

5.2.1.1 天然桥梁

关于桥梁起源的问题，我国著名的桥梁专家茅以升先生认为："人类从自然界天生的桥梁得到启发，在生存的过程中，不断仿效自然，以解决行的问题。"

人类在原始时代，跨越水面和峡谷，是利用自然倒下来的树木，自然形成的石梁或石拱，溪涧突出的石块，谷岸生长的藤萝等作为跨越障碍的桥梁。

在人造桥之前，自然界由于地壳运动或其他自然现象的影响，形成了不少天然的桥梁形式。如浙江天台山横跨瀑布上的石梁桥，江西贵溪因自然侵蚀而形成的石拱桥（仙人桥），以及小河边因自然倒下的树干而形成的"独木桥"，或两岸藤萝纠结在一起而构成的天生"悬索桥"等。人类从这些天然桥中得到启示，便在生存过程中，不断仿效自然。开始时大概是利用一根木料在小河上，或氏族聚居群周围的壕沟上搭起一些独木桥（桥之所以始称"梁"，也许便是因这种横梁而过的缘故），或在窄而浅的溪流中，用石块垫起一个接一个略出水面的石蹬，构成一种简陋的"跳墩子"石梁桥（后园林中多仿此原始桥式，称"汀步桥""踏步桥"）。这些"独木桥""跳墩子桥"便是人类建筑的最原始的桥梁，以后随着社会生产力的发展，不断由低级演进为高级，才逐渐产生各种各样的跨空桥梁。

5.2.1.2 古代桥梁

中国古代桥梁的辉煌成就举世瞩目，无论是建桥技术，还是建桥数量都处于世界领先地位，曾在东西方桥梁发展史中占有崇高的地位，为世人所公认。中国古代桥梁不外乎梁、拱、索、浮等类型。

我国的古代桥梁，大致经历了四个发展阶段。

第一阶段以西周、春秋为主，包括此前的历史时代，这是古代桥梁的创始时期。此时的桥梁除原始的独木桥和汀步桥外，主要有梁桥和浮桥两种形式。

当时由于生产力水平落后，多数只能建在地势平坦、河身不宽、水流平缓的地段，桥梁也只能是些木梁式小桥，技术问题较易解决。而在水面较宽、水流较急的河道上，则多采用浮桥。

据史料记载，公元前1134年左右，西周在渭水架有浮桥，桥长达183m。古罗马在公元前621年建造了跨越台伯河的木桥，在公元前481年架起了跨越赫勒斯滂海峡的浮船桥。

第二阶段以秦、汉为主，包括战国和三国，是古代桥梁的创建发展时期。秦、汉是我国建筑史上一个璀璨夺目的发展阶段，这时不仅发明了人造建筑材料的砖，而且还创造了以砖石结构体系为主体的拱券结构，从而为后来拱桥的出现创造了先决条件。

战国时铁器的出现，也促进了建筑方面对石料的多方面利用，从而使桥梁在原木构梁桥的基础上，增添了石柱、石梁、石桥面等新构件。不仅如此，它的重大意义，还在于由此而使石拱桥应运而生。

石拱桥的创建，在中国古代建桥史上无论是实用方面，还是经济、美观方面，都起到了划时代的作用。石梁石拱桥的大发展，不仅减少了维修费用、延长了桥的使用时间，还提高了结构理论和施工技术的科学水平。

因此，秦、汉建筑石料的使用和拱券技术的出现，实际上是桥梁建筑史上的一次重大革命。故从一些文献和考古资料来看，大约在东汉时期，梁桥、浮桥、索桥和拱桥这四大基本桥型已全部形成。

第三阶段是以唐、宋为主，两晋、南北朝和隋、五代为辅的时期，这是古代桥梁发展的鼎盛时期。隋唐国力较之秦汉更为强盛，唐宋两代又取得了较长时间的安定统一，工商业、运输交通业以及科学技术水平等十分发达，是当时世界上最先进的国家。

东晋以后，由于大量汉人贵族官宦南迁，经济中心自黄河流域移往长江流域，使东南水网地区的经济得到大发展，经济和技术的大发展，又反过来刺激了桥梁的大发展。

因此，这个时期创造出了许多举世瞩目的桥梁，如隋代石匠李春首创的敞肩式石拱桥——赵州桥，北宋废卒发明的叠梁式木拱桥——虹桥，北宋创建的用筏形基础、植蛎固墩的泉州万安桥，南宋的石梁桥与开合式浮桥相结合的广东潮州的湘子桥等。

这些桥在世界桥梁史上都享有盛誉，尤其是赵州桥，类似的桥在世界别的国家中，晚了7个世纪才出现。纵观中国桥梁史，几乎所有的重大发明和成就，以及能争世界第一的桥梁，都是此时创建的。

第四阶段为元、明、清三朝，这是桥梁发展的饱和期，几乎没有什么大的创造和技术突破。这时的主要成就是对一些古桥进行了修缮和改造，并留下了许多修建桥梁的施工说明文献，为后人提供了大量文字资料。

此外，也建造完成了一些像明代江西南城的万年桥、贵州的盘江桥等艰巨工程。同时，在川滇地区兴建了不少索桥，索桥建造技术也有所提高。到清末，即1881年，随着我国第一条铁路的通车，迎来了我国桥梁史上的又一次技术大革命。

5.2.1.3 近代桥梁

18世纪，铁的生产和铸造，为桥梁建设提供了新的建造材料。但铸铁抗冲击性能差，抗拉性能也低，易断裂，并非良好的造桥材料。

19世纪50年代以后，随着酸性转炉炼钢和平炉炼钢技术的发展，钢材成为重要的造桥材料。钢的抗拉强度大，抗冲击性能好，尤其是19世纪70年代出现钢板和矩形轧制断面钢材，为桥梁的部件在厂内组装创造了条件，使钢材应用日益广泛。

18世纪初，发明了用石灰、黏土、赤铁矿混合煅烧而成的水泥。19世纪50年代，开始采用在混凝土中放置钢筋以弥补水泥抗拉性能差的缺点。此后，于19世纪70年代建成了钢筋混凝土桥。

近代桥梁建造，促进了桥梁科学理论的兴起和发展。1857年，由圣沃南在前人对拱的理论、静力学和材料力学研究的基础上，提出了较完整的梁理论和扭转理论。这个时期连续梁和悬臂梁的理论也建立起来。桥梁桁架分析（如华伦桁架和豪氏桁架的分析方法）也得到解决。19世纪70年代后，经德国人K.库尔曼、英国人W.J.M.兰金和J.C.麦克斯韦等人的努力，结构力学获得很大的发展，能够对桥梁各构件在荷载作用下发生的应力进行分析。这些理论的发展，推动了桁架、连续梁和悬臂梁的发展。19世纪末，弹性拱理论已较完善，促进了拱桥发展。20世纪20年代土力学的兴起，推动了桥梁基础的理论研究。

近代桥梁按建桥材料划分，除木桥、石桥外，还有铁桥、钢桥、钢筋混凝土桥。

（1）木桥　16世纪前已有木桁架。1750年，在瑞士建成拱和桁架组合的木桥多座，如赖谢瑙桥，跨径为73m。在18世纪中叶至19世纪中叶，美国建造了不少木桥，如1785年在佛蒙特州贝洛兹福尔斯的康涅狄格河建造的第一座木桁架桥，桥共两跨，各长55m；1812年在费城斯库尔基尔河建造的拱和桁架组合木桥，跨径达104m。桁架桥省掉拱和斜撑构，简化了结构，因而被广泛应用。由于桁架理论的发展，各种形式桁架木桥相继出现，如普拉特型、豪氏型、汤氏型等。桁架桥由于木结构桥用铁件量很多，不如全用铁经济，因此，19世纪后期木桥逐渐为钢铁桥所代替。

（2）铁桥　包括铸铁桥和锻铁桥。铸铁性脆，宜于受压，不宜受拉，适宜作拱桥建造材料。世界上第一座铸铁桥是英国科尔布鲁克代尔厂所造的塞文河桥，建于1779年，为半圆拱，由五片拱肋组成，跨径30.7m。锻铁抗拉性能较铸铁好，19世纪中叶跨径大于60～70m的公路桥都采用锻铁链吊桥。铁路因吊桥刚度不足而采用桁桥，如1845～1850年英国建造布列坦尼亚双线铁路桥，为箱形锻铁梁桥。19世纪中期以后，相继建立起梁的定理和结构分析理论，推动了桁架桥的发展，并出现多种形式的桁梁。但那时对桥梁抗风的认识不足，桥梁一般没有采取防风措施。1879年12月大风吹倒才建成18个月的苏格兰泰河铁路锻铁桥，就是由于桥梁没有设置横向连续抗风构的结果。

中国于1705年修建了四川大渡河泸定铁链吊桥，桥长100m，宽2.8m，至今仍在使用。欧洲第一座铁链吊桥是英国的蒂斯河桥，建于1741年，跨径20m，宽0.63m。1820～1826年，英国在威尔士北部梅奈海峡修建一座中孔长177m的锻铁吊桥，这座桥由于缺乏加劲梁或抗风构，于1940年重建。世界上第一座不用铁链而用铁索建造的吊桥，是瑞士的弗里堡桥，建于1830～1834年，桥的跨径为233m。这座桥用2000根铁丝就地放线，悬在塔上，锚固于深18m的锚碇坑中。

1855年，美国建成尼亚加拉瀑布公路铁路两用桥。这座桥是采用锻铁索和加劲梁的吊桥，跨径为250m。1869～1883年，美国建成纽约布鲁克林吊桥，跨度为283m+486m+283m。这些桥的建造，提供了用加劲桁来减弱振动的经验。此后，美国建造的长跨吊桥，均用加劲梁来增大刚度，如1937年建成的旧金山金门桥（主孔长为1280m，边孔长为344m，塔高为228m），以及同年建成的旧金山奥克兰海湾桥（主孔长为704m，边孔长为354m，塔高为152m），都是采用加劲梁的吊桥。

1940年，美国建成的华盛顿州塔科马海峡桥，桥的主跨为853m，边孔长为335m，加劲梁高为2.74m，桥宽为11.9m。这座桥于同年11月7日，在风速仅为67.5km/h的情况下，中孔及边孔便相继被风吹垮。这一事件，促使人们研究空气动力学与桥梁稳定性的关系。

（3）钢桥　美国密苏里州圣路易市密西西比河的伊兹桥，建于1867～1874年，是早期建造的公路铁路两用无铰钢桁拱桥，跨径为153m+158m+153m。这座桥架设时采用悬臂安装的新工艺，拱肋从墩两侧悬出，由墩上临时木排架的吊索拉住，逐节拼接，最后在跨中将两半拱连接。基础用气压沉箱下沉33m到岩石层。气压沉箱因没有安全措施，发生119起严重沉箱病，导致14人死亡。19世纪末弹性拱理论已逐步完善，促进了20世纪20～30年代修建较大跨钢拱桥，较著名的有：纽约的岳门桥，建成于1917年，跨径305m；纽约贝永桥，建成于1931年，跨径504m；澳大利亚悉尼港桥，建成于1932年，跨径503m，是公路、铁路两用桥。三座桥均为双铰钢桁拱桥。

19世纪中期出现了根据力学原理设计的悬臂梁。英国人根据中国西藏木悬臂桥式，提出锚跨、悬臂和悬跨三部分的组合设想，并于1882～1890年在英国爱丁堡福斯河口建造了铁路悬臂梁桥。这座桥共有6个悬臂，悬臂长为206m，悬跨长为107m，主跨长为519m。20世纪初期，悬臂梁桥曾风行一时，如1901～1909年美国建造的纽约昆斯堡桥，是一座中间锚跨为190m、悬臂为150m和180m、无悬跨、由铰联结悬臂、主跨为300m和360m的悬臂梁桥。1900～1917年建造的加拿大魁北克桥也是悬臂钢桥。1933年建成的丹麦小海峡桥为五孔悬臂梁公路铁路两用桥，跨径为137.50m+165m+200m+165m+137.5m。

1896年比利时工程师菲伦代尔发明了空腹桁架桥。比利时曾经造了几座铆接和电焊的空腹桁架桥。

（4）钢筋混凝土桥　1875～1877年，法国园艺家莫尼埃建造了一座人行钢筋混凝土桥，跨径16m，宽4m。1890年，德国不莱梅工业展览会上展出了一座跨径40m的人行钢筋混凝土拱桥。1898年，修建了沙泰尔罗钢筋混凝土拱桥。这座桥是三铰拱，跨径52m。

1905年，瑞士建成塔瓦纳萨桥，跨径51m，是一座箱形三铰拱桥，矢高5.5m。1928年，英国在贝里克的罗亚尔特威德建成4孔钢筋混凝土拱桥，最大跨径为110m。1934年，瑞典建成跨径为181m、矢高为26.2m的特拉贝里拱桥；1943年又建成跨径为264m、矢高近40m的桑德拱桥。

桥梁基础施工，在18世纪开始应用井筒，英国在修威斯敏斯特拱桥时，木沉井浮运到桥址后，先用石料装载将其下沉，而后修基础及墩。1851年，英国在肯特郡的罗切斯特处修建梅德韦桥时，首次采用压缩空气沉箱。1855～1859年，在康沃尔郡的萨尔塔什修建罗亚尔艾伯特桥时，采用直径11m的锻铁筒，在筒下设压缩空气沉箱。1867年，美国建造伊兹河桥，也用压缩空气沉箱修建基础。压缩空气沉箱法施工，工人在压缩空气条件下工作，若工作时间长，或从压缩气箱中未经减压室骤然出来，或减压过快，易引起沉箱病。

1845年以后，蒸汽打桩机开始用于桥梁基础施工。

5.2.1.4　现代桥梁

桥梁是随着历史的演进和社会的进步而逐渐发展起来的。每当交通运输工具发生重大变化，对桥梁在载重、跨度等方面提出新的要求时，便推动了桥梁工程技术的发展。

20世纪30年代，预应力混凝土和高强度钢材相继出现，材料塑性理论和极限理论的研究，桥梁振动的研究和空气动力学的研究，以及土力学的研究等获得了重大进展。从而为节约桥梁建筑材料，减轻桥重，预计基础下沉深度和确定其承载力提供了科学的依据。现代桥梁按建桥材料可分为预应力钢筋混凝土桥、钢筋混凝土桥和钢桥。

（1）预应力钢筋混凝土桥　1928年，法国弗雷西内工程师经过20年的研究，用高强钢丝和混凝土制成预应力钢筋混凝土。这种材料，克服了钢筋混凝土易产生裂纹的缺点，使桥梁可以用悬臂安装法、顶推法施工。随着高强钢丝和高强混凝土的不断发展，预应力钢筋混凝土桥的结构不断改进，跨度不断提高。

预应力钢筋混凝土桥有简支梁桥、连续梁桥、悬臂梁桥、拱桥、桁架桥、刚架桥、斜拉桥等桥型。简支梁桥的跨径多在50m以下。连续梁桥如1966年建成的法国奥莱隆桥，是一座预应力混凝土连续梁高架桥，共有26孔，每孔跨径都为79m。1982年建成的美国休斯敦船槽桥，是一座中跨229m的预应力混凝土连续梁高架桥，用平衡悬臂法施工。悬臂梁桥如1964年联邦德国在柯布伦茨建成的本多夫桥，其主跨为209m；1976年建成的日本滨名桥，主跨为240m；中国1980年完工的重庆长江桥，主跨为174m，是公路预应力混凝土T型刚构桥。

桁架桥如1960年建成的联邦德国芒法尔河谷桥，跨径为90m+108m+90m，是世界上第一座预应力混凝土桁架桥。1966年苏联建成一座预应力混凝土桁架式连续桥，跨径为106m+3×166m+106m，用浮运法施工。刚架桥如1974年建成的法国博诺姆桥，主跨径为186.25m，是目前最大跨径预应力混凝土刚架桥。

预应力钢筋混凝土吊桥是将预应力梁中的预应力钢丝索作为悬索，并同加劲梁构成自锚式体系，1963年建成的比利时根特的梅勒尔贝克桥和玛丽亚凯克桥，主跨径分别为56m和100m，就是预应力钢筋混凝土吊桥。

斜拉桥如1962年建成的委内瑞拉的马拉开波湖桥，这座桥为5孔235m连续梁，由悬在A形塔的预应力斜拉索将悬臂梁吊起，属于一种在纵向可作浮动的多跨弹性支承连续梁，能减少梁高，且能提高桥的抗风和抗扭转振动性能，并可利用拉索安装主梁，有利于跨越大河，因而应用广泛。预应力混凝土斜拉桥如1971年利比亚建造的瓦迪库夫桥，主跨为282m；1978年美国建造的华盛顿州哥伦比亚河帕斯科-肯纳威克桥，主跨为299m；1977年法国建造的塞纳河布罗东纳桥，主跨为320m。中国已建成十多座预应力混凝土斜拉桥，其中1982年建成的山东济南黄河桥主跨为220m。济南黄河公路桥，是连续预应力混凝土斜拉桥，于1982年建成通车。

（2）钢筋混凝土桥　第二次世界大战以后，世界上修建了多座较大跨径的钢筋混凝土拱桥，如1963年通车的葡萄牙亚拉达拱桥，跨径为270m，矢高50m；1964年完工的澳大利亚悉尼港的格莱兹维尔桥，跨径为305m。中国1964年创造钢筋混凝土双曲拱桥，桥由拱肋和拱波组成，纵向和横向均有曲度，横向也用拱波形式。拱肋和拱波分段预制，因此可用轻型吊装设施安装。这样，在缺乏重型运输工具和重型吊装机具下，也可以修建较大跨径拱桥。第一座试验双曲拱桥，建于中国江苏无锡，跨径为9m。此后，1972年建成湖南长沙湘江大桥，是一座16孔双曲拱桥，大孔跨径为60m，小孔跨径为50m，总长1250m。

钢筋混凝土桁架拱桥是拱和桁架组合而成的结构，其用料少，重量轻，施工简易。

（3）钢桥　第二次世界大战后，随着强度高、韧性好、抗疲劳和耐腐蚀性能好的钢材的出现，以及用焊接平钢板和用角钢、板钢材等加劲所形成轻而高强的正交异性板桥面的出现，高强度螺栓的应用等，钢桥有了很大发展。

钢板梁和箱形钢梁与混凝土相结合的桥型，以及把正交异性板桥面与箱形钢梁相结合的桥型，在大、中跨径的桥梁上广泛运用。1951年联邦德国建成的杜塞尔多夫至诺伊斯桥，是一座正交异性板桥面箱形梁，跨径为206m。1957年联邦德国建成的杜塞尔多夫北桥，是座6孔72m钢板梁结交梁桥。1957年南斯拉夫建成的贝尔格莱德的萨瓦河桥，是一座钢板梁桥，跨径为75m+261m+75m，为倒U形梁。1973年法国建成的马蒂格斜腿刚架桥，主跨为300m。1972年意大利建成的斯法拉沙桥，跨径达376m，是目前世界上跨径最大的钢斜腿刚架桥。1966年美国完工的俄勒冈州阿斯托里亚桥，是一座连续钢桁架桥，跨径达376m。1966年日本建成的大门桥，是一座连续钢桁架桥，跨径达300m。1968年中国建成的南京长江大桥，是一座公路铁路两用的连续钢桁架桥，正桥为128m+9×160m+128m，全桥长6km。1972年日本建成的大阪港的港大桥为悬臂梁钢桥，桥长980m，由235m锚孔和162m悬臂、186m悬孔所组成。1964年美国建成的纽约维拉扎诺吊桥，主孔为1298m，吊塔高210m。1966年英国建成的塞文吊桥，主孔为985m。这座桥根据风洞试验，首次采用梭形正交异性板箱形加劲梁，梁高只有3.05m。1980年英国完工的恒比尔吊桥，主跨为1410m，也用梭形正交异性板箱形加劲梁，梁高只有3m。

20世纪60年代以后，钢斜拉桥发展起来。第一座钢斜拉桥是瑞典建成的斯特伦松德海峡桥，建于1956年，跨径为74.7m+182.6m+74.7m。这座桥的斜拉索在塔左右各两根，由钢筋混凝土板和焊接钢板梁组合作为纵梁。

1959年联邦德国建成的科隆钢斜拉桥，主跨为334m；1971年英国建成的厄斯金钢斜拉桥，主跨为305m；1975年法国建成的圣纳泽尔桥，主跨为404m，这座桥的拉索采用密束布置，使节间长度减少，梁高减低，梁高仅3.38m。目前通过对钢斜拉桥抗风抗震性能的改进，其跨径正在逐渐增大。

钢桥的基础多用大直径桩或薄壁井筒建造。

5.2.2　桥梁结构

桥梁的结构、组成和类型是构成桥梁工程文化的载体。桥梁建筑形式的设计，一定要有新意，切忌抄袭雷同，要同中有异，要和环境协调，结构要求比例匀称，有动感和韵律美。德国著名的莱翁哈特教授在他的桥梁美学名著中说："美可以在变化和相似之间，复杂和有序之间展示，从而得到加强"。既相似又不同，但却十分和谐；既复杂变化，又有序统一，在不雷同和不杂乱之间展现出丰富的层次和文化内涵，给人以美的享受和心灵的激荡。

5.2.2.1 桥梁的组成

桥梁一般由上部结构、下部结构、支座和附属构造物组成。上部结构又称桥跨结构，是跨越障碍的主要承重结构；下部结构包括桥台、桥墩和基础，桥墩和桥台是支承桥跨结构并将恒载和车辆等活载传至地基的建筑物，桥墩和桥台中使全部荷载传至地基的底部奠基部分，通常称为基础，它是确保桥梁能安全使用的关键；支座为桥跨结构与桥墩或桥台的支承处所设置的传力装置，它不仅要传递很大的荷载，并且要保证桥跨结构能产生一定的变位；附属构造物则指桥头搭板、锥形护坡、护岸、导流工程等，见图 5-23。

河流中的水位是变动的，在枯水季节的最低水位称为低水位；洪峰季节河流中的最高水位称为高水位。桥梁设计中按规定的设计洪水频率计算所得的高水位，称为设计洪水位。

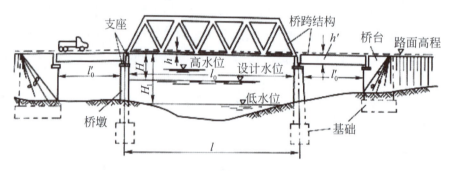

图 5-23 桥梁的结构组成

5.2.2.2 桥梁的类型

目前人们所见到的桥梁，种类繁多，它们都是在长期的生产活动中，通过反复实践和不断总结而逐步发展起来的。

结构构件受力，总离不开拉、压和弯三种主要方式。由基本构件所组成的各种桥梁，按受力特点和结构体系划分，有梁式桥、拱式桥、刚架桥、悬索桥、斜拉桥以及组合体系桥等类型。现代的桥梁结构也一样，不过其内容更丰富、形式更多样、材料更坚固、技术更进步。

（1）梁式桥　梁式桥是一种古老的结构体系，在竖向荷载作用下无水平反力［图5-24（a）和（b）］。梁作为承重结构是以它的抗弯能力来承受荷载的。由于外力（恒载和活载）的作用方向与承重结构的轴线接近垂直，故与同样跨径的其他结构体系相比，梁内产生的弯矩最大，通常需用抗弯能力强的材料（钢、木、钢筋混凝土等）来建造。为了节约钢材和木料（木桥使用寿命不长，除临时性桥梁或战备需要外，一般不宜采用),目前在公路上应用最广的是预制装配式的钢筋混凝土简支梁桥。这种梁桥的结构简单,施工方便,对地基承载能力的要求也不高,但其常用跨径在25m以下,当跨度较大时,需要采用预应力混凝土简支梁桥,但跨度一般也不超过50m。为了达到经济、省料的目的,可根据地质条件等修建悬臂式或连续式的梁桥,如图5-24(c)和(d)所示。对于很大跨径,以及对于承受很大荷载的特大桥梁,可建造使用高强度材料的预应力混凝土梁桥,也可建造钢桥,如图5-24(e)所示。

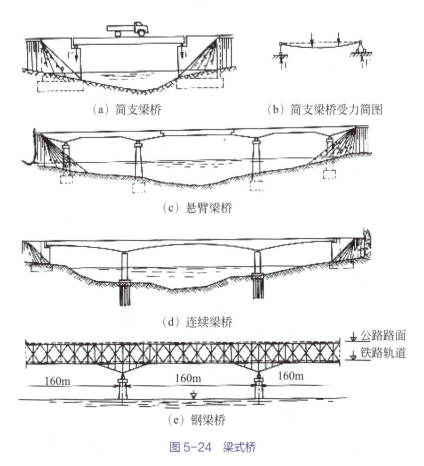

图5-24 梁式桥

(2)**拱式桥** 拱式桥的主要承重结构是拱圈或拱肋,以承压为主,可采用抗压能力强的圬工材料(石、混凝土与钢筋混凝土)来修建。拱分单铰拱、双铰拱、三铰拱和无铰拱。在竖向荷载作用下,拱是有推力的结构,因此对地基的要求较高,一般常建于地基良好的地区。混凝土拱桥因铰的构造复杂、不易制作,故一般采用无铰拱体系。无铰拱结构的外部增加了超静定次数,将引起更大的附加内力,为了获得结构合理的受力状态,在拱桥设计中,必须寻求合理的拱轴线形式。

拱桥的跨越能力很大,外形也较美观,在条件许可的情况下,修建拱桥往往是经济合理的。

(3)**刚架桥** 刚架桥是介于梁与拱之间的一种结构体系,它是由受弯的上部梁

（或板）结构与承压的下部柱（或墩）整体结合在一起的结构。由于梁与柱的刚性连接，梁因柱的抗弯刚度而得到卸载作用，整个体系是压弯结构，也是有推力的结构。刚架桥的桥下净空比拱桥大，在同样净空要求下可修建较小的跨径。刚架桥施工较复杂，一般用于跨径不大的城市桥或公路高架桥和立交桥。

（4）悬索桥　就是指以悬索为主要承重结构的桥。其主要构造是：缆、塔、锚、吊索及桥面，一般还有加劲梁。其受力特征是：荷载由吊索传至缆，再传至锚墩，传力途径简捷、明确。悬索桥的特点是：构造简单，受力明确；跨径越大，材料耗费越少、桥的造价越低。悬索桥是大跨桥梁的主要形式，因其主要杆件受拉力，材料利用效率最高，更由于近代悬索桥的主缆采用高强钢丝，悬索桥的自重较轻，在刚度满足使用要求的情况下，能充分显示出其优越性，使其比其他形式的桥梁更能经济合理地修建大跨度桥。

（5）斜拉桥　它是由承压的塔、受拉的索与承弯的梁体组合起来的一种结构体系。梁体用拉索多点拉住，好似多跨弹性支承连续梁，使梁体内弯矩减小，降低了建筑高度，结构自重显著减轻，既节省了材料，又大幅度地增大了桥梁的跨越能力。

我国常用平行高强钢丝束、平行钢铰线束等制作斜索，并用热挤法在钢丝束上包一层高密度的黑色聚乙烯（HDPE）外套进行防护。斜索在立面上可布置成不同形式。各种索形在构造和力学上各有特点，在外形美观上也各具特色。常用的索形布置为竖琴形［图5-25（b）］和扇形［图5-25（c）］两种，另一种是斜索集中锚固在塔顶的放射形布置［图5-25（a）］。

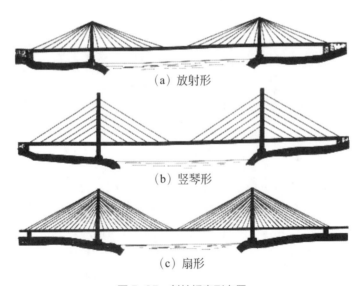

(a) 放射形

(b) 竖琴形

(c) 扇形

图 5-25　斜拉桥索形布置

常用的斜拉桥是三跨双塔式结构，但在实践中也往往根据河流、地形、通航要求等情况，采用对称与不对称的双跨独塔式斜拉桥。

与悬索桥相比，斜拉桥的结构刚度大，抵抗风振的能力也比悬索桥好，这也是在斜拉桥可能达到的大跨度情况下使悬索桥逊色的重要因素。

斜拉桥是半个多世纪来最富于想象力和构思内涵最丰富且引人瞩目的桥型，它具有广泛的适应性。一般说来，对于跨度从200～700m，甚至超过1000m的桥梁，斜拉桥在技术和经济上都具有相当优越的竞争能力。诚然，随着斜拉桥跨度的增大，将会面临塔过高和斜索过长等一系列技术难点，这不仅涉及高耸塔柱抗震和抗风等动力稳定方面的问题，而且还有主梁受压力过大以及长斜索因自重垂度增大而引起的种种技术问题。另外，必须提到的是，斜拉桥的斜索可以说是这种桥梁的生命线，至今国内外已发生过几起通车仅几年就因斜索腐蚀严重而导致全部换索的不幸工程实例。因此，确保其使用寿命，仍是当今桥梁界十分关切和重视的问题。可以相信，随着高性能新材料的开发、计算理论的进一步完善、施工方法的改进、特别是设计构思的不断创新，斜拉桥还在向更大跨度和更新的结构形式发展。

（6）组合体系桥 除了以上五种桥梁的基本体系以外，根据结构的受力特点，还有由几种不同体系的结构组合而成的桥梁，称为组合体系桥。如图5-26（a）所示为一种梁和拱的组合体系（拱置于梁的上方），其中梁和拱都是主要承重结构，两者相互配合共同受力。由于吊杆将梁向上（与荷载作用的挠度方向相反）吊住，这样就显著减小了梁中的弯矩；同时由于拱与梁连接在一起，拱的水平推力就传给梁来承受，这样梁除了受弯以外尚且受拉。这种组合体系桥能跨越较一般简支梁桥更大的跨度，而对墩台没有推力作用，因此，对地基的要求就与一般简支梁桥一样。如图5-26（b）所示为拱置于梁的下方、通过立柱对梁起辅助支承作用的组合体系桥。

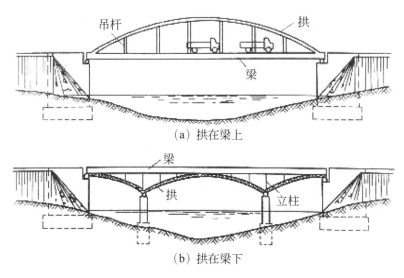

(a) 拱在梁上

(b) 拱在梁下

图5-26　拱梁组合体系桥梁

图5-27示出几座大跨度组合体系钢桥的实例。如图5-27（a）所示是钢桁架和钢拱的组合；如图5-27（b）所示是钢梁与悬吊系统的组合；如图5-27（c）所示是钢梁与斜拉索的组合；如图5-27（d）所示是斜拉索与悬索的组合。

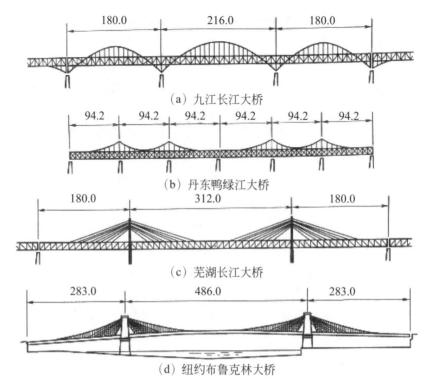

图 5-27 组合体系钢桥（单位：m）

5.2.2.3 桥梁之最

随着人类适应自然和改造自然的能力不断增强，以及生产力和科技水平的不断提升，桥的跨越能力也不断加大。特别是改革开放以来，我国的桥梁事业获得了突飞猛进的发展，无论是设计理论还是施工工艺方法都取得了巨大进步，建设了众多数量的高水平大桥，国内有很多新建桥梁都不断创下"世界之最"。

（1）追求"世界之最"的缘由 人类为何要追求"世界之最"呢？我们到底应该秉持怎样的文化和理念？众所周知，人类在经济、军事、科技、体育等领域争当霸主、争当"第一"的例子，比比皆是。这里只举两个小例子。

第一个例子，是具有娱乐和商业性质的吉尼斯世界纪录。吉尼斯世界纪录起源于爱尔兰吉尼斯啤酒厂老板的奇思妙想，1955年，第一版《吉尼斯世界纪录大全》问世，一时风靡全球，至今已发行63版。《吉尼斯世界纪录大全》汇集了世界上五花八门的"世界之最"，内容涵盖人类、生物、自然、科技、建筑、交通、商业、艺术、体育等类别，收录了许多光怪陆离、千奇百怪的纪录。尽管吉尼斯世界纪录只是一个娱乐大众、传递信息的产品，但却一直在刺激着人们追求极致的想象力和创造力，几十年来经久不衰。

第二个例子，是具有工程和技术含量的摩天大楼。19世纪80年代，世界上第一座摩天大楼（只有54.9m高）出现在美国芝加哥。接下来的近百年间，芝加哥与纽约为争夺"世界最高"的竞争就从未停歇过。直到1977年,纽约建成世贸中心(最高者527m,在"9·11"事件中被毁)、芝加哥也完工西尔斯大厦(527.3m)之后,双方才偃旗息鼓。近年来,在讨论世贸中心的重建方案时,那些出于安全考虑而降低楼高的设计方案均遭到纽约市民的一致反对。于是,2013年建成的世贸中心一号楼高541.3m,成为美洲第一高楼。

美国的"世界最高"竞争赛在20世纪70年代就基本"收摊了",但接下来几十年内,亚洲和其他地区的竞争赛却进行得如火如荼。如图5-28所示是美国高层建筑与城市住宅委员会(CTBUH)提供的、截至2020年世界上在建和已建摩天大楼的前20位排名。可见,绝大多数大楼位于亚洲(中国大陆就占8座,图中红线所示),亚洲之外的建筑只有重建的纽约世贸中心一号楼,仅位列12。

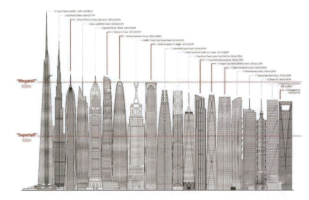

图5-28 世界上在建和已建高楼的前20位排名(截至2020年)

从第一个例子可以看出,世人对各种极端新奇的事物,总是更感兴趣。从第二个例子可以看出,某些领域(如高层建筑、大跨桥梁等)关于"之最"的竞争,具有一定的区域性特征和阶段性特征,也可以这样认为,即人们追求"之最"的热情,有向经济高速发展的热点地区转移的趋势。

上述两个例子,只是发生在近百余年间的事。兴许,快速有效的通信方式(自1843年莫尔斯发明的电报机投入使用算起),是让"之最"得以关注并发展的助推剂。不过,回溯历史也可以发现,古代人好像对此也感兴趣。现实中的埃及金字塔、中国的长城和传说中的"巴别塔"等,就是例子。可以说,对更高、更快、更强、更长、更大等事物的追求,几乎就是人类社会的天性。有了"更",借助信息交流,自然就会比一比"最"了。

为何要追求"之最"?也许大致有以下几个原因。

第一个是竞争心态。只要人类创造出来的事物是可被度量的(与尺寸、时间、数量、质量等相关),便会同时创造出某种形式的竞争。大到一国之GDP,小到一人之指甲长度,莫不如此。这类竞争的本质,在心理学上体现为赢者为王,你能做的,我也能做,而且要比你做得更好!正因为如此,大家都想争当"第一"。在体育竞赛中,这一点表现得尤为突出和明显。

第二个是商业利益。竞争的主要目的,是把竞争的优势转化成显在的或潜在的商业利益。没有现实或长远利益的"之最",属于"赔钱赚吆喝",只能带来心理上的满足感。过去美国人争相建造摩天大楼,不仅仅因为它们是实力和财富的象征,同时也

第5章 路桥工程文化　255

是最显目、最直接的实物广告。

第三个是社会影响。一个国家在经济、科技、军事、工程等领域的重大突破或排名，必然会吸引世人目光，由此可扩大或加强国家在某一领域的影响力和话语权。对一家企业的产品，情况类似。当然，也不排除一些个人或团体别出心裁，制造出一些奇怪的"第一"，以博眼球，以求关注，以满足心理诉求。

上述三个主要原因，时常相互关联、互为因果。

（2）桥梁有哪些"之最" 先看几个桥例。如图5-29所示是近年来已建和在建的三座著名桥梁。尽管这些桥梁在结构及建筑上都很有特色，但这并不妨碍官方或媒体把其中的某一项指标展示出来，获得更高，或更宽，或更长的"世界之最"。从图5-29中可见，法国m约高架桥的结构高度（343m）高过埃菲尔铁塔，全球首屈一指；美国旧金山-奥克兰海湾大桥东桥的桥面宽度达到78.74m，自当独占鳌头；土耳其恰纳卡莱1915大桥的主跨达到2023m，更是一骑绝尘（恰纳卡莱1915大桥的主跨是2023m，也要求在2023年之前完工，这背后的非技术原因，大概是为了纪念土耳其共和国成立100周年）。

图5-29 近年来几座桥梁的"世界之最"举例

可见，宣传或展示桥梁的"世界之最"，是一种普遍现象。

下面再来讨论一下桥梁的评价指标和"之最"的种类。

桥梁是为服务于交通功能而建造的工程结构物，其本身与工程材料、结构构造和建造技术有关。设计一座什么样的桥，主要取决于陆上（及水上）交通功能要求和桥位所处的自然环境。

建好了一座桥，如何评判其优劣呢？一般而言，就是除了确保结构安全外，还要求桥梁在设计使用年限内，表现为功能适用、建养经济、材料结构耐久；必要时考虑美观，与自然环境和谐，并符合环保要求。可见，评价指标是多样综合的，其也可能会随着时代发展而有所调整。

尽管已有现成的评价指标，但其相互关联，不好量化，难以用于桥梁之间的比较。考虑到桥梁（上部结构）是一个长条状的架空结构，架空物越长，难度越大，于是就把跨度当成表征桥梁技术水平和建设能力的一个重要指标。这种做法，从过去开始，沿用至今，可以视为桥梁"之最"的鼻祖。

如图5-30所示为世界悬索桥（不完全统计，其中红点代表中国，黑点代表国外，空心代表在建）跨度纪录的发展曲线。可见，悬索桥主跨从早年的500m弱增长到今天的2000m以上，经历了百

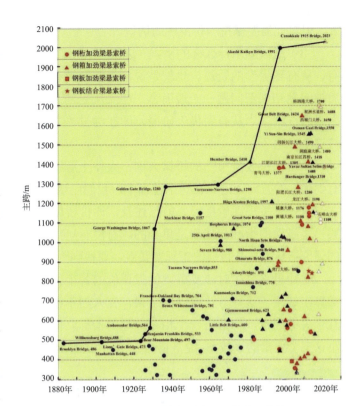

图5-30　世界悬索桥跨度纪录的发展曲线

余年的漫长时间。尽管近10多年来中国悬索桥的跨度能跻身前几位，但与"之最"还有相当距离。由此可知，改写跨度的"世界之最"，并不是一件轻而易举的事。

跨度比不上，还可以换个比法。常见的做法是：以桥梁结构整体或一部分为对象，先限定范围，再来比较桥梁的跨度、高度、宽度、长度、基础深度、体积等（通常只选择一项）。范围的限定，可以按对象（公路桥、铁路桥等）划分，可以按材料、结构体系、构造类型、施工方法等划分，还可以同时限定两个范围。若某项指标排不上"世界之最"，那还可以按国家或地区进行排序，甚至按一条河流进行排序。这样一来，"之最"的内容就变得丰富起来，甚至有点五花八门了。

这样的"之最"，在国内外的桥梁文献和报道中，屡见不鲜。当然，只要桥梁符合适用、经济、耐久等设计基本原则，那这样的"之最"，就可以体现出桥梁工作者积极进取、努力创新的成果，可以提供一些有用的技术信息。另外也要看到，有些"之最"基本不具备技术进步意义，仅是为了追求"之最"而包装出来的；有些"之最"背离了桥梁设计的基本原则和价值理念，仅是为了追求"之最"而炮制出来的。对这样的做法，是不值得提倡的。

从历史的角度看，桥梁"之最"的竞争，在相当程度上体现出人类挑战自然、克服困难、超越自我、创造奇迹的进步意义，但也有可能暴露出好大喜功、盲目攀比、铺张浪费、浮夸炫耀的人性弱点。今天的中国，在桥梁工程领域里后来居上，成绩卓

著,但对此需要保持一份清醒的认识。

(3) 应该追求什么样的桥梁"之最" 各行各业的发展壮大,大都遵循着"从无到有、从有到优"的轨迹。也就是说,先要解决有无的问题,在发展过程中再逐步解决质量问题和创新问题。一般而言,在"从无到有"阶段,希望刷新"之最"的愿望最为强烈;到了"从有到优"阶段,即在尝过"之最"的滋味后,就可以比较理性地看待这个问题了。

中国已是数量第一的桥梁大国,大体上解决了"从无到有"的问题,正在向"从有到优"的方向迈进。在这个过程中,我们应该追求什么样的桥梁"之最"呢?

第一,关于评价指标。前已述及,评价桥梁优劣的因素是多样综合的,而评价桥梁"之最"的指标却往往是单一的。有没有可能综合各种评价因素,建立更科学合理的评价指标呢?从目前的工程实践看,要找到一个适用面广的指标,难度非常大。

一种思路是:对涉及桥梁优劣评价的各个因素进行评级或打分,再按照某种算法推算出结果。这种方法得到的结果,受人为干涉的空间较大。另一种思路,则是选择几个关键因素,构造出一个相对合理的指标。例如包含材料用量、跨度长短和活载大小这三个要素的"技术-经济指标",如下式所示。

$$I = \frac{PL}{M}$$

式中,L代表主跨长度,m;P代表主跨范围内的竖向活载之和,kN;M代表主跨范围内上部结构的材料用量,m^3;I代表"技术-经济"指标。

从该式可知,若活载P确定,跨度L确定,则所需材料用量M越小,I值越大;若L确定,M确定,则能承受的P越大,I值越大;若P确定,M确定,则L做得越长,I值越大。可见,I值与经济性和技术性均有关联,越大越好。

这个指标的特点,就是可以忽略桥梁对象、桥面总宽度、构造形式、建设费用等的影响,对同一种材料建造的同一类桥梁进行粗略比较;不足之处在于,无法考虑活载种类、材料变化、桥位处自然环境等的影响。

第二,关于桥梁跨度。一个国家,若拥有世界先进的建桥能力,在需要时能做出别人做不出来的大跨桥梁,这本身并不是一件坏事。而且,从桥梁跨度的发展潜力看,从世界范围内的建设需求情况看,这样的能力"之最",还是值得拥有的。

第三,关于建设理念。当亚洲正在争相建造一座高于一座的摩天大楼时,美国的建筑师却率先开展"最美摩天大楼"的评价,这显示出建筑理念开始从先前的"是否最高"向"不求最高,但求最美"的方向转变。

在我国桥梁工程领域,建设理念是不是也应该从追求单一的、表面的"之最"向"不求最长,但求更强"的方向转变?答案是肯定的。这里说的"长",泛指前述各种"之最";这里说的"强",主要体现在桥梁工程中所蕴含的高科技含量,桥梁规划-设计-施工-养护过程中相关的理论、技术和设备创新,建造深水大跨桥梁的强大能力,优异的结构长期性能,良好的社会经济效益等。

总之,人类社会追求"更",爱比"最",这无处不在,根深蒂固。背后的原因,有竞争心态、商业利益和社会影响三个方面。更深入全面的分析,大概是社会心理学的研究内容了。

桥梁"之最"的合理竞争,对推动桥梁技术的进步是有正面作用的。但是,低层次和不计成本的盲目竞争,或者花样百出的"之最"宣传,其负面作用也不可低估。

符合21世纪新时代潮流的桥梁建设理念,应该是:"不求最长,但求更强",这理应是我们这个时代积极倡导的文化和价值追求。

5.2.3 两座大桥的启示

5.2.3.1 中国赵州桥屹立千年不倒

赵州桥(图5-31),又称安济桥,熟称大石桥,是一座位于我国河北省石家庄市赵县城南洨河之上的石拱桥,因赵县古称赵州而得名。赵州桥建于隋朝年间(公元595~605年),由匠师李春(图5-32)主持设计建造,距今已有1400多年历史。赵州桥桥长50.82m、桥宽9m(拱顶宽9m,两端宽9.6m)、券高7.23m,中间行车马,两边走行人,横跨在37m多宽的河面上。经历10次水灾、8次战乱和多次地震,都没有被破坏,是世界上现存年代最久远、跨度最大、保存最完整的单孔坦弧敞肩石拱桥。

图5-31 赵州桥

赵州桥设计构思精巧,建造工艺独特,艺术造型奇美,在世界桥梁史上首创"敞肩拱"结构形式,具有较高的科学研究价值,在中国造桥史上占有重要地位,对全世界后代桥梁建筑有着深远的影响,被世人誉为"天下第一桥"。

桥的两侧有42块石栏板,栏板上雕有龙兽、花草等图案,刻工精致,形象逼真,更增加了赵州桥轻盈秀美的风韵。赵州桥栏板、望柱上的精美浮雕,雕作刀法苍劲有力,艺术风格新颖豪放,显示了隋代浑厚、严整、俊逸的石雕风貌,桥体饰纹雕刻精细,具有鲜明的艺术特色。全桥两面共设有21块栏板和22根望柱,其中有5块饕餮、蛟龙栏板和6根盘龙竹节望柱设置在中间,其余部分为斗子卷叶栏板和宝珠竹节望柱。主拱顶上有一块雕着龙头的龙石门,八瓣莲

图5-32 李春雕像

图 5-33　栏板望柱雕刻艺术

花的仰天石点缀于桥两侧。这些雕像寄寓着人们对大桥不受水害、长存永安的愿望，见图5-33。

隋朝统一中国后，结束了中国长期以来南北分裂、兵戈相见的局面，促进了社会经济的发展，而当时的赵县是南北交通必经之路，从这里北上可抵重镇涿郡（今河北涿州市），南下可达京都洛阳，交通十分繁忙。

李春将赵州桥的基址选在洨河的粗砂之地，是因为以粗砂为根基可提升桥梁的承重力度，以确保桥梁的稳定性。现代勘测表明，赵州桥的桥址区域地层分布稳定，地基土主要以密实的粉质黏土为主，中间有粉土和砂土夹层，是修建这种特大跨度单孔桥梁的比较理想的场所。根据化验分析，这种土层基本承载力为$34t/m^2$，并且黏土层压缩性小，地震时不会产生砂土液化，属良好天然地基。其稳定的地基基础是这座古老的桥梁能承受多次地震考验的重要原因之一。

赵州桥的桥台为低拱脚、浅基础、短桥台，而且直接建在天然地基上，仅用5层石料砌成，每层较上一层都稍出台，构造简单。在1400年前，李春就敢于运用这样的天然地基来承担大桥的全部重量，说明他对于水文、地质桥梁建筑是很有研究的。

赵州桥在结构受力方面的突出优势与其创造性设计主要体现如下。

（1）采用跨度大弧形平的圆弧拱形式　改变了我国大石桥多为半圆形拱的传统，我国古代石桥拱形大多为半圆形，为此匠师李春和工匠们一起创造性地设计并采用了圆弧拱形式，使石拱高度大大降低，弧形更加平稳。赵州桥的主孔净跨度为37.02m，而拱高只有7.23m，拱高和跨度之比为1∶5左右，这样就达到低桥面和大跨径的双重目的，桥面过渡平坦，大拱上面的道路没有陡坡，车辆行人上下非常方便，而且还具有用料省、施工方便等优点。同时，采取单孔长跨形式，河心不立桥墩，优于多孔桥单跨跨度小、桥墩多不利于泄洪的特点。当然圆弧形拱对两端桥基的推力相应增大，需要对桥基的施工提出更高的要求。

（2）首创敞肩拱设计　这是李春对两侧拱肩进行的重大创新和改进，把以往桥梁建筑中采用的实肩拱改为敞肩拱，即在主跨大拱两端各设两个小拱，靠近大拱脚的小拱净跨为3.8m，另一拱的净跨为2.8m。这种大拱加小拱的敞肩拱具有优异的技术性能。第一，可以增加泄洪能力，减轻洪水季节由于水量增加而产生的洪水对桥的冲击力。古代河水每逢汛期，水势较大，对桥的泄洪能力是个考验，四个小拱可以分担部分洪流，据计算四个小拱可增加过水面积16.5%，大大降低洪水对桥的影响，提高了桥的安全性。第二，敞肩拱比实肩拱可节省大量石料，减轻桥身的自重，据计算四个小拱可以节省石料$26m^3$，减轻自身重量700t，从而减少桥身对桥台和桥基的垂直压力及水平推力，进而增加桥梁的稳固。第三，增加了造型的优美，四个小拱均衡对称，大拱与小拱构成一幅完美的图画，显得更加轻巧秀丽，体现建筑和艺术的完整统一。第四，符合结构力学理论，敞肩拱式结构在承载时使桥梁处于有利的状况，可减少主拱圈的变形，提高了桥梁的承载力和稳定性。

赵州桥建造中选用了附近州县生产的质地坚硬的青灰色砂石作为石料，施工时采用纵向并列砌置法，就是整个大桥由28道各自独立的拱券沿宽度方向并列组合在一起，每道券独立砌置，可灵活地针对每一道拱券进行施工。每砌置完一道拱券时，只需移动鹰架（施工时用以撑托结构构件的临时支架），再继续砌置另一道相邻拱券。这种砌置方法利于修缮，如果一道拱券的石块损坏，只需要替换成新石，而不必对整个桥进行调整。

每一道拱券都由43块拱石组成，一块拱石长度从70cm到109cm，宽度从25cm到40cm，重约1t。为加强各道拱券间的横向联系，使28道拱组成一个有机整体，连接紧密牢固。赵州桥建造采用了一系列技术措施，如下所示。

每一拱券采用"下宽上窄、略有收分"方法，使每个拱券向里倾斜、相互挤靠，增强其横向联系，防止拱石向外倾倒；在桥的宽度上也采用"少量收分"方法，从桥两端到桥顶逐渐收缩桥宽度，防止拱石向外倾倒，加强桥的稳定性。

在主券上均匀沿桥宽方向设置5个铁拉杆，穿过28道拱券，每个拉杆的两端有半圆形杆头露在石外，以夹住28道拱券，增强其横向联系；4个小拱上也各有一根铁拉杆起同样作用。

在靠外侧的几道拱石上和两端小拱上盖有护拱石一层，以保护拱石；在护拱石的两侧设有勾石6块，勾住主拱石使其连接牢固。

为使相邻拱石紧密贴合，在主孔两侧外券相邻拱石之间设有起连接作用的"腰铁"，各道券之间的相邻石块也都在拱背设有"腰铁"，把拱石连锁起来；每块拱石的侧面凿有细密斜纹以增大摩擦力，加强各券横向联系。

赵州桥的设计与建造符合力学原理，结构匀称，轻巧美观，选址科学，工艺独到。特别是大拱长达37.4m，在当时可算是世界上最长的石拱，体现了中国古代科学技术上的巨大成就。

赵州桥超高的技术水平和不朽的艺术价值，充分显示出我国古代劳动人民的智慧和力量。据世界桥梁考证，像这样的敞肩拱结构，欧洲到19世纪中期才出现，比中国晚了1200多年。著名桥梁专家茅以升曾对赵州桥有过很高的评价："先不管桥的内部结构，仅就它能够存在1400多年就说明了一切。"

1961年，赵州桥被国务院列为第一批全国重点文物保护单位。1991年，美国土木工程师学会将安济桥选定为第12个"国际历史土木工程的里程碑"，并在桥北端东侧建造了"国际土木工程历史古迹"铜牌纪念碑。2010年，赵州桥景区被评为国家AAAA级旅游景区。

赵州桥是力与美的结合，巨身而空灵，稳固而轻盈，历久而弥坚，寓雄伟于秀逸，融技术与艺术于一体，气势如长虹，弯月出云霄。千百年来赵州桥就如同一位精神矍铄又睿智深邃的老人，它目睹了无数的王朝兴衰、朝代更替，它始终淡然笃定地站在历史的起点向世人默默地述说着中华民族那些古老的历史文化沧桑。

舟船桥下行，车马桥上过。它是中国人民勤劳智慧的象征，是我国宝贵的历史文化遗产，是中华民族莫大的荣耀和骄傲，更是世界桥梁史上一座不朽的传奇和经典。

5.2.3.2 加拿大魁北克大桥两次垮塌

魁北克大桥（Quebec Bridge）是一座位于加拿大圣劳伦斯河之上的宽29m、高104m的公路铁路两用桥。这座桥全长986.9m，主跨跨度548.64m，中间挂孔长195.1m，边跨各长156.97m，因其177m的悬臂支承着195m长的中间段构成主跨，迄今为止，该桥仍保持着世界第一的悬臂梁桥跨径纪录，见图5-34。

图 5-34　加拿大魁北克大桥

在魁北克大桥修建之前，只有一种交通方式横跨圣劳伦斯河两岸，那便是乘坐渡轮，圣劳伦斯河是魁北克夏季的主要交通要道，但在冬季这条河要到河面完全冻结后才能重新开通。作为竞争对手的蒙特利尔已经有了西至多伦多的铁路干线和竣工于1854年的跨圣劳伦斯河的维多利亚桥，迅速确立了蒙特利尔作为加拿大东部主要港口的地位。这些使得魁北克在圣劳伦斯河上建桥的需求更加迫切。可是圣劳伦斯河在其最窄处也有3.2km宽，且水深流急浪高，施工难度很大。因此直到1887年，该桥的建设才提上议事日程，当年魁北克的一些商人和政治家成立了魁北克桥梁委员会，他们最终推动加拿大国会通过提案，将委员会并入魁北克桥梁公司（QBC），提供100万美元的资金并允许该公司发行债券。

1903年魁北克桥梁公司与凤凰城桥梁公司达成意向，由凤凰城桥梁公司免费为该桥进行可行性研究和前期准备，作为交换，凤凰城桥梁公司将得到魁北克桥的施工合同。

由于魁北克桥梁公司的总工程师爱德华·霍尔（Edward Hoare）以前从未负责过超过80m跨度的桥梁，因此就聘请了当时著名的桥梁建筑师美国的特奥多罗·库帕

（Theodore Cooper）来负责设计建造并监督。库珀是纽约市的一名独立咨询师，也是当时美国最杰出的桥梁工程师之一，因为他是钢桥建设的奠基人，提出的桥梁铁路荷载的计算方法也被广泛采用。对于库珀来说，他还从未主持过一座历史性的作品，因此魁北克大桥对他具有不可抗拒的吸引力，而且这个项目也将是他的职业顶峰，一座真正有价值的不朽杰作。

库珀审查了所有的设计投标方案，并考虑到魁北克大桥公司财务上的困难及其对凤凰城桥梁公司的承诺，最终选择了凤凰城桥梁公司的钢桁架悬臂桥方案，给出的评价结论是"最好且最便宜"。凤凰城桥梁公司最初提交的设计方案中主跨的净距为487.7m，但是1900年5月，库帕将其跨度延伸到了548.6m（图5-35），库帕的理由是：降低深水中建造桥墩的不确定性；降低冰塞影响；节省桥墩费用。

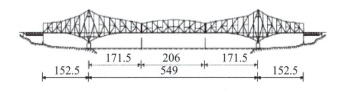

图5-35　魁北克大桥基本结构示意（单位：m）

虽然跨度改变表面上是基于工程技术考虑，但跨度增加（已超过英国福斯桥）将使库珀成为建造全世界当时最长悬臂梁桥的工程师也是事实。但鉴于当时库帕巨大的名气和权威，库帕的变更设计方案最终没有得到进一步的符合与确认，特别是严重低估了大桥的自重。且由于库帕健康方面的原因，又导致后面的施工过程中不能亲自到现场进行及时有效的监督，也为后面事故的发生埋下了一定的隐患。

魁北克大桥于1900年10月2日正式开工，1903年完成引桥施工，但直到1905年7月22日才开始桥梁上部结构施工。当工程建设进入1907年时，在钢桁梁架设过程中，工人发现一些弦杆上已打好的铆钉孔不再重合，部分受压较大的杆件出现了明显的弯曲，且变形在持续增加着。以其中编号A9L的杆件为例，该构件6月15日检查时初始挠度为19mm，至8月份，在两周内挠度发展到了57mm。库帕的现场巡视员诺曼·麦克琉尔（Norman McLure）最早于6月份向他汇报了这一问题；8月份，当库帕再次收到报告称变形加剧的时候，他向凤凰城桥梁公司发电报进行了询问，回函称变形在材料买来时就存在了。对于这种解释库帕并不满意，他说："None of the explanationsfor the bent chord stand the test of logic. I have evolved another theory, which is a possible if not the probableone. These chords have been hit by thosesuspended beams used during the erection, while they were being put in place ortaken down. Examine if you cannot findevidence of the blow, and make inquiries of the men in charge."（目前关于弦杆弯曲的解释没有一个经得起逻辑推敲的。我倾向于另一种解释，即便这不是最恰当的那一种。这些弦杆在安装或拆除时，被安装过程中使用的悬挂梁撞击过。如果你找不到撞击的证据，请您询问当时的负责人。）但诺曼·麦克琉尔在排除各种原因后汇报库帕，挠曲仍在继续，可惜的是，他并没有勇气去说服库帕。

8月27日，由于对结构变形的担心，工地领班停止了施工，而诺曼·麦克琉尔则

第5章　路桥工程文化

图 5-36　魁北克大桥第一次垮塌

图 5-37　魁北克大桥钢桁架下弦杆示意

启程去纽约找库帕寻求解决方法。他走后不久，工地领班被 Edward Hoare 的保证说服，恢复了施工。与此同时库帕在与诺曼·麦克琉尔简短讨论后意识到变形问题的严重性，8月29日他给凤凰城的总公司发电报要求："Add no more load to thebridge until after due consideration of facts. McLure will be over at fiveo' clock."（在弄清事实之前，不要给桥梁添加更多负载。麦克琉尔将于五点钟到达）库帕没有直接向工地发报，诺曼·麦克琉尔答应他给工地发电报，却把这件事忘了。库帕的电报下午1:50到达凤凰城公司，可这封电报没有引起重视，直到3:00左右该公司总工程师才看到电报，决定次日一早再决定解决方案。然而就在随后不久魁北克桥倒塌了（图5-36）。

灾难发生于1907年8月29日，当时正是下午五点半，收工哨声已响过，工人们正在桁架上向岸边走去，突然一声巨响，犹如放炮一般，南端锚跨的下弦杆A9L首先在重压下弯曲变形，荷载传递到对面的A9R，使A9R也被压屈（图5-37），并牵动了整个南端的结构。其结果是南端的整个锚跨及悬臂跨，以及已部分完工的中间悬吊跨，共重19000t的钢材垮了下来。倒塌发出的巨响在10km外的魁北克市依然清晰可闻。当时共有86名工人在桥上作业，由于河水很深，工人们或是被弯曲的钢筋压死，或是落水淹死，共有75人罹难。

事后，当时的加拿大总督成立了事故调查委员会，其官方文件总结事故原因如下：

① 魁北克大桥倒塌是由于悬臂根部的下弦杆失效，这些杆件存在设计缺陷；
② 工程规范并不适合该桥的情况，使部分构件的应力超过以往的经验值；
③ 设计严重低估了结构自重，且施工中又未能及时修正；
④ 魁北克桥梁公司和凤凰城桥梁公司都负有管理责任；
⑤ 魁北克桥梁公司过于依赖个别有名气和有经验的桥梁工程师，导致了桥梁施工过程中基本上没有监督；
⑥ 凤凰城桥梁公司在计划制订、施工以及构件加工中均保证了良好的质量，主要问题源于设计；
⑦ 当前关于受压杆的理论还不成熟，因此在设计时应偏于保守。

总之，大桥垮塌主要是设计、管理以及技术不成熟等方面的原因造成的结果，库珀无疑是事故的主要责任人，因为事故是由于弦杆受压失稳引起的，而弦杆受压失稳主要是由于自重估计过低所致。

　　魁北克大桥第一次垮塌后，政府提供资金进行新桥的设计和施工。新桥设计很保守，构件尺寸急剧增加，主要受压构件的截面积比原设计增加了一倍以上，上部结构重量是旧桥的两倍半。然而纠正措施矫枉过正，悲剧再次发生。施工中通过驳船来运输及提升悬臂中跨，而非悬臂拼装，因此悬臂长度减少了，杆件受力也减小了。悬臂中跨长195m，超过5000t，需提升至水面46m高的设计位置。1916年9月，合龙跨预制完工后，船运至施工现场，固定驳船后，提升作业开始。首先是合龙跨四角连接于吊杆，随后用液压千斤顶按每步60cm提升，当升至水面9m时，有个角的支点突然断裂，其他支点无法承担全部荷载，产生了扭曲和变形，桥梁中间段再次落入圣劳伦斯河中，并导致13名工人死亡。事故原因是，由于桥体结构过重，导致锚固支撑构件材料达不到强度要求。

　　1917年，在经历了两次垮塌的惨痛悲剧后，魁北克大桥终于竣工通车，至今仍然是世界上最长的悬臂跨度大桥。由于命运多舛，在1987年，加拿大及美国土木工程师协会宣布魁北克大桥为历史纪念建筑；1996年，授予加拿大国家历史遗迹称号。

　　为了警示后人，1922年，在库帕的牵头下，加拿大的七大工程学院（即后来的"The Corporation of the Seven Wardens"）一起出资将建桥过程中倒塌的残骸全部买下，并决定把这些亲临过事故的钢材打造成一枚枚戒指，戒指被设计成扭曲的钢条形状，用来纪念这起事故和在事故中被夺去的生命，且每年都要举行工程师召唤仪式（The Ritual of the Calling of an Engineer）。仪式中，工程学院教授，或者资深工程师，将为毕业生佩戴戒指于小拇指上，并进行庄严的工程师宣誓（Engineers Commitment），表明愿意承担工程师的崇高责任和使命，永远秉持对工程师职业的善本之心，当我们握笔描绘图纸，准备为一个工程勾画线条、开列数据、标注文字时，小拇指"受硌"的感觉会随时提醒我们每一个细小举措都将影响深远。这就是后来工程界闻名遐迩的"工程师之戒（Iron Ring）"的由来。如图5-38和图5-39所示为黑龙江工程学院为即将离校的学生举行的毕业典礼以及工程师召唤、受戒与宣誓仪式。

图5-38　教授为毕业生受戒

图5-39　工程师召唤宣誓仪式

第5章　路桥工程文化　　265

5.2.3.3　两座大桥不同命运的启示与思考

中国的赵州桥历经1400多年仍然屹立不倒，其带来的便利和福祉惠及世代子孙，成为人们敬仰的不朽丰碑；加拿大的魁北克大桥却先后历经两次垮塌，不仅造成重大的人员伤亡和财产损失，更昭示和提醒后人要警钟长鸣。是什么原因导致这两所大桥截然不同的命运和如此巨大的差异？又带给我们怎样的启示和思考？桥到底需要靠什么来支撑？工程成败的关键仅仅是技术吗？你想成为一个什么样的工程师？这是所有未来想要成为工程师的人都必须认真回答的问题。

在没有精密仪器设备和先进科学技术的支持下，李春是通过什么样的方式方法建造了赵州桥呢？赵州桥屹立1400多年不倒的事实，让我们不得不对古人的建筑理念做出深刻的思考。赵州桥没有采用人工地基，而是直接砌筑在没有经过夯实的天然地层之上，不但根基浅，桥台短，而且是建在天然地基之上，这就好像船行驶在水面上，既使波涛汹涌，但只要船本身坚固也不会散架一样。这是一种主动适应地基和变化，而不是采取与地基硬杠的营造方式。再加上拱桥本身所具有的抗震能力强的特点，以及赵州桥轻巧的敞肩拱结构形式、优异的泄洪和抗洪水冲击性能，也许这就是它能够成为千年古桥的一个重要方面。

赵州桥的主拱圈采用纵向并列砌筑法营造独具匠心。这种砌筑方法有着更多的优势，它既可以节约制作鹰架所用的木材，便于移动，又利于日后桥的维修，在桥梁施工期间，还减少了船只通航和夏秋泄洪的影响，它是天人合一建筑理念又一次的创造性应用。

中国古代建筑的营造理念历来是顺应自然，与自然保持和谐。仰则观象于天，俯则观法于地。这种天人合一的建筑观，一直是中国古代建筑千百年来的中心思想，并成为了一项世界公认的建筑伦理法则。李春和他的同事们无疑是这一伦理法则的模范践行者。

赵州桥融于自然之中，顺应环境的需要，就像一幅秀丽的风景画，永恒定格在历史的长河中，展现出超越的艺术价值与和谐美感。而且具有内外兼修、表里如一、卓尔不凡、气宇轩昂的高尚品格和精神气质，令世人惊叹！

中国历史源远流长，中国文化博大精深，就像赵州桥所拥有的千年优秀品质和深厚文化底蕴一样，展现出古人"天人合一、道法自然"的理念以及勤劳、严谨、坚韧、智慧和积德行善的品格，不刻意修饰，不盲目随从，大道至简、匠心独运、技艺高超。历经千年风雨和沧桑，依然风韵犹在。

伟大的工程成就伟大的梦想，失败的工程反思失败的教训。人们应该还记得震惊国内的湖南凤凰县在建中的沱江大桥整体坍塌造成64人遇难、22人受伤、直接经济损失近4000万元的特别重大责任事故。沱江大桥是长328m、每跨65m、高42m的大型4跨石拱桥。提及石拱桥人们自然会想到赵州桥，1400年前的先民们用目测、用肩扛、用手砌，都能造出历经千年风雨的工程来，而今天用现代技术修建的桥却怎么事故频出和不堪一击？

现今，桥梁的垮塌事件层出不穷，我国很多的工程事故，表层上看好像是属于技术问题，但在深层上则往往是因人而成的文化问题，而这种文化问题比起魁北克大桥垮塌的时代显得更加隐蔽和复杂。如果说魁北克大桥事件主要在于组织和管理制度的不完善，那么经过百年的积淀和发展，工程建设为确保质量和安全的各种制度及法规可谓日趋完善，可以说常规工程如果严格按照制度、程序和规范进行，就应该能确保质量和安全。但是为什么我们的一些常规工程还是不断出现各种安全事故和质量问题呢？例如重庆綦江彩虹桥1999年1月4日晚整体突然垮塌，40人遇难，包括18名年轻武警战士，此外还有14人受伤。经查明建成仅仅3年的綦江彩虹桥垮塌是一起有关领导干部和有关人员严重失职、渎职，少数腐败分子搞权钱交易，严重违反基本建设程序，建设管理混乱，设计、施工质量存在严重问题而导致的特大责任事故。而且，类似这样的工程事故近些年来还屡屡发生。像这样一些简单工程中的初级质量和安全问题，在建设或者验收的任何一个环节，只要有起码的认真负责态度并按规定执行，就可以被发现和避免，而且工程的监理就是专施此责的。显然问题是出在人的操守、德性和腐败上面，偷工减料、以次充好、人情关系严重、虚假招投标等之所以行得通，就是因为见利忘义、见利枉法和组织文化不良，以至于可以用钱买通、可以有法不依、可以搞暗箱操作，让一些人抱有侥幸心理和敢于铤而走险，一切组织程序、制度、法规都成了摆设。而且，很多时候只有出了问题才会引起重视和追查，制度没有起到防患于未然的效力和作用。因此，从本质上讲是人的品性、贪婪、价值观以及组织文化和制度文化的缺陷造成的这类事故的严重问题和后果，一次次惨痛的教训让我们必须铭记：责任感丧失背后的巨大代价。

工程中的文化问题还表现在工程建设中的安全观念问题。库珀在审定魁北克大桥设计方案时，将成本的考虑放在了安全之上，甚至为了节约成本和争取世界最长悬臂梁桥的荣誉，不惜将大桥的主跨进一步加长，并导致垮塌的严重后果。长期以来，由于我国生产条件和安全设施落后，导致我们的工程伤亡事故频频发生。造成这种状况的原因，固然有经济上、技术上和体制上的因素，但无疑更有观念上的深层原因，这就是对人的生命未加以足够的重视，总是用侥幸心理来看待安全事故问题，没有从基础和根本上牢固树立起"以人为本"和"安全第一"的思想与理念，可以说这是一种根基性的人本意识的缺乏或深层的文化价值观的错位。

人类的工程本来是出于人的需要，进行工程建造的目的就是为人自身服务和让生活更加美好。无论是规划、设计、施工还是养护、运营，都应该遵循人是目的而不是手段的基本原则和立场，让工程更加人性化，让工程充满人性的关怀，这才是我们理应追求的文化认同、价值取向和目标理想。

影响工程质量、寿命、成败的要素及逻辑建构见图5-40。

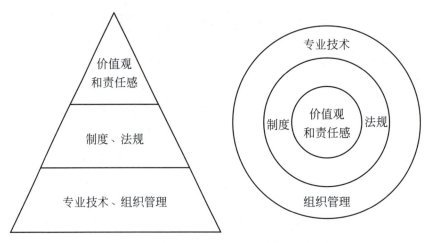

图 5-40　影响工程质量、寿命、成败的要素及逻辑建构

建立并弘扬什么样的工程文化以及文化所秉持的核心理念，无论是个人利益还是企业利益，都要服从社会利益、国家利益乃至全人类的共同利益。

一个人技术上的卓越离不开伦理的完整，两者必须坚持内在的协调和统一，使他们在未来的职业生涯中能够清醒面对各种利益与价值的矛盾，做出符合人类共同利益和长远发展要求的判断和抉择，做一名负责任的工程师。

工程师为了公共利益，应当毫无保留地贡献自己的专业和技能，在一切工程实践中坚持严格的技术标准和伦理底线，勇于承担社会责任，永远心怀善本之心。

当今的社会现象，有些工程师在工作中往往更注重专业技术层面的东西，却忽视了最具根本性的人的价值观和应有的社会责任感，在世俗的影响和功利心的驱使下，变得越发的浮躁、肤浅、看重名利甚至金钱至上，心底那份本该应有的人的品性、品格、品质却越来越轻淡和敷衍潦草，初心、使命、理想信念渐渐流于形式和忘于脑后，职业操守和道德底线不断下移而变得越加脆弱，这是非常可怕和让人担忧的，一失足便成千古恨。

工程师必须要始终牢记"把人类的安全、健康和福祉放在首位"这一崇高的伦理责任和职业理想，这是人类在千百年来的实践探索和正反两方面的经验教训中得来的深刻感悟与至理名言，也是世界范围内工程共同体的普遍共识和最高原则，不可不放在心上！不可不始终遵循！不可不筑牢根基！

当今的中国，正处在由工程大国迈向工程强国的艰苦进程中，"强"不仅指质量、水平及创新能力，更包括价值、德性和文化理念的提升。面对"一带一路"和"中国制造2025"以及第四次工业革命浪潮的重大机遇和挑战，中国工程人必须齐心协力，努力建设具有中国特色的工程文化基因库，用心讲好中国故事、贡献中国智慧以及增强中国文化和伦理自信，我们必须要承担起这一应尽的责任和使命。

桥的文化寓意与象征。千百年来，人们对桥往往有着比较特殊的感情（图5-41）。因为桥具有实用的功能，给人们带来交通的便利，没有桥，人们就失去了接应，失去了贯通。桥具有艺术的功能,桥能融入自然、美化环境,一座著名的桥梁肯定是一个地方亮丽的风景线和标志性建筑。桥还有着丰厚的文化内涵和底蕴,是沟通人、社会和自然的纽带,是寄托人们情感、思想和精神的载体。"枯藤老树昏鸦,小桥流水人家",走一座桥,看一处风景,犹如人间彩虹,连接着最美丽的山水情。杭州西湖的断桥残雪的景点,西安灞桥的折柳送别的习俗,扬州瘦西湖的"二十四桥明月夜"等都有着丰富的文化象征意义。

遍布在神州大地的桥编织成四通八达的交通网络,连接着祖国的四面八方。桥在中国文化里意喻着通达、纽带和幸福。由于时代的进步和发展,桥早已成为标志性的象征,往往能够给人带来由衷的喜悦和更远的眺望,让人产生很多联想和憧憬。因此,桥又进一步被赋予了更加积极的文化内涵和引伸,例如可

图 5-41　桥的美景、寓意与联想

以泛指人与人之间、机构与机构之间、地区与地区之间、国家与国家之间,建立联系、沟通有无、密切合作、促进友好交流等诸如此类的统称,以及时代与时代、时期与时期之间承前启后、继往开来的重要结点或转折,甚至成为万物互联的基石和纽带。

中国是桥的故乡,自古就有"桥的国度"之称,起步于周,拓展于秦汉,兴盛于隋唐,遍布于神州大地。中国桥梁尤其受儒家"天人合一"和道家"道法自然"观念的影响,一座桥便是一个时代、一个地方、一个民族文化的形成和缩影,将建筑、艺术与科技和谐相融,成为中国现代桥梁工程文化发展的一股源泉和动力。

参考文献

[1] 王文福，周秋生，马俊海. 基于马克思主义文化观的测绘工程文化建设的思考[J]. 测绘与空间地理信息，2011（04）：11-14.

[2] 宁津生，陈俊勇，李德仁，等. 测绘学概论[M]. 武汉：武汉大学出版社，2016.

[3] 孔祥元，郭际明，刘宗权. 大地测量学基础[M]. 武汉：武汉大学出版社，2010.

[4] 姚宜斌，杨元喜，孙和平，等. 大地测量学科发展现状与趋势[J]. 测绘学报，2020，49（10）：1244-1246.

[5] 张正禄. 工程测量学[M]. 武汉：武汉大学出版社，2014.

[6] 高俊，王光霞，庞小平，等. 地图制图基础[M]. 武汉：武汉大学出版社，2014.

[7] 张祖勋，张剑清. 数字摄影测量学[M]. 武汉：武汉大学出版社，2014.

[8] 宁津生. 测绘科学与技术转型升级发展战略研究[J]. 武汉大学学报：信息科学版，2019，44（1）：1-4.

[9] 张金柱. 图解汽车原理与构造[M]. 北京：化学工业出版社，2016.

[10] 中国科学技术协会. 2018-2019机械工程学科发展报告——机械制造[M]. 北京：中国科学技术出版社，2020.

[11] 袁军堂. 机械工程导论[M]. 北京：清华大学出版社. 2020.

[12] 张策. 机械工程史[M]. 北京：清华大学出版社，2015.

[13] 曹岩. 机械工程导论[M]. 北京：北京师范大学出版社，2020.

[14] 莫海军，胡青春，鲁忠臣. 现代工程认知教程[M]. 广州：华南理工大学出版社，2019.

[15] 李正风，丛杭青，王前，等. 工程伦理[M]. 第2版. 北京：清华大学出版社，2019.

[16] 殷瑞钰，汪应洛，李伯聪，等. 工程哲学[M]. 第3版. 北京：高等教育出版社，2018.

[17] 吴华金. 道路工程哲学[M]. 北京：人民交通出版社，2013.

[18] 张波，等. 工程文化[M]. 第2版. 北京：机械工业出版社，2018.

[19] 邳志刚. 工程文化概论[M]. 北京：化学工业出版社，2014.